网站开发案例课堂

APP 和移动网站开发案例课堂

刘玉红　蒲　娟　编著

清华大学出版社
北　京

内 容 简 介

本书以零基础讲解为宗旨,用实例引导读者深入学习,采取"HTML 5 网页开发→CSS3 美化网页→jQuery Mobile 移动技术→移动网站和 APP 开发实战"的讲解模式,深入浅出地讲解 APP 和移动网站开发的各项技术及实战技能。

本书第 1 篇"HTML 5 网页开发"主要讲解 HTML 5 入门知识、HTML 5 网页文档结构、HTML 5 网页中的文本和图像、用 HTML 5 建立超链接、用 HTML 5 创建表格和表单、HTML 5 中的多媒体、使用 HTML 5 绘制图形、获取地理位置、Web 通信新技术、构建离线的 Web 应用等;第 2 篇"CSS 3 美化网页"主要讲解 CSS 3 概述与基本语法、使用 CSS 3 美化网页字体与段落、使用 CSS 3 美化表格和表单样式、美化图片、背景和边框等;第 3 篇"jQuery Mobile 移动技术"主要讲解 JavaScript 和 jQuery、HTML 5、CSS 3 和 JavaScript 的综合应用,熟悉 jQuery Mobile、jQuery Mobile UI 组件、jQuery Mobile 事件、数据存储和读取技术等;第 4 篇"移动网站和 APP 开发实战"主要讲解插件的使用与开发、将移动网站封装成 APP、家庭记账本 APP 实战、连锁酒店订购系统实战。

本书适合任何想学习移动网站和 APP 开发的人员,无论您是否从事计算机相关行业,无论您是否接触过移动网站和 APP,通过本书的学习均可快速掌握移动网站和 APP 开发的方法和技巧。

图书在版编目(CIP)数据

APP 和移动网站开发案例课堂/刘玉红,蒲娟编著. —北京:清华大学出版社,2017
(网站开发案例课堂)
ISBN 978-7-302-47445-6

Ⅰ. ①A… Ⅱ. ①刘… ②蒲… Ⅲ. ①移动终端—应用程序—程序设计 Ⅳ. ①TN929.53

中国版本图书馆 CIP 数据核字(2017)第 134773 号

责任编辑:张彦青
装帧设计:杨玉兰
责任校对:周剑云
责任印制:沈 露

出版发行:清华大学出版社
　　　　　网　　　址:http://www.tup.com.cn,http://www.wqbook.com
　　　　　地　　　址:北京清华大学学研大厦 A 座　　　　邮　　编:100084
　　　　　社 总 机:010-62770175　　　　　　　　　　　邮　　购:010-62786544
　　　　　投稿与读者服务:010-62776969,c-service@tup.tsinghua.edu.cn
　　　　　质 量 反 馈:010-62772015,zhiliang@tup.tsinghua.edu.cn
印 刷 者:北京鑫丰华彩印有限公司
装 订 者:三河市溧源装订厂
经　　销:全国新华书店
开　　本:190mm×260mm　　**印　张:**29.25　　**字　数:**708 千字
　　　　　(附 DVD1 张)
版　　次:2017 年 7 月第 1 版　　　　　　　　**印　　次:**2017 年 7 月第 1 次印刷
印　　数:1~3000
定　　价:78.00 元

产品编号:073031-01

前　　言

"网站开发案例课堂"系列图书是专门为网站开发和数据库初学者量身定做的一套学习用书,由刘玉红策划,千谷网络科技实训中心的高级讲师编著,整套书涵盖网站开发、数据库设计等方面。整套书具有以下特点。

前沿科技

无论是网站建设、数据库设计还是 HTML 5、CSS 3,我们都精选较为前沿或者用户群最大的领域推进,帮助大家认识和了解最新动态。

权威的作者团队

组织国家重点实验室和资深应用专家联手编著该套图书,融合丰富的教学经验与优秀的管理理念。

学习型案例设计

以技术的实际应用过程为主线,全程采用图解和同步多媒体结合的教学方式,生动、直观、全面地剖析使用过程中的各种应用技能,降低难度,提升学习效率。

为什么要写这样一本书

原生应用程序 APP 的开发费用比较高,用时比较长,jQuery Mobile 函数库的出现则很好地解决了这一问题,将 HTML 5 新技术和 jQuery Mobile 搭配使用,开发出的网站和普通 APP 没有区别,受到了广大客户的欢迎。目前学习和关注 APP 移动网站开发的人越来越多,而很多初学者都苦于找不到一本通俗易懂、容易入门和案例实用的参考书。通过本书的案例实训,可以很快地上手流行的工具,提高职业化能力,从而帮助解决公司与学生的双重需求问题。

本书特色

- 零基础、入门级的讲解

无论您是否从事计算机相关行业,无论您是否接触过 APP 和移动网站,都能从本书中找到最佳起点。

- 超多、实用、专业的范例和项目

本书在编排上紧密结合深入学习 APP 和移动网站技术的先后过程,从 HTML 5 的基本概念开始,带大家逐步深入地学习各种应用技巧,侧重实战技能,使用简单易懂的实际案例进行分析和操作指导,让读者读起来简明轻松,操作起来有章可循。

● 随时检测自己的学习成果

每章首页中，均提供了学习目标，以指导读者重点学习及学后检查。

大部分章最后的"跟我练练手"板块，均根据本章内容精选而成，读者可以随时检测自己的学习成果和实战能力，做到融会贯通。

● 细致入微、贴心提示

本书在讲解过程中，在各章中使用了"注意""提示""技巧"等小栏目，使读者在学习过程中更清楚地了解相关操作、理解相关概念，并轻松掌握各种操作技巧。

● 专业创作团队和技术支持

本书由千谷网络科技实训中心编著和提供技术支持。您在学习过程中遇到任何问题，可加入 QQ 群 221376441 进行提问，专家人员会在线答疑。

"移动网站和 APP 开发"学习最佳途径

本书以学习"移动网站和 APP 开发"的最佳制作流程来分配章节，从最初的 HTML 5 基本概念开始，然后讲解了 CSS 3 美化网页技术、jQuery Mobile 移动等。同时在最后的项目实战环节特意补充了两个移动网站和 APP 的开发过程，以便更进一步提高读者的实战技能。

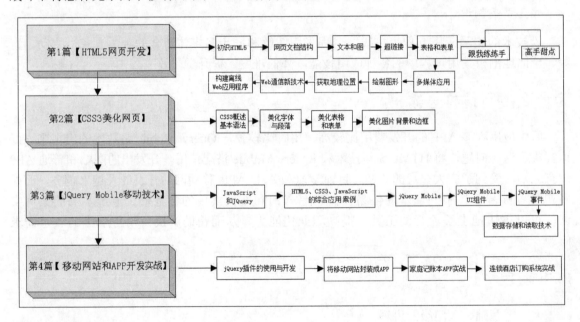

超值光盘

● 全程同步教学录像

涵盖本书所有知识点，详细讲解每个实例与项目的过程及技术关键点，比看书更轻松地掌握书中所有的 APP 和移动网站开发知识，而且扩展讲解部分能得到比书中更多的收获。

● 超多容量王牌资源大放送

赠送大量王牌资源，包括本书案例源代码、教学幻灯片、本书精品教学视频、HTML 5

标签速查手册、CSS 属性速查表、jQuery Mobile 事件参考手册、CSS+DIV 布局赏析案例、精彩网站配色方案赏析、网页样式与布局案例赏析等。

读者对象

- 没有任何 APP 和移动网站开发基础的初学者
- 有一定的 HTML 5 和 CSS 3 基础，想精通 APP 和移动网站开发的人员
- 有一定的 HTML 5 和 CSS 3 基础，没有项目经验的人员
- 正在进行毕业设计的学生
- 大专院校及培训学校的老师和学生

创作团队

本书由刘玉红和蒲娟编著，参加编写的人员还有刘玉萍、周佳、付红、李园、郭广新、侯永岗、王攀登、刘海松、孙若淞、王月娇、包慧利、陈伟光、胡同夫、梁云梁和周浩浩。在编写过程中，我们竭尽所能地将最好的讲解呈现给读者，但难免有疏漏和不妥之处，敬请读者不吝指正。如读者在学习中遇到困难或疑问，或有何建议，可写信至邮箱 357975357@qq.com。

编　者

目　　录

第 1 篇　HTML 5 网页开发

第 1 章　HTML 5 快速入门 3

1.1　HTML 5 简介 4
 1.1.1　HTML 5 简介 4
 1.1.2　HTML 5 文件的基本结构 5
1.2　HTML 5 文件的编写方法 5
 1.2.1　案例 1——手工编写 HTML 5 5
 1.2.2　案例 2——使用 HTML 编辑器 6
1.3　使用浏览器查看 HTML 5 文件 10
 1.3.1　各大浏览器与 HTML 5 的兼容 10
 1.3.2　案例 3——查看页面效果 11
 1.3.3　案例 4——查看源文件 11
1.4　高手甜点 12
1.5　跟我练练手 12

第 2 章　HTML 5 网页文档结构 13

2.1　Web 标准 14
 2.1.1　Web 标准概述 14
 2.1.2　Web 标准规定的内容 14
2.2　HTML 5 文档的基本结构 15
 2.2.1　HTML 5 结构 16
 2.2.2　文档类型说明 16
 2.2.3　HTML 5 标记 html 17
 2.2.4　头标记 head 17
 2.2.5　网页的主体标记 body 20
 2.2.6　页面注释标记<!-- --> 20
2.3　综合案例——符合 W3C 标准的 HTML 5 网页 21
2.4　高手甜点 22
2.5　跟我练练手 22

第 3 章　HTML 5 网页中的文本和图像 23

3.1　在网页中添加文本 24

 3.1.1　案例 1——普通文本的添加 24
 3.1.2　案例 2——特殊字符文本的 添加 24
 3.1.3　案例 3——使用 HTML 5 标记 添加特殊文本 26
3.2　文本排版 28
 3.2.1　案例 4——换行标记
 28
 3.2.2　案例 5——段落标记 p 29
 3.2.3　案例 6——标题标记 h1~h6 29
3.3　文字列表 30
 3.3.1　案例 7——建立无序列表 ul 31
 3.3.2　案例 8——建立有序列表 ol 32
 3.3.3　案例 9——建立不同类型的 无序列表 33
 3.3.4　案例 10——建立不同类型的 有序列表 34
 3.3.5　案例 11——建立嵌套列表 35
 3.3.6　案例 12——自定义列表 36
3.4　网页中的图像 37
 3.4.1　案例 13——在网页中插入 图像 37
 3.4.2　案例 14——设置图像的宽度 和高度 39
 3.4.3　案例 15——设置图像的提示 文字 39
 3.4.4　案例 16——将图片设置为网页 背景 40
 3.4.5　案例 17——排列图像 41
3.5　综合案例 1——图文并茂的房屋装饰 装修网页 42
3.6　综合案例 2——在线购物网站产品展示 效果 43

3.7　高手甜点 44

3.8　跟我练练手 44

第4章　用 HTML 5 建立超链接...............45

4.1　网页超链接的概念 46

4.1.1　什么是网页超链接 46

4.1.2　超链接中的 URL 46

4.1.3　超链接的 URL 类型 47

4.2　建立网页超链接 47

4.2.1　案例 1——创建超文本链接 47

4.2.2　案例 2——创建图片链接 49

4.2.3　案例 3——创建下载链接 50

4.2.4　案例 4——使用相对 URL 和
　　　　绝对 URL 51

4.2.5　案例 5——设置以新窗口显示
　　　　超链接页面 52

4.2.6　案例 6——设置电子邮件链接 53

4.3　案例 7——浮动框架 iframe 54

4.4　案例 8——精确定位热点区域 55

4.5　综合案例——使用锚链接制作电子书
　　　阅读网页 59

4.6　高手甜点 61

4.7　跟我练练手 62

第5章　用 HTML 5 创建表格和表单 63

5.1　表格的基本结构 64

5.2　使用 HTML 5 创建表格 65

5.2.1　案例 1——创建普通表格 65

5.2.2　案例 2——创建一个带有标题的
　　　　表格 67

5.2.3　案例 3——定义表格的边框
　　　　类型 67

5.2.4　案例 4——定义表格的表头 68

5.2.5　案例 5——设置表格背景 69

5.2.6　案例 6——设置单元格背景 71

5.2.7　案例 7——合并单元格 72

5.2.8　案例 8——排列单元格中的
　　　　内容 76

5.2.9　案例 9——设置单元格的行高
　　　　与列宽 77

5.3　案例 10——创建完整的表格 78

5.4　案例 11——认识表单 79

5.5　表单基本元素的使用 80

5.5.1　案例 12——单行文本输入框
　　　　text 80

5.5.2　案例 13——多行文本输入框
　　　　textarea 81

5.5.3　案例 14——密码输入框
　　　　password 82

5.5.4　案例 15——单选按钮 radio 83

5.5.5　案例 16——复选框 checkbox......83

5.5.6　案例 17——下拉列表框 select 84

5.5.7　案例 18——普通按钮 button.......85

5.5.8　案例 19——提交按钮 submit 86

5.5.9　案例 20——重置按钮 reset 87

5.6　表单高级元素的使用 88

5.6.1　案例 21——url 属性的应用 88

5.6.2　案例 22——email 属性的应用 ...89

5.6.3　案例 23——date 和 time 属性的
　　　　应用 90

5.6.4　案例 24——number 属性的
　　　　应用 91

5.6.5　案例 25——range 属性的应用.....91

5.6.6　案例 26——required 属性的
　　　　应用 92

5.7　综合案例 1——创建用户反馈表单 93

5.8　综合案例 2——制作商品报价表 94

5.9　高手甜点 97

5.10　跟我练练手 98

第6章　HTML 5 中的多媒体 99

6.1　网页音频标记 audio 100

6.1.1　audio 标记概述 100

6.1.2　audio 标记的属性 100

6.1.3　音频解码器 101

6.1.4　浏览器对 audio 标记的支持
　　　　情况 101

6.2 网页视频标记 video.......................101
6.2.1 video 标记概述.................101
6.2.2 video 标记的属性.............101
6.2.3 视频解码器.....................102
6.2.4 浏览器对 video 标记的支持
情况...................................102
6.3 添加网页音频文件........................103
6.3.1 案例 1——设置背景音乐.........103
6.3.2 案例 2——设置音乐循环
播放...................................103
6.4 添加网页视频文件........................104
6.4.1 案例 3——为网页添加视频
文件...................................104
6.4.2 案例 4——设置自动运行.........105
6.4.3 案例 5——设置视频文件的
循环播放...........................106
6.4.4 案例 6——设置视频窗口的高度
与宽度...............................106
6.5 添加网页滚动文字........................107
6.5.1 案例 7——滚动文字标记.........107
6.5.2 案例 8——滚动方向属性.........108
6.5.3 案例 9——滚动方式属性.........109
6.5.4 案例 10——滚动速度属性.........110
6.5.5 案例 11——滚动延迟属性.........110
6.5.6 案例 12——滚动循环属性.........111
6.5.7 案例 13——滚动范围属性.........112
6.5.8 案例 14——滚动背景颜色
属性...................................113
6.5.9 案例 15——滚动空间属性.........113
6.6 高手甜点.......................................114
6.7 跟我练练手...................................115

第 7 章 使用 HTML 5 绘制图形.............117
7.1 什么是 canvas...............................118
7.2 绘制基本形状...............................118
7.2.1 案例 1——绘制矩形.............119
7.2.2 案例 2——绘制圆形.............120
7.2.3 案例 3——使用 moveTo 与
lineTo 绘制直线.....................121

7.2.4 案例 4——使用 bezierCurveTo
绘制贝塞尔曲线........................ 122
7.3 绘制渐变图形................................ 124
7.3.1 案例 5——绘制线性渐变......... 124
7.3.2 案例 6——绘制径向渐变......... 126
7.4 绘制变形图形................................ 127
7.4.1 案例 7——变换原点坐标......... 127
7.4.2 案例 8——图形缩放 128
7.4.3 案例 9——旋转图形 129
7.5 绘制其他样式的图形...................... 130
7.5.1 案例 10——图形组合 130
7.5.2 案例 11——绘制带阴影的
图形 132
7.5.3 案例 12——绘制文字 133
7.6 使用图像...................................... 135
7.6.1 案例 13——绘制图像 135
7.6.2 案例 14——图像平铺 136
7.6.3 案例 15——图像裁剪 137
7.6.4 案例 16——像素处理 139
7.7 图形的保存与恢复 141
7.7.1 案例 17——保存与恢复状态 ... 141
7.7.2 案例 18——保存文件 142
7.8 综合案例 1——绘制火柴棒人物 143
7.9 综合案例 2——绘制商标 146
7.10 高手甜点.................................... 148
7.11 跟我练练手................................. 148

第 8 章 获取地理位置 149
8.1 Geolocation API 获取地理位置............ 150
8.1.1 地理定位的原理 150
8.1.2 获取定位信息的方法 150
8.1.3 常用地理定位方法 150
8.1.4 案例 1——判断浏览器是否
支持 HTML 5 获取地理位置
信息................................... 151
8.1.5 案例 2——指定纬度和经度
坐标................................... 152
8.1.6 案例 3——获取当前位置的经度
与纬度............................... 153

8.2 浏览器对地理定位的支持情况............155
8.3 综合案例——在网页中调用 Google
地图..155
8.4 高手甜点..158
8.5 跟我练练手..158

第 9 章 Web 通信新技术.........................159

9.1 跨文档消息传输..................................160
9.1.1 跨文档消息传输的基本知识......160
9.1.2 案例 1——跨文档通信应用
测试..160
9.2 WebSocket API 概述............................162
9.2.1 什么是 WebSocket API............162
9.2.2 WebSocket 通信基础............163
9.2.3 案例 2——服务器端使用
WebSocket API........................165
9.2.4 案例 3——客户机端使用
WebSocket API........................168
9.3 综合案例——编写简单的 WebSocket
服务器..168
9.4 高手甜点..172
9.5 跟我练练手..172

第 10 章 构建离线的 Web 应用 173

10.1 HTML 5 离线 Web 应用概述............174
10.2 使用 HTML 5 离线 Web 应用 API......174

10.2.1 案例 1——检查浏览器的支持
情况..174
10.2.2 案例 2——搭建简单的离线
应用程序....................................175
10.2.3 案例 3——支持离线行为........175
10.2.4 案例 4——Manifest 文件........176
10.2.5 案例 5——Application Cache
API..177
10.3 使用 HTML 5 离线 Web 应用构建
应用..178
10.3.1 案例 6——创建记录资源的
manifest 文件............................178
10.3.2 案例 7——创建构成界面的
HTML 和 CSS............................179
10.3.3 案例 8——创建离线的
JavaScript..................................179
10.3.4 案例 9——检查 applicationCache
的支持情况................................181
10.3.5 案例 10——为 Update 按钮添加
处理函数....................................181
10.3.6 案例 11——添加 storage 功能
代码..182
10.3.7 案例 12——添加离线事件处理
程序..182
10.4 高手甜点..183
10.5 跟我练练手..183

第 2 篇　CSS 3 美化网页

第 11 章 CSS 3 概述与基本语法 187

11.1 CSS 3 概述.......................................188
11.1.1 CSS 3 功能..........................188
11.1.2 浏览器与 CSS 3..................188
11.1.3 CSS 3 基础语法....................189
11.1.4 CSS 3 常用单位....................189
11.2 编辑和浏览 CSS 3.............................194
11.2.1 案例 1——手工编写 CSS 3......194
11.2.2 案例 2——Dreamweaver
编写 CSS...................................194

11.3 在 HTML 5 中使用 CSS 3 的方法........196
11.3.1 案例 3——行内样式................196
11.3.2 案例 4——内嵌样式................197
11.3.3 案例 5——链接样式.................198
11.3.4 案例 6——导入样式.................199
11.3.5 案例 7——优先级问题............201
11.4 CSS 3 的常用选择器........................203
11.4.1 案例 8——标签选择器............203
11.4.2 案例 9——类选择器.................204
11.4.3 案例 10——ID 选择器............205

11.4.4　案例 11——全局选择器............206

11.4.5　案例 12——组合选择器...........207

11.4.6　案例 13——继承选择器...........208

11.4.7　案例 14——伪类选择器...........209

11.5　选择器声明................................210

11.5.1　案例 15——集体声明............210

11.5.2　案例 16——多重嵌套声明......210

11.6　综合实例 1——制作炫彩网站
LOGO.......................................211

11.7　综合案例 2——制作学生信息
统计表....................................214

11.8　高手甜点..................................216

11.9　跟我练练手..............................216

**第 12 章　使用 CSS 3 美化网页字体
与段落.........................217**

12.1　美化网页文字............................218

12.1.1　案例 1——设置文字的字体.....218

12.1.2　案例 2——设置文字的字号.....219

12.1.3　案例 3——设置字体风格........220

12.1.4　案例 4——设置加粗字体........221

12.1.5　案例 5——将小写字母转为
大写字母.........................222

12.1.6　案例 6——设置字体的复合
属性................................223

12.1.7　案例 7——设置字体颜色........224

12.2　设置文本的高级样式..................225

12.2.1　案例 8——设置文本阴影
效果................................225

12.2.2　案例 9——设置文本溢出
效果................................226

12.2.3　案例 10——设置文本的控制
换行................................228

12.2.4　案例 11——保持字体尺寸
不变................................229

12.3　美化网页中的段落.....................230

12.3.1　案例 12——设置单词之间的
间隔................................230

12.3.2　案例 13——设置字符之间的
间隔............................... 231

12.3.3　案例 14——设置文字的修饰
效果............................... 232

12.3.4　案例 15——设置垂直对齐
方式............................... 233

12.3.5　案例 16——转换文本的
大小写............................ 234

12.3.6　案例 17——设置文本的水平
对齐方式......................... 235

12.3.7　案例 18——设置文本的缩进
效果............................... 237

12.3.8　案例 19——设置文本的
行高............................... 238

12.3.9　案例 20——文本的空白
处理............................... 239

12.3.10　案例 21——文本的反排... 241

12.4　综合案例 1——设置网页标题........... 242

12.5　综合案例 2——制作新闻页面........... 243

12.6　高手甜点....................................... 245

12.7　跟我练练手................................... 245

**第 13 章　使用 CSS 3 美化表格和表单
样式.........................247**

13.1　美化表格样式............................... 248

13.1.1　案例 1——设置表格边框
样式............................... 248

13.1.2　案例 2——设置表格边框
宽度............................... 250

13.1.3　案例 3——设置表格边框
颜色............................... 251

13.2　美化表单样式............................... 252

13.2.1　案例 4——美化表单中的
元素............................... 253

13.2.2　案例 5——美化提交按钮....... 254

13.2.3　案例 6——美化下拉菜单....... 255

13.3　综合案例 1——制作用户登录页面.... 257

13.4　综合案例 2——制作用户注册页面.... 259

13.5 高手甜点...........................261

13.6 跟我练练手.......................262

第 14 章 美化图片、背景和边框...........263

14.1 图片缩放..........................264

　　14.1.1 案例 1——使用 max-width

　　　　　和 max-height 缩放图片..........264

　　14.1.2 案例 2——使用 width 和 height

　　　　　缩放图片...........................265

14.2 设置图片的对齐方式.............265

　　14.2.1 案例 3——设置图片横向

　　　　　对齐............................266

　　14.2.2 案例 4——设置图片纵向

　　　　　对齐............................266

14.3 图文混排..........................268

　　14.3.1 案例 5——设置文字环绕

　　　　　效果............................268

14.3.2 案例 6——设置图片与文字的

　　　　间距.............................270

14.4 使用 CSS 3 美化背景...........271

　　14.4.1 案例 7——设置背景颜色.......271

　　14.4.2 案例 8——设置背景图片.......272

14.5 使用 CSS 3 美化边框...........273

　　14.5.1 案例 9——设置边框样式.......273

　　14.5.2 案例 10——设置边框颜色.....274

　　14.5.3 案例 11——设置边框线宽.....275

14.6 设置边框圆角效果...............276

　　14.6.1 案例 12——设置圆角边框.....276

　　14.6.2 案例 13——绘制 4 个不同圆角

　　　　　边框...........................277

14.7 综合案例 1——制作图文混排网页....279

14.8 综合案例 2——制作公司主页.....280

14.9 高手甜点..........................284

14.10 跟我练练手......................284

第 3 篇　jQuery Mobile 移动技术

第 15 章 JavaScript 和 jQuery...............285

15.1 认识 JavaScript...................286

　　15.1.1 什么是 JavaScript..............286

　　15.1.2 案例 1——在 HTML 网页头中

　　　　　嵌入 JavaScript 代码.............286

15.2 JavaScript 对象与函数...........287

　　15.2.1 认识对象.......................287

　　15.2.2 案例 2——认识函数............288

15.3 JavaScript 事件...................291

　　15.3.1 事件与事件处理概述............291

　　15.3.2 案例 3——JavaScript 的常用

　　　　　事件...........................291

15.4 认识 jQuery.......................293

　　15.4.1 jQuery 能做什么................293

　　15.4.2 案例 4——jQuery 的配置.......293

15.5 jQuery 选择器....................294

　　15.5.1 案例 5——jQuery 的工厂

　　　　　函数...........................294

15.5.2 案例 6——常见选择器............295

15.6 高手甜点..........................297

15.7 跟我练练手.......................297

第 16 章 HTML 5、CSS 3 和 JavaScript

　　　　的综合应用............................299

16.1 综合案例 1——打字效果的文字........300

16.2 综合案例 2——文字升降特效...........302

16.3 综合案例 3——跑马灯效果...........303

16.4 综合案例 4——左右移动的图片...........305

16.5 综合案例 5——向上滚动菜单...........307

16.6 综合案例 6——跟随鼠标指针移动的

　　　　图片...........................309

16.7 综合案例 7——树形菜单...................310

16.8 综合案例 8——颜色选择器...............315

16.9 高手甜点..........................317

16.10 跟我练练手......................318

第 17 章　熟悉 jQuery Mobile.................319

　17.1　认识 jQuery Mobile 320

　17.2　跨平台移动设备网页 jQuery Mobile ...320

　　　17.2.1　案例 1——移动设备模拟器.....320

　　　17.2.2　案例 2——jQuery Mobile 的
　　　　　　　安装 322

　　　17.2.3　案例 3——jQuery Mobile 网页
　　　　　　　的架构 324

　17.3　案例 4——创建多页面的 jQuery
　　　　Mobile 网页...325

　17.4　案例 5——将页面作为对话框使用.....326

　17.5　案例 6——绚丽多彩的页面切换
　　　　效果 328

　17.6　高手甜点...330

　17.7　跟我练练手...330

第 18 章　jQuery Mobile UI 组件...........331

　18.1　套用 UI 组件...332

　　　18.1.1　表单组件...332

　　　18.1.2　按钮和组按钮.................................341

　　　18.1.3　按钮图标...343

　　　18.1.4　弹窗...345

　18.2　列表...346

　　　18.2.1　列表视图...346

　　　18.2.2　列表内容...349

　　　18.2.3　列表过滤...351

　18.3　面板和可折叠块...352

　　　18.3.1　面板...352

　　　18.3.2　可折叠块...354

　18.4　导航条...356

　18.5　jQuery Mobile 主题.................................359

　18.6　高手甜点...362

　18.7　跟我练练手...362

第 19 章　jQuery Mobile 事件.................363

　19.1　页面事件...364

　　　19.1.1　初始化事件.....................................364

　　　19.1.2　外部页面加载事件.....................366

　　　19.1.3　页面过渡事件.............................368

　19.2　触摸事件...370

　　　19.2.1　点击事件...370

　　　19.2.2　滑动事件...373

　19.3　滚屏事件...374

　19.4　定位事件...377

　19.5　高手甜点...379

　19.6　跟我练练手...380

第 20 章　数据存储和读取技术..............381

　20.1　认识 Web 存储...382

　　　20.1.1　本地存储和 cookies 的区别.....382

　　　20.1.2　Web 存储方法.................................382

　20.2　使用 HTML 5 Web Storage API
　　　　技术...382

　　　20.2.1　案例 1——测试浏览器的支持
　　　　　　　情况...383

　　　20.2.2　案例 2——使用 sessionStorage
　　　　　　　方法创建对象.............................383

　　　20.2.3　案例 3——使用 localStorage
　　　　　　　方法创建对象.............................385

　　　20.2.4　案例 4——Web Storage API 的
　　　　　　　其他操作.....................................387

　　　20.2.5　案例 5——使用 JSON 对象
　　　　　　　存取数据.....................................387

　20.3　在本地建立数据库.....................................390

　　　20.3.1　Web SQL Database 概述..........390

　　　20.3.2　数据库的基本操作.....................390

　　　20.3.3　数据表的基本操作.....................392

　　　20.3.4　数据的基本操作.........................393

　20.4　制作简单的 Web 留言本 395

　20.5　Web SQL Database 的综合应用
　　　　技术...397

　20.6　高手甜点...400

　20.7　跟我练练手...400

第4篇 移动网站和 APP 开发实战

第 21 章   插件的使用与开发 401

21.1 初始插件 402

21.1.1 什么是插件 402

21.1.2 案例 1——如何使用插件 402

21.2 流行的插件 403

21.2.1 案例 2——jQueryUI 插件 404

21.2.2 案例 3——Form 插件 405

21.2.3 案例 4——提示信息插件 406

21.2.4 案例 5——jcarousel 插件 407

21.3 自定义的插件 407

21.3.1 插件的工作原理 408

21.3.2 案例 6——自定义一个简单的
插件 408

21.4 综合案例——创建拖曳购物车
效果 411

21.5 高手甜点 413

21.6 跟我练练手 413

第 22 章   将移动网站封装成 APP 415

22.1 下载与安装 Apache Cordova 416

22.1.1 案例 1——配置 Android 开发
环境 416

22.1.2 案例 2——通过 npm 安装 Apache
Cordova 421

22.1.3 案例 3——设置 Android
模拟器 422

22.2 综合案例——将网页转换为 Android
APP 424

22.3 高手甜点 427

22.4 跟我练练手 428

第 23 章   家庭记账本 APP 实战 429

23.1 记账本的需求分析 430

23.2 数据库分析 430

23.2.1 分析数据库 430

23.2.2 创建数据库 430

23.3 记账本的代码实现 431

23.3.1 设计首页 431

23.3.2 新增记账页面 431

23.3.3 记账列表页面 433

23.3.4 记账详情页面 434

23.3.5 删除记账 435

第 24 章   连锁酒店订购系统实战 441

24.1 连锁酒店订购的需求分析 442

24.2 网站的结构 442

24.3 连锁酒店系统的代码实现 443

24.3.1 设计首页 443

23.3.2 订购页面 444

23.3.3 连锁分店页面 449

23.3.4 查看订单页面 451

23.3.5 酒店介绍页面 452

第1篇

HTML 5 网页开发

➡ 第 1 章　HTML 5 快速入门

➡ 第 2 章　HTML 5 网页文档结构

➡ 第 3 章　HTML 5 网页中的文本和图像

➡ 第 4 章　用 HTML 5 建立超链接

➡ 第 5 章　用 HTML 5 创建表格和表单

➡ 第 6 章　HTML 5 中的多媒体

➡ 第 7 章　使用 HTML 5 绘制图形

➡ 第 8 章　获取地理位置

➡ 第 9 章　Web 通信新技术

➡ 第 10 章　构建离线 Web 应用

第 1 章

HTML 5 快速入门

网络已经成为人们生活、工作当中不可缺少的一部分，而网页就是呈现给人们信息的平台。因此，怎样把自己想要表达的信息很好地呈现在网页当中，就成了人们的一个研究课题——网页设计与制作。制作网页可采用可视化编辑软件，但是无论采用哪一种网页编辑软件，最后都是将所设计的网页转化为 HTML 语言，当前最新的版本是 HTML 5。

学习目标(已掌握的在方框中打钩)

- [ ] 了解 HTML 5 的基本概念
- [ ] 掌握 HTML 5 文件的基本结构
- [ ] 掌握 HTML 5 文件的编写方法
- [ ] 掌握使用浏览器查看 HTML 5 文件的方法

1.1 HTML 5 简介

HTML 语言是用来描述网页的一种语言,该语言是一种标记语言(标记语言是一套标记标签,HTML 使用标记标签来描述网页),而不是编程语言,它是制作网页的基础语言,主要用于描述超文本中内容的显示方式。

1.1.1 HTML 5 简介

HTML 5 是用于取代 1999 年所制定的 HTML 4.01 和 XHTML 1.0 标准的 HTML 标准版本,现在仍处于发展阶段,但大部分浏览器已经开始支持某些 HTML 5 技术。当前 HTML 5 对多媒体的支持功能更强,其新增功能如下。

- 新增语义化标签,使文档结构明确。
- 新的文档对象模型(DOM)。
- 实现 2D 绘图的 Canvas 对象。
- 可控媒体播放。
- 离线存储。
- 文档编辑。
- 拖放。
- 跨文档消息。
- 浏览器历史管理。
- MIME 类型和协议注册。

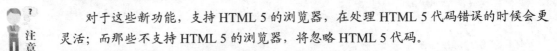

对于这些新功能,支持 HTML 5 的浏览器,在处理 HTML 5 代码错误的时候会更灵活;而那些不支持 HTML 5 的浏览器,将忽略 HTML 5 代码。

HTML 5 的最大优势是语法结构非常简单,其具有以下特点。

- HTML 5 编写简单。即使用户没有任何编程经验,也可以轻易使用 HTML 来设计网页,HTML 5 的使用只需将文本加上一些标记(Tags)即可。
- HTML 标记数目有限。在 W3C 所建议使用的 HTML 5 规范中,所有的控制标记都是固定的且数目也是有限的。所谓固定是指控制标记的名称固定不变,且每个控制标记都已被定义过,其所提供的功能与相关属性的设置都是固定的。这是因为 HTML 中只能引用 Strict DTD、Transitional DTD 或 Frameset DTD 中的控制标记,且 HTML 并不允许网页设计者自行创建控制标记,所以控制标记的数目是有限的,设计者在充分了解每个控制标记的功能后,就可以设计 Web 页面了。
- HTML 语法较弱。在 W3C 制定的 HTML 5 规范中,对于 HTML 5 在语法结构上的规格限制是较松散的,如<HTML>、<Html>或<html>在浏览器中具有同样的功能,是不区分大小写的。另外,HTML 中也没有严格要求每个控制标记都要有相对应的结束控制标记,如标记<tr>就不一定需要它的结束标记</tr>。

HTML 5 最基本的语法是"<标记符></标记符>"。标记符通常都是成对使用，有一个开头标记和一个结束标记。结束标记只是在开头标记的前面加一个斜杠"/"。当浏览器收到 HTML 文件后，就会解释里面的标记符，然后把标记符相对应的功能表达出来。

1.1.2　HTML 5 文件的基本结构

一个完整的 HTML 5 文件包括标题、段落、列表、表格、绘制的图形以及各种嵌入对象，这些对象统称为 HTML 元素。

一个 HTML 5 文件的基本结构如下。

```
<!DOCTYPE html>
<html>          文件开始的标记
<head>          文档头部开始的标记
…               文件头的内容
</head>         文档头部结束的标记
<body>          文件主体开始的标记
…               文档主体内容
</body>         文件主体结束的标记
</html>         文件结束的标记
```

从上面的代码可以看出，在 HTML 文件中，所有的标记都是相对应的，开头标记为< >，结束标记为</ >，在这两个标记中间添加内容。这些基本标记的使用方法及详细解释会在下面的章节呈现。

1.2　HTML 5 文件的编写方法

HTML 5 文本的编写方法有两种，分别如下。

● 手工编写 HTML 文件。
● 使用 HTML 编辑器。

1.2.1　案例 1——手工编写 HTML 5

由于 HTML 5 是一种标记语言，主要是以文本形式存在，因此，所有的记事本工具都可以作为它的开发环境。HTML 文件的扩展名为.html 或.htm，将 HTML 源代码输入到记事本并保存之后，可以在浏览器中打开文档以查看其效果。

【例 1.1】使用记事本编写 HTML 文件

具体操作步骤如下。

step 01　单击 Windows 桌面上的【开始】按钮，选择【所有程序】➤【附件】➤【记事本】命令，打开一个记事本，在记事本中输入 HTML 5 代码，如图 1-1 所示。

step 02　编辑完 HTML 5 文件后，选择【文件】➤【保存】命令或按 Ctrl+S 快捷键，在弹出的【另存为】对话框中，选择【保存类型】为【所有文件】，然后将文件扩展名设为.html 或.htm，如图 1-2 所示。

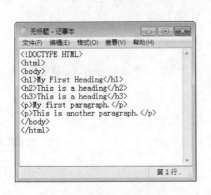

图 1-1　编辑 HTML 代码

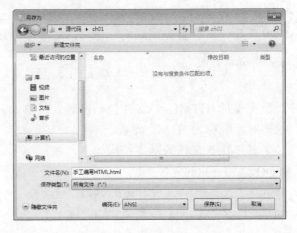

图 1-2　【另存为】对话框

step 03　单击【保存】按钮，保存文件。打开网页文档，在浏览器中预览效果，如图 1-3 所示。

图 1-3　网页的浏览效果

注意

使用记事本可以编写 HTML 文件，但是编写效率太低，对于语法错误及格式都没有提示。

1.2.2　案例 2——使用 HTML 编辑器

使用 HTML 编辑器可以弥补记事本编写 HTML 文件的缺陷。在众多专门编辑 HTML 网页的编辑器中，Adobe 公司出品的 Dreamweaver CC 用户界面非常友好，是一个非常优秀的网页开发工具，并深受广大用户的喜爱。Dreamweaver CC 的主界面如图 1-4 所示。

1. 文档窗口

文档窗口位于界面的中部，是用来编排网页的区域，与在浏览器中的结果相似。在文档窗口中，可以将文档分为 3 种视图显示模式。

- 【代码】视图。使用【代码】视图，可以在文档窗口中显示当前文档的源代码，也可以在该窗口中直接输入 HTML 代码。
- 【设计】视图。【设计】视图下，无须编辑任何代码，直接使用可视化的操作编辑网页。
- 【拆分】视图。【拆分】视图下，左半部分显示代码视图，右半部分显示设计视图。在这种视图模式下，可以通过输入 HTML 代码，直接观看效果，还可以通过【设计】视图插入对象，直接查看源文件。

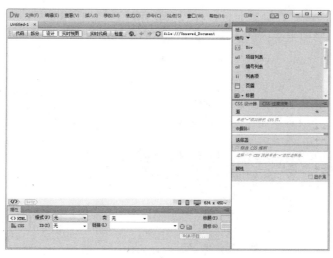

图 1-4　Dreamweaver CC 的主界面

在各种视图间切换，只需在文档工具栏中单击相应的视图按钮即可，文档工具栏如图 1-5 所示。

图 1-5　文档工具栏

2. 【插入】面板

【插入】面板在【设计】视图下，是使用频度很高的面板之一。【插入】面板默认打开的是【常用】页，包括了最常用的一些对象，例如，在文档中的光标位置插入一段文本、图像或表格等。用户可以根据需要切换到其他页，如图 1-6 所示。

3. 【属性】面板

【属性】面板中主要包含当前选择的对象相关属性设置。可以通过选择菜单栏中的【窗口】➤【属性】命令或按 Ctrl+F3 快捷键，打开或关闭【属性】面板。

图 1-6　【插入】面板包含的页

【属性】面板是常用的一个面板，因为无论要编辑哪个对象的属性，都要用到它。其内容也会随着选择对象的不同而改变，例如，当光标定位在文档窗口文字内容部分时，【属性】面板将显示文字的相关属性，如图 1-7 所示。

图 1-7　文字对象的【属性】面板

Dreamweaver CC 中还有很多面板，在以后使用时再详细讲解。打开的面板越多，编辑文档的区域会越小。为了编辑文档的方便，可以通过 F4 功能键快速隐藏和显示所有面板。

【例 1.2】使用 Dreamweaver CC 编写 HTML 文件

具体操作步骤如下。

step 01　启动 Dreamweaver CC，如图 1-8 所示，在欢迎屏幕中的【新建】栏中选择 HTML 选项，或者单击菜单中的【文件】➤【新建】命令(快捷键为 Ctrl+N)。

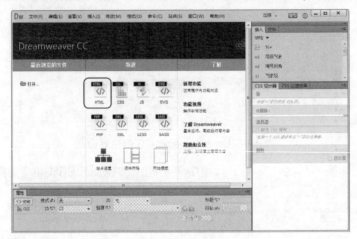

图 1-8　包含欢迎屏幕的主界面

step 02　弹出【新建文档】对话框，如图 1-9 所示，在【页面类型】列表框中，选择 HTML 选项。

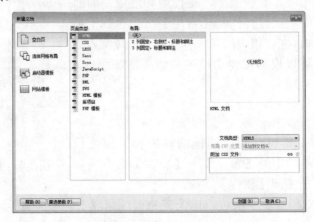

图 1-9　【新建文档】对话框

step 03 单击【创建】按钮，创建 HTML 文件，如图 1-10 所示。

图 1-10　【设计】视图下显示创建的文档

step 04 在文档工具栏中，单击【代码】按钮，切换到【代码】视图，如图 1-11 所示。

图 1-11　【代码】视图下显示创建的文档

step 05 修改 HTML 文档标题，将代码中<title>标记中的"无标题文档"修改成"我的第一个网页"。

step 06 在<body>标记中输入"今天我使用 Dreamweaver CC 编写了第一个简单网页，感觉非常高兴。"，完整的 HTML 代码如下。

```
<!doctype html>
<html>
<head>
<meta charset="utf-8">
<title>我的第一个网页</title>
</head>
```

```
<body>
今天我使用Dreamweaver CC编写了第一个简单网页，感觉非常高兴。
</body>
</html>
```

step 07　保存文件。选择菜单栏中的【文件】➤【保存】命令或按 Ctrl+S 快捷键，弹出
　　　　【另存为】对话框。在对话框中，选择保存位置并输入文件名，单击【保存】按
　　　　钮，如图 1-12 所示。

step 08　单击文档工具栏中的 按钮，选择查看网页的浏览器，或按 F12 功能键使用默
　　　　认浏览器查看网页，预览效果如图 1-13 所示。

图 1-12　保存文件

图 1-13　浏览器预览效果

1.3　使用浏览器查看 HTML 5 文件

使用浏览器不仅可以查看 THML 5 文件的显示效果，还可以直接查看 THML 5 文件的源代码。本章节将学习使用浏览器查看 THML 5 文件的方法和技巧。

1.3.1　各大浏览器与 HTML 5 的兼容

浏览器是网页的运行环境，因此浏览器的类型也是在网页设计时会遇到的一个问题。由于各个软件厂商对 HTML 的标准支持有所不同，导致了同样的网页不同的浏览器下会有不同的表现。

另外，HTML 5 新增的功能，各个浏览器的支持程度也不一致，浏览器的因素变得比以往传统的网页设计更重要。为了保证设计出来的网页，在不同的浏览器上的效果一致，本书后面的章节中还会多次提及浏览器。

目前，市面上的浏览器种类繁多，而 Internet Explorer(即 IE 浏览器)是占绝对的主流，因此，本书主要使用 Internet Explorer 11 作为主要浏览器。IE 浏览器不能支持的效果，将使用 Firefox、Opera 或者其他能支持的浏览器，这点请读者注意。

1.3.2 案例 3——查看页面效果

双击前面编写的 HTML 文件，在 IE 9.0 浏览器窗口中可以看到编辑的 HTML 页面效果，请参阅图 1-3 或图 1-13 所示。

前面已经介绍，网页可以在不同的浏览器中查看，为了测试网页的兼容性，可以在不同的浏览器中打开网页。

在非默认浏览器中打开网页的方法有很多种，在此为读者介绍两种常用方法。

图 1-14　选择不同的浏览器打开网页

- 方法 1：选择浏览器菜单命令【文件】➢【打开】(有些浏览的菜单项名为【打开文件】)，选择要打开的网页即可。
- 方法 2：在 HTML 文件上右击，在弹出的快捷菜单中选择【打开方式】命令，再选择需要的浏览器，如图 1-14 所示。如果浏览器没有出现在菜单中，选择【选择程序】选项，在计算机中查找浏览器程序。

1.3.3 案例 4——查看源文件

查看网页源代码的常见方法有以下两种。

- 方法 1：在打开的页面空白处右击，在弹出的快捷菜单中选择【查看源】命令，如图 1-15 所示。
- 方法 2：在浏览器菜单栏中选择【查看】➢【源】命令，可以查看源文件，如图 1-16 所示。

图 1-15　选择【查看源】命令

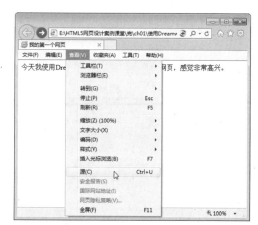

图 1-16　选择【源】命令

提示　　由于浏览器的规定各不相同，有些浏览器将【源】命名为【查看源代码】，请读者注意，但是操作方法完全相同。

1.4　高手甜点

甜点 1：为何使用记事本编辑 HTML 文件无法在浏览器中预览，而是直接在记事本中打开？

很多初学者，保存文件时，没有将 HTML 文件的扩展名.html 或.htm 作为文件的后缀，导致文件还是以.txt 为扩展名，因此，无法在浏览器中查看。如果读者是通过单击右键创建记事本文件，在给文件重命名时，一定要以 html 或.htm 作为文件的后缀。特别要注意的是当Windows 系统的扩展名是隐藏时，更容易出现这样的错误。读者可以在【文件夹选项】对话框中查看是否显示扩展名。

甜点 2：如何显示与隐藏 Dreamweaver CC 的欢迎屏幕？

Dreamweaver CC 欢迎屏幕可以帮助使用者快速进行打开文件、新建文件和相关帮助的操作。如果读者不希望显示该窗口，可以按 Ctrl+U 快捷键，在弹出的窗口中，选择左侧的【常规】页，将右侧【文档选项】部分的【显示欢迎屏幕】复选框取消选中。

1.5　跟我练练手

练习 1：手工编写 HTML 5。
练习 2：使用 HTML 编辑器。
练习 3：查看页面效果。
练习 4：查看源文件。

第 2 章

HTML 5 网页文档结构

文档结构，主要是指文章的内部结构，在网页中则表现为整个页面的内部结构。在 HTML 5 之前，并没有对网页文档的结构进行明确的规范，因而如果打开一个网页源代码，可能无法分清哪些是头部哪些是尾部，而在 HTML 5 中则对这些进行了明确的规范。

学习目标(已掌握的在方框中打钩)

☐ 掌握 Web 标准规定的内容

☐ 掌握 HTML 5 文档的基本结构

☐ 掌握制作符合 W3C 标准的 HTML 5 网页

2.1 Web 标准

在学习 HTML 5 网页文档结构之前，首先需要了解 Web 的标准，该标准主要是为了解决各种浏览器与网页的兼容性问题。

2.1.1 Web 标准概述

无规矩不成方圆，对于网页设计也是如此。为了 Web 更好地发展，对于开发人员和最终用户而言，非常重要的事情就是在开发新的应用程序时，浏览器开发商和站点开发商需要共同遵守标准，这个标准就是 Web 标准。

Web 标准的最终目的就是可确保每个人都有权利访问相同的信息。如果没有 Web 标准，那么未来的 Web 应用，都是不可能实现的。同时，Web 标准也可以使站点开发更快捷，更令人愉快。

为了缩短开发和维护时间，未来的网站将不得不根据标准来进行编码。这样，开发人员就不必为了得到相同的结果，而挣扎于多版本的开发。一旦 Web 开发人员遵守了 Web 标准，由于开发人员可以更容易地理解彼此的编码，那么，Web 开发的团队协作也将会得到简化。因此，Web 标准在开发中是很重要的。

使用 Web 标准有以下几个优点。

1. 对于访问者

- 文件下载与页面显示速度更快。
- 内容能被更多的用户所访问(包括失明、视弱、色盲等残障人士)。
- 内容能被更广泛的设备所访问(包括屏幕阅读机、手持设备、打印机等)。
- 用户能够通过样式选择定制自己的表现界面。
- 所有页面都能提供适于打印的版本。

2. 对于网站所有者

- 更少的代码和组件，容易维护。
- 带宽要求降低(代码更简洁)，成本降低。
- 更容易被搜索引擎搜索到。
- 改版方便，不需要变动页面内容。
- 提供打印版本而不需要复制内容。
- 提高网站易用性。在美国，有严格的法律条款(Section 508)来约束政府网站必须达到一定的易用性，其他国家也有类似的要求。

2.1.2 Web 标准规定的内容

Web 标准不是某一个标准，而是一系列标准的集合。网页主要由 3 部分组成，即结构 (Structure)、表现(Presentation)和行为(Behavior)，那么，对应的标准也分 3 个方面，分别如下。

- 结构化标准语言，主要包括 XHTML 和 XML。
- 表现标准语言，主要包括 CSS。
- 行为标准，主要包括对象模型，如 W3C DOM、ECMAScript 等。

这些标准大部分由 W3C 起草和发布。也有一些是其他标准组织制定的标准，如 ECMA(European Computer Manufacturers Association)的 ECMAScript 标准。

1. 结构化标准语言

(1) XML 语言

XML 是 The Extensible Markup Language(可扩展标识语言)的简写。目前推荐遵循的是 W3C 于 2000 年 10 月 6 日发布的 XML 1.0。和 HTML 一样，XML 同样来源于 SGML，但 XML 是一种能定义其他语言的语言。XML 最初设计的目的是弥补 HTML 的不足，以强大的扩展性满足网络信息发布的需要，后来逐渐用于网络数据的转换和描述。

(2) XHTML 语言

XHTML 是 The Extensible HyperText Markup Language(可扩展超文本标识语言)的缩写。目前遵循的是 W3C 于 2000 年 1 月 26 日推荐的 XML 1.0。虽然 XML 数据转换能力强大，完全可以替代 HTML，但面对成千上万已有的站点，直接采用 XML 还为时过早，因此在 HTML 4.0 的基础上，用 XML 的规则对其进行扩展，得到了 XHTML。简单地说，建立 XHTML 的目的就是实现 HTML 向 XML 的过渡。

2. 表现标准语言

CSS 是 Cascading Style Sheets(层叠样式表)的缩写。目前遵循的是 W3C 于 1998 年 5 月 12 日推荐的 CSS2。W3C 创建 CSS 标准的目的是以 CSS 取代 HTML 表格式布局、帧和其他表现的语言。纯 CSS 布局与结构化 XHTML 相结合，能帮助设计师分离外观与结构，使站点的访问及维护更加容易。

3. 行为标准

(1) DOM 标准

DOM 是 Document Object Model(文档对象模型)的缩写。根据 W3C DOM 规范，DOM 是一种浏览器平台语言的接口，使用它可以访问页面其他的标准组件。简单理解，DOM 解决了 Netscaped 的 JavaScript 和 Microsoft 的 JScript 之间的冲突，给予 Web 设计师和开发者一个标准的方法，让他们来访问站点中的数据、脚本和表现层对象。

(2) ECMAScript 标准

ECMAScript 是 ECMA 制定的标准脚本语言(JavaScript)。目前推荐遵循的是 ECMAScript 262。

2.2　HTML 5 文档的基本结构

HTML 5 文档最基本的结构主要包括文档类型说明、开始标记、元信息、主体标记和页面注释标记等。

2.2.1 HTML 5 结构

在一个 HTML 文档中，必须包含<HTML></HMTL>标记，并且放在一个 HTML 文档中的开始和结束位置，即每个文档以<HTML>开始，以</HTML>结束。

<HTML></HMTL>之间通常包含两个部分，分别是<HEAD></HEAD>和<BODY></BODY>。HEAD 标记包含 HTML 头部信息，如文档标题、样式定义等。BODY 标记包含文档主体部分，即网页内容。需要注意的是，HTML 标记不区分大小写。

为了便于读者从整体上把握 HTML 文档结构，下面通过一个 HTML 页面来介绍 HTML 页面的整体结构，示例代码如下。

```
<!DOCTYPE HTML>
<HTML>
<HEAD>
    <TITLE>网页标题</TITLE>
</HEAD>
<BODY>
    网页内容
</BODY>
</HTML>
```

从代码中可以看出，一个基本的 HTML 页由以下几部分构成。

- <!DOCTYPE>声明必须位于 HTML 5 文档中的第一行，也就是位于<HTML>标记之前。该标记告知浏览器文档所使用的 HTML 规范。<!DOCTYPE>声明不属于 HTML 标记；它是一条指令，告诉浏览器编写页面所用标记的版本。由于 HTML 5 版本还没有得到浏览器的完全认可，后面介绍时还采用以前通用的标准。
- <HTML></HTML>说明本页面使用 HTML 语言编写，使浏览器软件能够准确无误地解释、显示。
- <HEAD></HEAD> 是 HTML 的头部标记。头部信息不显示在网页中，此标记内可以保护其他标记，用于说明文件标题和整个文件的一些公用属性。可以通过<STYLE>标记定义 CSS 样式表，通过<SCRIPT>标记定义 JavaScript 脚本文件。
- <TITLE></TITLE> 是 HEAD 中的重要组成部分，它包含的内容显示在浏览器的窗口标题栏中。如果没有 TITLE，浏览器标题栏将显示本页的文件名。
- <BODY></BODY> 包含 HTML 页面的实际内容，显示在浏览器窗口的客户区中。例如，页面中的文字、图像、动画、超链接以及其他 HTML 相关的内容，都是定义在 BODY 标记里面。

2.2.2 文档类型说明

Web 页面的文档类型说明(DOCTYPE)被极大地简化了。细心的读者会发现，在第 1 章中使用 Dreamweaver CC 创建 HTML 文档时，文档头部的类型说明代码如下。

```
<!DOCTYPE html PUBLIC "-//W3C//DTD XHTML 1.0 Transitional//EN"
"http://www.w3.org/TR/xhtml1/DTD/xhtml1-transitional.dtd">
```

上面为 XHTML 文档类型说明，读者可以看到这段代码既麻烦又难记，HTML 5 对文档类型进行了简化，简单到 15 个字符就可以了，代码如下。

```
<!DOCTYPE html>
```

DOCTYPE 的声明需要出现在 HTML 5 文件的第一行。

2.2.3　HTML 5 标记 html

HTML 5 标记代表文档的开始，由于 HTML 5 语言语法的松散特性，该标记可以省略，但是为了使之符合 Web 标准和文档的完整性，养成良好的编写习惯，建议不要省略该标记。

HTML 5 标记以<html>开头，以</html>结尾，文档的所有内容书写在开头和结尾的中间部分。语法格式如下。

```
<html>
…
</html>
```

2.2.4　头标记 head

头标记 head 用于说明文档头部相关信息，一般包括标题信息、元信息、定义 CSS 样式和脚本代码等。HTML 的头部信息是以<head>开始，以</head>结束，语法格式如下。

```
<head>
…
</head>
```

<head>元素的作用范围是整篇文档，定义在 HTML 语言头部的内容往往不会在网页上直接显示。

1. 标题标记 title

HTML 页面的标题一般是用来说明页面的用途，显示在浏览器的标题栏中。在 HTML 文档中，标题信息设置在<head>与</head>之间。标题标记以<title>开始，以</title>结束，语法格式如下。

```
<title>
…
</title>
```

在标记中间的"…"就是标题的内容，可以帮助用户更好地识别页面。预览网页时，设置的标题在浏览器的左上方标题栏中显示，此外，在 Windows 任务栏中显示的也是这个标题，如图 2-1 所示。

图 2-1 标题栏在浏览器中的显示效果

 页面的标题只有一个，位于 HTML 文档的头部，即<head>和</head>之间。

2. 元信息标记 meta

<meta>元素可提供有关页面的元信息(meta-information)，如针对搜索引擎和更新频度的描述和关键词。

<meta>标记位于文档的头部，不包含任何内容。<meta>标记的属性定义了与文档相关联的名称/值对，<meta>标签提供的属性及取值，如表 2-1 所示。

表 2-1 <meta>标记提供的属性及取值

属　　性	值	描　　述
charset	character encoding	定义文档的字符编码
content	some_text	定义与 http-equiv 或 name 属性相关的元信息
http-equiv	content-type expires refresh set-cookie	把 content 属性关联到 HTTP 头部
name	author description keywords generator revised others	把 content 属性关联到一个名称

(1) 字符集 charset 属性

在 HTML 5 中，有一个新的 charset 属性，其使字符集的定义更加容易。例如，下列代码告诉浏览器，网页使用 ISO-8859-1 字符集显示。

```
<meta charset="ISO-8859-1">
```

(2) 搜索引擎的关键字

在早期，meta keywords 关键字对搜索引擎的排名算法起到一定的作用，也是很多人进行网页优化的基础。关键字在浏览时是看不到的，使用格式如下。

```
<meta name="keywords" content="关键字,keywords" />
```

说明：

- 不同的关键词之间，应用半角逗号隔开(英文输入状态下)，不要使用"空格"或"|"间隔。
- 是 keywords，不是 keyword。
- 关键字标记中的内容应该是一个个的短语，而不是一段话。

例如，定义针对搜索引擎的关键词，代码如下。

```
<meta name="keywords" content="HTML, CSS, XML, XHTML, JavaScript" />
```

关键字标记 keywords，曾经是搜索引擎排名中很重要的因素，但现在已经被很多搜索引擎完全忽略。加上这个标记对网页的综合表现没有坏处，但如果使用不恰当，对网页非但没有好处，还有欺诈的嫌疑。在使用关键字标记 Keywords 时，要注意以下几点。

- 关键字标记中的内容要与网页核心内容相关，确信使用的关键词出现在网页文本中。
- 使用用户易于通过搜索引擎检索的关键字，过于生僻的词汇不太适合做 meta 标记中的关键词。
- 不要重复使用关键词，否则可能会被搜索引擎惩罚。
- 一个网页的关键词标记里最多包含 3～5 个最重要的关键词，不要超过 5 个。
- 每个网页的关键词应该不同。

 由于设计者或 SEO 优化者以前对 meta keywords 关键字的滥用，导致目前其在搜索引擎排名中的作用很小。

(3) 页面描述

meta description 元标记(描述元标记)是一种 HTML 元标记，用来简略描述网页的主要内容，通常被搜索引擎用在搜索结果页上展示给最终用户看的一段文字片段。页面描述在网页中不显示出来，使用格式如下。

```
<meta name="description" content="网页的介绍" />
```

例如，定义对页面的描述，代码如下。

```
<meta name="description" content="免费的 Web 技术教程。" />
```

(4) 页面定时跳转

使用<meta>标记可以使网页在经过一定时间后自动刷新，这可通过将 http-equiv 属性值设置为 refresh 来实现。content 属性值可以设置为更新时间。

在浏览网页时，经常会看到一些欢迎信息的页面，在经过一段时间后，这些页面会自动转到其他页面，这就是网页的跳转。页面定时刷新跳转的语法格式如下。

```
<meta http-equiv="refresh" content="秒;[url=网址]" />
```

其中，"[url=网址]"部分是可选项，如果有这部分，则页面定时刷新并跳转，如果省略该部分，页面只定时刷新，不进行跳转。

例如，实现每5秒刷新一次页面，将下述代码放入head标记部分即可。

```
<meta http-equiv="refresh" content="5" />
```

2.2.5 网页的主体标记 body

网页所要显示的内容都放在网页的主体标记内，它是 HTML 文件的重点所在。主体标记是以<body>标记开始，以</body>标记结束，语法格式如下。

```
<body>
…
</body>
```

注意，在构建 HTML 结构时，标记不允许交错出现，否则会造成错误。

例如，在下列代码中，<body>开始标记出现在<head>标记内。

```
<html>
<head>
<title>标记测试</title>
<body>
</head>
</body>
</html>
```

代码中的第 4 行<body>开始标记和第 5 行的</head>结束标记出现了交叉，这是错误的。HTML 中的所有代码不允许交叉出现。

2.2.6 页面注释标记<!-- -->

注释是在 HTML 代码中插入的描述性文本，用来解释该代码或提示其他信息。注释只出现在代码中，浏览器对注释代码不进行解释，并且在浏览器的页面中不显示。

在 HTML 源代码中适当地插入注释语句是一种非常好的习惯，对于设计者日后的代码修改、维护工作很有帮助。另外，如果将代码交给其他设计者，其他设计者也能很快读懂前者所撰写的内容。

语法如下。

```
<!--注释的内容-->
```

注释语句元素由前后两部分组成，前部分由一个左尖括号、一个半角感叹号和两个连字符组成，后部分由两个连字符和一个右尖括号组成。

```
<html>
<head>
<title>标记测试</title>
</head>
```

```
<body>
<!-- 这里是标题-->
<h1>HTML 5 从入门到精通</h1>
</body>
</html>
```

页面注释不但可以对 HTML 中一行或多行代码进行解释说明，而且可能注释掉这些代码。如果希望某些 HTML 代码在浏览器中不显示，可以将这部分内容放在 "<!--" 和 "-->" 之间，例如，修改上述代码如下。

```
<html>
<head>
<title>标记测试</title>
</head>
<body>
<!--
<h1>HTML 5 从入门到精通</h1>
-->
</body>
</html>
```

修改后的代码，将<h1>标记作为注释内容处理，在浏览器中将不会显示这部分内容。

2.3 综合案例——符合 W3C 标准的 HTML 5 网页

下面将制作一个简单的符合 W3C 标准的 HTML 5 网页，以巩固前面所学知识。具体操作步骤如下。

step 01 启动 Dreamweaver CC，新建 HTML 文档，单击文档工具栏中的【代码】按钮，切换至代码状态，如图 2-2 所示。

step 02 图 2-2 中的代码是 XHTML 1.0 格式，尽管与 HTML 5 完全兼容，但是为了简化代码，将其修改成 HTML 5 规范。文档说明部分、<html>标记部分和<meta>元信息部分修改后，HTML 5 基本结构代码如下。

图 2-2 使用 Dreamweaver CC 新建 HTML 文档

```
<!DOCTYPE html>
<html>
<head>
<meta charset="utf-8" />
<title>HTML 5 网页设计</title>
</head>
<body>
</body>
</html>
```

step 03 在网页主体中添加内容，即在 body 部分增加如下代码。

```
<!--白居易诗-->
<h1>续座右铭</h1>
<P>
千里始足下,<br>
高山起微尘。<br>
吾道亦如此,<br>
行之贵日新。<br>
</P>
```

step 04 保存网页，在 IE 中预览效果，如图 2-3 所示。

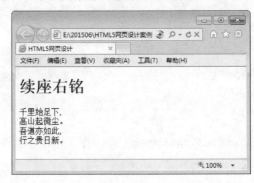

图 2-3 网页预览效果

2.4 高 手 甜 点

甜点 1：在网页中，语言的编码方式有哪些？

在 HTML 5 网页中，meta 标记的 charset 属性用于设置网页的内码语系，也就是字符集的类型，国内常用的是 GB 码，对于国内因经常要显示汉字，通常设置为 GB2312(简体中文)和 UTF-8 两种。英文是 ISO-8859-1 字符集，此外还有其他的字符集，这里不再介绍。

甜点 2：在网页中基本标记是否必须成对出现？

在 HTML 5 网页中，大部分标记都是成对出现，但也有部分标记可以单独出现，如换行标记<p/>、
、<img/>和<hr/>等。

2.5 跟我练练手

练习 1：制作符合 W3C 标准的 HTML 5 网页。
练习 2：了解 HTML 5 文档的基本结构。

第 3 章

HTML 5 网页中
的文本和图像

文字和图像是网页中最主要也是最常用的元素。在信息高速发展的今天，网站已经成为一个展示与宣传自我的通信工具，公司或个人可以通过网站介绍公司的服务、产品或介绍自己。这些都离不开网站当中的网页，而网页的内容主要是通过文字与图像来体现的，本章就来介绍 HTML 5 网页中的文字和图像。

学习目标(已掌握的在方框中打钩)

☐ 掌握添加文本的方法和技巧

☐ 掌握文本排版的方法和技巧

☐ 掌握设计文字列表的方法和技巧

☐ 掌握在网页中添加图片的方法和技巧

☐ 掌握制作图文并茂房屋装修网页的方法和技巧

☐ 掌握制作在线购物网站产品展示的方法和技巧

3.1 在网页中添加文本

在网页中可以轻松地添加文本，按照文字的类型划分，用户可以添加的文本分为普通文本和特殊字文本两种。下面将分别讲述这两种文本的添加方法和技巧。

3.1.1 案例1——普通文本的添加

普通文本是指汉字或者在键盘上可以直接输入的字符。读者可以在 Dreamweaver CC【代码】视图的 body 标记部分直接输入，或者在【设计】视图下直接输入。如图 3-1 所示为 Dreamweaver CC 的【设计】视图，用户可以在其中直接输入汉字或字符。

如果有现成的文本，可以使用复制、粘贴的方法把其他窗口中需要的文本复制过来。在粘贴文本的时候，如果只希望把文字粘贴过来，而不需要粘贴文字的格式，可以使用 Dreamweaver CC 的"选择性粘贴"功能。

"选择性粘贴"功能只在 Dreamweaver CC 的【设计】视图中起作用，因为在【代码】视图中，粘贴的仅是文本，不会有格式。例如，将 Word 文档表格中的文字复制到网页中，而不需要表格结构，操作方法为：选择【编辑】➤【选择性粘贴】命令或按快捷键 Ctrl+Shift+V，弹出【选择性粘贴】对话框，在其中选中【仅文本】单选按钮，如图 3-2 所示。

图 3-1 【设计】视图   图 3-2 【选择性粘贴】对话框

3.1.2 案例2——特殊字符文本的添加

目前，很多行业信息都出现在网络上，每个行业都有自己的行业特性，如数学、物理和化学都有特殊的符号，那么如何在网页中添加这些特殊的字符呢？

在 HTML 中，特殊符号以"&"开头，后面跟相关特殊字符。例如，大括号和小括号被用于声明标记，因此如果在 HTML 代码中需要输入"<"和">"字符，就不能直接输入了，需要当作特殊字符进行处理。在 HTML 中，用"&lt"代表符号"<"，用"&gt"代表符号">"。例如，输入公式 a>b，在 HTML 中需要这样表示：a>b。

HTML 中还有大量这样的字符，如空格、版权等，常用的特殊字符如表 3-1 所示。

表 3-1　特殊字符

显　示	说　明	HTML 编码
	半角大的空白	
	全角大的空白	
	不断行的空白格	
<	小于	&lt;
>	大于	&gt;
&	&符号	&amp;
"	双引号	&quot;
©	版权	&copy;
®	已注册商标	&reg;
™	商标(美国)	™
×	乘号	&times;
÷	除号	&divide;

在编辑化学公式或物理公式时，使用特殊字符的频度非常高。如果每次输入时都去查询或者要记忆这些特殊特号的编码，工作量是相当大的。在此为读者提供一些技巧。

- 在 Dreamweaver CC 的【设计】视图下输入字符，如 a>b 这样的表达式，可以直接输入。对于部分键盘上没有的字符可以借助中文输入法的软键盘。在中文输入法的软键盘上右击，弹出特殊类别项，如图 3-3 所示。选择所需类型，如选择"数学符号"，弹出数学相关符号，如图 3-4 所示。选择自己需要的符号，即可输入。

图 3-3　特殊符号分类　　　　　　　　　图 3-4　数学符号

- 文字与文字之间的空格，如果超过一个，那么从第二个空格开始，都会被忽略掉。快捷地输入空格的方法是：将输入法切换成中文输入法，并置于全角(快捷键为 Shift+空格)状态，直接按键盘上的 Space 键(空格键)即可。
- 对于上述两种方法都无法实现的字符，可以使用 Dreamweaver CC 的【插入】菜单实现。选择【插入】➤HTML➤【特殊字符】命令，在显示的字符中选择，如果没有所需要的字符，选择【其他字符】命令，在打开的【插入其他字符】对话框中选择即可，如图 3-5 所示。

图 3-5　【插入其他字符】对话框

　　　　尽量不要使用多个 " " 来表示多个空格，因为多数浏览器对空格距离的实现是不一样的。

3.1.3　案例 3——使用 HTML 5 标记添加特殊文本

在文档中经常会出现重要文本(加粗显示)、斜体文本、上标和下标文本等。

1. 重要文本

重要文本通常以粗体显示、强调方式显示或加强调方式显示。HTML 中的<b>标记、<em>标记和<strong>标记分别实现了这 3 种显示方式。

【例 3.1】重要文本显示(实例文件：ch03\3.1.html)

```
<!DOCTYPE html>
<html>
<head>
<title>无标题文档</title>
</head>
<body>
<p><b>粗体文字的显示效果</b> </p>
<p><em>强调文字的显示效果</em> </p>
<p><strong>加强调文字的显示效果</strong></p>
</body>
</html>
```

在 IE 9.0 中的预览效果如图 3-6 所示，实现了文本的 3 种显示方式。

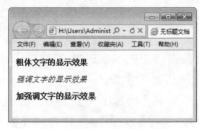

图 3-6　重要文本预览效果

2. 倾斜文本

HTML 中的<i>标记实现了文本的倾斜显示，放在<i></i>之间的文本将以斜体显示。

【例 3.2】斜体文本显示(实例文件：ch03\3.2.html)

```
<!DOCTYPE html>
<html>
<head>
<title>无标题文档</title>
</head>
<body>
<i>斜体文字的显示效果</i>
</body>
</html>
```

在 IE 9.0 中的预览效果如图 3-7 所示，其中文字以斜体显示。

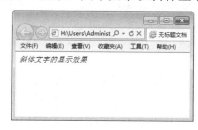

图 3-7　斜体文本预览效果

注意

　　　　HTML 中的重要文本和倾斜文本标记已经过时，这些标记都应该使用 CSS 样式来实现，而不应该是 HTML 来实现。随着后面学习的深入，读者会逐渐发现，即使 HTML 和 CSS 实现相同的效果，但是 CSS 所能实现的控制远远比 HTML 要细致、精确很多。

3. 上标和下标文本

在 HTML 中用<sup>标记实现上标文字，用<sub>标记实现下标文字。<sup>和<sub>都是双标记，放在开始标记和结束标记之间的文本会分别以上标或下标形式出现。

【例 3.3】上标和下标文本显示(实例文件：ch03\3.3.html)

```
<!DOCTYPE html>
<html>
<head>
<title>无标题文档</title>
</head>
<body>
 <!-上标显示-->
 <p>c=a<sup>2</sup>+b<sup>2</sup></p>
<!-下标显示-->
 <p>H<sub>2</sub>+O→H<sub>2</sub>O</p>
</body>
</html>
```

在 IE 9.0 中的预览效果如图 3-8 所示，分别实现了上标和下标文本的显示。

图 3-8　上标和下标预览效果

3.2　文　本　排　版

在网页中，对文字段落进行排版，并不像文本编辑软件 Word 那样可以定义许多模板来安排文字的位置。在网页中，要让某一段文字放在特定的地方，是通过 HTML 标记来完成的。其中，换行使用
标记，换段使用<p>标记。

3.2.1　案例4——换行标记

换行标记
是一个单标记，它没有结束标记，是英文单词 break 的缩写，作用是将文字在一个段内强制换行。一个
标记代表一个换行，连续的多个标记可以实现多次换行。使用换行标记时，在需要换行的位置添加
标记即可。例如，下面的代码，实现了对文本的强制换行。

【例 3.4】文本换行(实例文件：ch03\3.4.html)

```
<!DOCTYPE html>
<html>
<head>
<title>文本段换行</title>
</head>
<body>
你见，或者不见我<br/>
我就在那里<br/>
不悲不喜<br/>
你念，或者不念我<br/>
情就在那里<br/>
不来不去
</body>
</html>
```

虽然在 HTML 源代码中，主体部分的内容在排版上没有换行，但是增加
标记后，在IE 9.0 中的预览效果如图 3-9 所示，实现了换行效果。

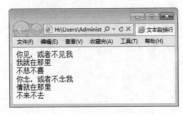

图 3-9　换行标记的使用

3.2.2 案例 5——段落标记 p

段落标记是双标记，即\<p\>\</p\>，在\<p\>(开始标记)和\</p\>(结束标记)之间的内容形成一个段落。如果省略结束标记，从\<p\>标记开始，直到遇见下一个段落标记之前的文本，都在一个段落内。

【**例 3.5**】以段落显示(实例文件：ch03\3.5.html)

```
<!DOCTYPE html>
<html>
<head>
<title>段落标记的使用</title>
</head>
<body>
 <p>《春》 作者：朱自清</p>
<p>盼望着，盼望着，东风来了，春天的脚步近了。</p>
<p>
一切都像刚睡醒的样子，欣欣然张开了眼。山朗润起来了，水涨起来了，太阳的脸红起来了。
</p>
<p>
小草偷偷地从土里钻出来，嫩嫩的，绿绿的。园子里，田野里，瞧去，一大片一大片满是的。坐着，躺
着，打两个滚，踢几脚球，赛几趟跑，捉几回迷藏。风轻悄悄的，草软绵绵的。
</p>
<p>
桃树、杏树、梨树，你不让我，我不让你，都开满了花赶趟儿。红的像火，粉的像霞，白的像雪。花里带
着甜味儿，闭了眼，树上仿佛已经满是桃儿、杏儿、梨儿。花下成千成百的蜜蜂嗡嗡地闹着，大小的蝴蝶
飞来飞去。野花遍地是：杂样儿，有名字的，没名字的，散在花丛里，像眼睛，像星星，还眨呀眨的……
</p>
</body>
</html>
```

在 IE 9.0 中的预览效果如图 3-10 所示，\<P\>标记将文本分成 4 个段落。

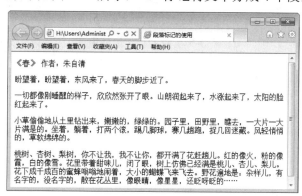

图 3-10 段落标记的使用

3.2.3 案例 6——标题标记 h1～h6

在 HTML 文档中，文本的结构除了以行和段出现之外，还可以作为标题存在。各种级别

的标题由<h1>～<h6>元素来定义，<h1>～<h6>标题标记中的字母 h 是英文 headline(标题行)
的简称。其中<h1>代表 1 级标题，级别最高，文字也最大，其他标题元素依次递减，<h6>级
别最低。

【例 3.6】标题标记的使用(实例文件：ch03\3.6.html)

```
<!DOCTYPE html>
<html>
<head>
<title>标题标记的使用</title>
</head>
<body>
<h1>卜算子·我住长江头</h1>
<h2>我住长江头，君住长江尾。</h2>
<h3>日日思君不见君，共饮长江水。</h3>
<h4>此水几时休，此恨何时已。</h4>
<h5>只愿君心似我心，定不负相思意。</h5>
<h6>作者：宋代 李之仪</h6>
</body>
</html>
```

在 IE 9.0 中的预览效果如图 3-11 所示。

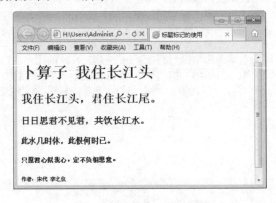

图 3-11　标题标记的使用

作为标题，<h1>～<h6>的重要性是有区别的，其中<h1>标题的重要性最高，
<h6>的最低。

3.3　文　字　列　表

文字列表可以有序地编排一些信息资源，使其结构化和条理化，并以列表的样式显示出
来，以便浏览者能更加快捷地获得相应信息。HTML 中的文字列表类似于文字编辑软件 Word
中的项目符号和自动编号。

3.3.1　案例 7——建立无序列表 ul

无序列表相当于 Word 中的项目符号，无序列表的项目排列没有顺序，只以符号作为分项标识。无序列表使用一对标记<ul></ul>，其中每一个列表项使用<li></li>，其结构如下。

```
<ul>
   <li>无序列表项</li>
   <li>无序列表项</li>
   <li>无序列表项</li>
   <li>无序列表项</li>
</ul>
```

在无序列表结构中，使用<ul></ul>标记表示这一个无序列表的开始和结束，<li>则表示一个列表项的开始。在一个无序列表中可以包含多个列表项，并且<li>可以省略结束标记。下面实例使用无序列表实现文本的排列显示。

【例 3.7】无序列表(实例文件：ch03\3.7.html)

```
<!DOCTYPE html>
<html>
<head>
<title>嵌套无序列表的使用</title>
</head>
<body>
<h1>网站建设流程</h1>
<ul>
    <li>项目需求</li>
    <li>系统分析
      <ul>
        <li>网站的定位</li>
        <li>内容收集</li>
        <li>栏目规划</li>
        <li>网站内容设计</li>
      </ul>
    </li>
    <li>网页草图
      <ul>
        <li>制作网页草图</li>
        <li>将草图转换为网页</li>
      </ul>
    </li>
    <li>站点建设</li>
    <li>网页布局</li>
    <li>网站测试</li>
    <li>站点的发布与站点管理</li>
</ul>
</body>
</html>
```

在 IE 9.0 中的预览效果如图 3-12 所示。读者会发现，无序列表项中，可以嵌套一个列表，如代码中的"系统分析"列表项和"网页草图"列表项中都有下级列表，因此在这对

<li></li>标记间又增加了一对<ul></ul>标记。

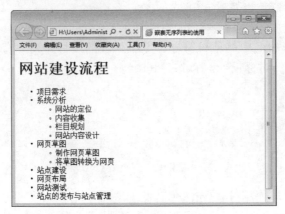

图 3-12　无序列表

3.3.2　案例 8——建立有序列表 ol

有序列表类似于 Word 中的自动编号功能，有序列表的使用方法和无序列表的使用方法基本相同，使用标记<ol></ol>，每一个列表项前使用<li></li>。每个项目都有前后顺序之分，多数用数字表示，其结构如下。

```
<ol>
  <li>第 1 项</li>
  <li>第 2 项</li>
  <li>第 3 项</li>
</ol>
```

下面实例使用有序列表实现文本的排列显示。

【**例 3.8**】有序列表(实例文件：ch03\3.8.html)

```
<!DOCTYPE html>
<html>
<head>
<title>有序列表的使用</title>
</head>
<body>
<h1>本节内容列表</h1>
<ol>
  <li>认识网页</li>
  <li>网页与 HTML 差异</li>
  <li>认识 Web 标准</li>
  <li>网页设计与开发的流程</li>
  <li>与设计相关的技术因素</li>
</ol>
</body>
</html>
```

在 IE 9.0 中的预览效果如图 3-13 所示。读者可以看到新添加的有序列表。

图 3-13 有序列表

3.3.3 案例 9——建立不同类型的无序列表

通过使用多个<ul>标签，可以建立不同类型的无序列表。

【例 3.9】不同类型的无序列表(实例文件：ch03\3.9.html)

```
<!DOCTYPE html>
<html>
<body>
<h4>Disc 项目符号列表：</h4>
<ul type="disc">
 <li>苹果</li>
 <li>香蕉</li>
 <li>柠檬</li>
 <li>桔子</li>
</ul>
<h4>Circle 项目符号列表：</h4>
<ul type="circle">
 <li>苹果</li>
 <li>香蕉</li>
 <li>柠檬</li>
 <li>桔子</li>
</ul>
<h4>Square 项目符号列表：</h4>
<ul type="square">
 <li>苹果</li>
 <li>香蕉</li>
 <li>柠檬</li>
 <li>桔子</li>
</ul>
</body>
</html>
```

在 IE 9.0 中的预览效果如图 3-14 所示。

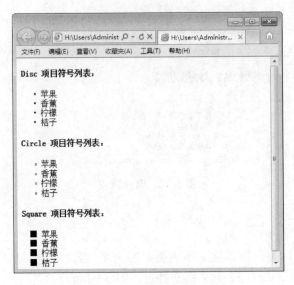

图 3-14　不同类型的无序列表

3.3.4　案例 10——建立不同类型的有序列表

通过使用多个<ol>标签,可以建立不同类型的有序列表。

【例 3.10】不同类型的有序列表(实例文件:ch03\3.10.html)

```
<!DOCTYPE html>
<html>
<body>
<h4>数字列表: </h4>
<ol>
 <li>苹果</li>
 <li>香蕉</li>
 <li>柠檬</li>
 <li>桔子</li>
</ol>
<h4>字母列表: </h4>
<ol type="A">
 <li>苹果</li>
 <li>香蕉</li>
 <li>柠檬</li>
 <li>桔子</li>
</ol>
</body>
</html>
```

在 IE 9.0 中的预览效果如图 3-15 所示。

图 3-15　不同类型的有序列表

3.3.5　案例 11——建立嵌套列表

嵌套列表是网页中常用的元素，使用<ul>标签可以制作网页中的嵌套列表。

【例 3.11】嵌套列表(实例文件：ch03\3.11.html)

```
<!DOCTYPE html>
<html>
<body>
<h4>一个嵌套列表：</h4>
<ul>
  <li>咖啡</li>
  <li>茶
   <ul>
   <li>红茶</li>
   <li>绿茶
     <ul>
     <li>中国茶</li>
     <li>非洲茶</li>
     </ul>
   </li>
   </ul>
  </li>
  <li>牛奶</li>
</ul>
</body>
</html>
```

在 IE 9.0 中的预览效果如图 3-16 所示。

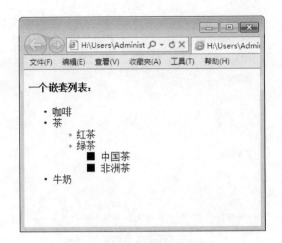

图 3-16 嵌套列表

3.3.6 案例 12——自定义列表

在 HTML 5 中还可以自定义列表。自定义列表的标签是<dl>。

【例 3.12】自定义列表(实例文件：ch03\3.12.html)

```
<!DOCTYPE html>
<html>
<body>
<h2>一个定义列表：</h2>
<dl>
   <dt>电脑</dt>
   <dd>是一种能够按照程序运行的电子设备…….</dd>
   <dt>显示器</dt>
   <dd>以视觉方式显示信息的装置 … …</dd>
</dl>
</body>
</html>
```

在 IE 9.0 中的预览效果如图 3-17 所示。

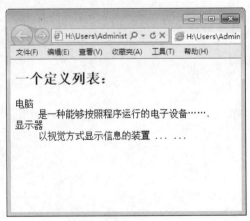

图 3-17 自定义列表

3.4 网页中的图像

图片是网页中不可缺少的元素，巧妙地在网页中使用图片可以为网页增色不少。网页支持多种图片格式，并且可以对插入的图片设置宽度和高度。网页中使用的图像可以是 GIF、JPEG、BMP、TIFF、PNG 等格式的图像文件，其中使用最广泛主要是 GIF 和 JPEG 两种格式。

3.4.1 案例 13——在网页中插入图像

图像可以美化网页，插入图像使用单标记<img>。<img>标记的属性及描述如表 3-2 所示。

表 3-2　<img>标记的属性及描述

属　　性	值	描　　　　述
alt	text	定义有关图形的短的描述
src	URL	要显示的图像的 URL
height	pixels %	定义图像的高度
ismap	URL	把图像定义为服务器端的图像映射
usemap	URL	定义作为客户端图像映射的一幅图像。可参阅<map>和<area>标记，了解其工作原理
vspace	pixels	定义图像顶部和底部的空白。可使用 CSS 代替
width	pixels %	设置图像的宽度

1. 插入图像

src 属性用于指定图片源文件的路径，是<img>标记必不可少的属性。语法格式如下。

```
<img src="图片路径">
```

【例 3.13】在网页中插入图片(实例文件：ch03\3.13.html)

```
<!DOCTYPE html>
<html>
<head>
<title>插入图片</title>
</head>
<body>
<img src="images/美图1.jpg">
</body>
</html>
```

在 IE 9.0 中的预览效果如图 3-18 所示。

图 3-18　插入图像

2. 从不同位置插入图像

在插入图片时，可以将其他文件夹或服务器的图片显示到网页中。

【例 3.14】从不同位置插入图像(实例文件：ch03\3.14.html)

```
<!DOCTYPE html>
<html>
<body>
<p>
来自一个文件夹的图像：
<img src="images/美图2.jpg" />
</p>
<p>
来自baidu的图像：
<img
src="http://www.baidu.com/img/shouye_b5486898c692066bd2cbaeda86d74448.gif"
/>
</p>
</body>
</html>
```

在 IE 9.0 中的预览效果如图 3-19 所示。

图 3-19　插入图像

3.4.2　案例14——设置图像的宽度和高度

在 HTML 文档中，还可以设置插入图片的显示大小，一般是按原始尺寸显示，但也可以任意设置显示尺寸。设置图像尺寸分别用属性 width(宽度)和 height(高度)。

【例 3.15】设置图像的高度和宽度(实例文件：ch03\3.15.html)

```
<!DOCTYPE html>
<html>
<head>
<title>插入图片</title>
</head>
<body>
<img src="images/美图1.jpg">
<img src="images/美图1.jpg" width="200">
<img src="images/美图1.jpg" width="200" height="300">
</body>
</html>
```

在 IE 9.0 中的预览效果，如图 3-20 所示。由图可以看到，图片的显示尺寸是由 width(宽度)和 height(高度)控制。当只为图片设置一个尺寸属性时，另外一个尺寸就以图片原始的长宽比例来显示。图片的尺寸单位可以选择百分比或数值。百分比为相对尺寸，数值是绝对尺寸。

图 3-20　设置图像的宽度和高度

 网页中插入的图像都是位图，放大尺寸后图像会出现马赛克，变得模糊。

 在 Windows 中查看图片的尺寸，只需要找到图像文件，把鼠标指针移动到图像上，停留几秒后就会出现一个提示框，说明图像文件的尺寸。尺寸后显示的数字，代表图像的宽度和高度，如 256×256。

3.4.3　案例15——设置图像的提示文字

为图像添加提示文字可以方便搜索引擎的检索，除此之外，图像提示文字的作用还有以下两个。

- 当浏览网页时，如果图像下载完成，将鼠标指针放在该图像上，鼠标指针旁边会出现提示文字，为图像添加说明性文字。
- 如果图像没有成功下载，在图像的位置上就会显示提示文字。

下面的实例将为图片添加提示文字效果。

【例3.16】图片提示文字(实例文件：ch03\3.16.html)

```
<!DOCTYPE html>
<html>
<head>
<title>图片文字提示</title>
</head>
<body>
<img src="images/美图2.jpg" alt="美丽的花朵">
</body>
</html>
```

在IE 9.0中预览效果如图3-21所示。将鼠标指针放在图片上，即可看到提示文字。

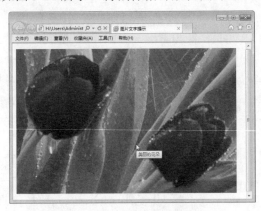

图3-21　图片文字提示

在火狐浏览器中不支持该功能。

3.4.4　案例16——将图片设置为网页背景

在插入图片时，用户可以根据需要将某些图片设置为网页的背景。GIF 和 JPG 格式的文件均可用作 HTML 背景。如果图像小于页面，则图像会进行重复。

【例3.17】图片背景(实例文件：ch03\3.17.html)

```
<!DOCTYPE html>
<html>
<body background="images/background.jpg">
<h3>图像背景</h3>
</body>
</html>
```

在 IE 9.0 中的预览效果如图 3-22 所示。

图 3-22　图片背景

3.4.5　案例 17——排列图像

在网页的文字当中，如果插入图片，这时可以对图像进行排序。常用的排序方式为居中、底部对齐、顶部对齐。

【例 3.18】排列图像(实例文件：ch03\3.18.html)

```
<!DOCTYPE html>
<html>
<body>
<h2>未设置对齐方式的图像：</h2>
<p>图像<img src ="images/logo.gif"> 在文本中</p>
<h2>已设置对齐方式的图像：</h2>
<p>图像 <img src=" images/logo.gif " align="bottom"> 在文本中</p>
<p>图像 <img src =" images/logo.gif " align="middle"> 在文本中</p>
<p>图像 <img src =" images/logo.gif " align="top"> 在文本中</p>
</body>
</html>
```

在 IE 9.0 中的预览效果如图 3-23 所示。

图 3-23　图片对齐方式

bottom 对齐方式是默认的对齐方式。

3.5　综合案例1——图文并茂的房屋装饰装修网页

本章讲述了网页组成元素中最常用的文本和图片。本案例将创建一个由文本和图片构成的房屋装饰效果网页，如图 3-24 所示。

图 3-24　房屋装饰效果网页

具体操作步骤如下。

`step 01` 在 Dreamweaver CC 中新建 HTML 文档，并修改成 HTML 5 标准，代码如下。

```
<!DOCTYPE html>
<html >
<head>
<title>房屋装饰装修效果图</title>
</head>
<body>
</body>
</html>
```

`step 02` 在 body 部分增加如下 HTML 代码并保存页面。

```
<p>  <img  src="images/xiyatu.jpg"  width="300"  height="200"/>  <img
src="images/stadshem.jpg" width="300" height="200"/><br />
西雅图原生态公寓室内设计 与 Stadshem 小户型公寓设计 (带阁楼)</p>
<hr/>
<p>  <img src="images/qingxinhuoli.jpg" width="300" height="200"/>  <img
src="images/renwen.jpg" width="300" height="200"/><br />
清新活力家居与人文简约悠然家居</p>
<hr />
```

<hr>标记的作用是定义内容中的主题变化，并显示为一条水平线，在 HTML 5 中没有任何属性。

另外，快速插入图片及设置相关属性，可以借助 Dreamweaver CS 的插入功能，或按快捷键 Ctrl+Alt+I。

3.6 综合案例 2——在线购物网站产品展示效果

本实例创建一个由文本和图片构成的在线购物网站产品展示效果。

step 01 打开记事本文件，在其中输入下述代码。

```
<!DOCTYPE html>
<html >
<head>
<title>在线购物网站产品展示效果</title>
</head>
<body>
<p> <img src="images/01.jpg" width="400" height="300"/> <img
src="images/02.jpg" width="400" height="300"/><img src="images/03.jpg"
width="400" height="300"/><br />
康绮墨丽珍气洗发护发五件套               
       静佳 Jplus 薰衣草茶树精油祛痘消印专家推荐 5 件套   
      JCare 葡萄籽咀嚼片 800mg×90 片三盒特惠礼包 </p>
<hr/>
<p> <img src="images/04.jpg" width="400" height="300"/> <img
src="images/05.jpg" width="400" height="300"/><img src="images/06.jpg"
width="400" height="300"/><br />
雅诗兰黛即时修护礼盒四件套                
        JUST BB 弹力保湿蜗牛系列特惠超值套装    
                 美丽加芬蜗
牛新生特惠超值礼包</p>
<hr />
</body>
</html>
```

step 02 保存网页，在 IE 9.0 中的预览效果如图 3-25 所示。

图 3-25 网页效果

3.7　高手甜点

甜点 1: 换行标记和段落标记的区别是什么?

换行标记是单标记,不能写结束标记。段落标记是双标记,可以省略结束标记也可以不省略。默认情况下,段落之间的距离和段落内部的行间距是不同的,段落间距比较大,行间距比较小。HTML 是无法调整段落间距和行间距的,如果希望调整它们,就必须使用 CSS。在 Dreamweaver CC 的【设计】视图下,按 Enter 键可以快速换段,按 Shift+Enter 快捷键可以快速换行。

甜点 2: 无序列表<ul>元素的作用是什么?

无序列表元素主要用于条理化和结构化文本信息。在实际开发中,无序列表在制作导航菜单时使用较广泛。导航菜单的结构一般都使用无序列表实现。

甜点 3: 在浏览器中,图片无法显示,应注意什么问题?

图片在网页中属于嵌入对象,并不是保存在网页中,网页只是保存了指向图片的路径。浏览器在解释 HTML 文件时,会按指定的路径去寻找图片,如果在指定的位置不存在图片,就无法正常显示。为了保证图片的正常显示,制作网页时需要注意以下几点。

- 图片格式一定是网页支持的。
- 图片的路径一定要正确,并且图片文件扩展名不能省略。
- HTML 文件位置发生改变时,图片一定要跟随着改变,即图片位置和 HTML 文件位置始终保持相对一致。

3.8　跟我练练手

练习 1:制作一个包含特殊文本的网页。
练习 2:制作一个包含各种类型标题的网页。
练习 3:制作一个带有无序列表和有序列表的网页。
练习 4:制作一个图文并茂的网页。

第 4 章

用 HTML 5 建立超链接

HTML 文件中最重要的应用之一就是超链接，超链接是一个网站的灵魂，Web 上的网页是互相链接的，单击被称为超链接的文本或图形就可以链接到其他页面。只有将网站中的各个页面链接在一起，这个网站才能称之为真正的网站。

学习目标(已掌握的在方框中打钩)

☐ 了解网页超链接的概念

☐ 掌握建立网页超链接的方法

☐ 掌握浮动框架的使用

☐ 掌握精确定位热点区域的方法

☐ 掌握制作电子书阅读网页的方法

4.1 网页超链接的概念

所谓的超链接,是指从一个网页指向一个目标的链接关系,这个目标可以是另一个网页,也可以是相同网页上的不同位置,还可以是一个图片,一个电子邮件地址,一个文件,甚至是一个应用程序。

4.1.1 什么是网页超链接

超链接是一种对象,它以特殊编码的文本或图形的形式来实现链接,如果单击该链接,则相当于指示浏览器移至同一网页内的某个位置,打开一个新的网页,或打开某一个新的WWW 网站中的网页。

网页中的链接按照链接路径的不同,可以分为 3 种类型,分别是内部链接、锚点链接和外部链接。按照使用对象的不同,网页中的链接又可以分为文本超链接、图像超链接、E-mail链接、多媒体文件链接和空链接等。

在网页中,一般文字上的超链接都是蓝色,文字下面有一条下划线。当移动鼠标指针到该超链接上时,鼠标指针就会变成一只手的形状,这时候单击鼠标,就可以直接跳到与这个超链接相连接的网页或 WWW 网站上。如果用户已经浏览过某个超链接,该超链接的文本颜色就会发生改变(默认为紫色)。只有图像的超链接访问后颜色不会发生变化。

4.1.2 超链接中的 URL

URL 为 Uniform Resource Locator 的缩写,通常翻译为"统一资源定位器",也就是人们通常说的"网址",用于指定 Internet 上的资源位置。

网络中的计算机之间是通过 IP 地址区分的,如果希望访问网络中某台计算机中的资源,首先要定位这台计算机。IP 地址是由 32 位的二进制数即 32 个 0/1 代码组成,数字本身没有意义,不容易记忆。为了方便记忆,计算机一般采用域名的方式来寻址,即在网络上使用一组有意义的字符组成的地址,代替 IP 地址来访问网络资源。

URL 由 4 个部分组成,即"协议""主机名""文件夹名"和"文件名",如图 4-1 所示。

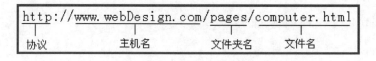

图 4-1 URL 组成

互联网中有各种各样的应用,如 Web 服务、FTP 服务等。每种服务应用都有对应的协议,通常通过浏览器浏览网页的协议都是 HTTP 协议,即"超文本传输协议",因此通常网页的地址都以 http://开头。

www.WebDesign.com 为主机名,表示文件存于在哪台服务器,主机名可以通过 IP 地址或者域名来表示。

确定主机后，还需要说明文件存在于这台服务器的哪个文件夹中，这里文件夹可以分为多个层级。

确定文件夹后，就要定位文件，即要显示哪个文件，网页文件通常是以.html 或.htm 为扩展名。

4.1.3　超链接的 URL 类型

网页上的超链接一般分为以下 3 种，分别如下。

- 绝对 URL 超链接：URL 就是统一资源定位符，简单地讲就是网络上的一个站点、网页的完整路径。
- 相对 URL 超链接：例如，将自己网页上的某一段文字或某标题，链接到同一网站的其他网页上。
- 书签超链接：同一网页的超链接，这种超链接又叫作书签。

4.2　建立网页超链接

超链接就是当鼠标单击一些文字、图片或其他网页元素时，浏览器会根据其指示载入一个新的页面或跳转到页面的其他位置。超链接除了可链接文本外，也可链接各种媒体，如声音、图像、动画，通过它们可享受丰富多彩的多媒体世界。

建立超链接所使用的 HTML 标记为<a></a>。超链接最重要的要素有两个，即设置为超链接的网页元素和超链接指向的目标地址。基本的超链接的结构如下。

```
<a href=URL>网页元素</a>
```

4.2.1　案例 1——创建超文本链接

文本是网页制作中使用最频繁也是最主要的元素。为了实现跳转到与文本相关内容的页面，往往需要为文本添加链接。

1. 什么是文本链接

浏览网页时，会看到一些带下划线的文字，将鼠标指针移到文字上时，指针将变成手形，单击会打开一个网页，这样的链接就是文本链接，如图 4-2 所示。

2. 创建链接的方法

使用<a>标记可以实现网页超链接，在<a>标记内需要定义锚来指定链接目标。锚(anchor)有两种用法，介绍如下。

- 通过使用 href 属性，创建指向另外一个文档的链接(或超链接)。使用 href 属性的代码格式如下。

```
<a href="链接地址">创建链接的文本</a>
```

图 4-2　存在有文本链接的网页

● 通过使用 name 或 id 属性，创建一个文档内部的书签(也就是说，可以创建指向文档片段的链接)。使用 name 属性的代码格式如下。

```
<a name="value">创建链接的文本</a>
```

name 属性用于指定锚(anchor)的名称，这个方法可以创建大型文档内的书签。

使用 id 属性的代码格式如下。

```
<a id="value">创建链接的文本</a>
```

3. 创建网站内的文本链接

创建网页内的文本链接主要使用 href 属性来实现。例如，在网页中做一些知名网站的友情链接。

【例 4.1】使用记事本创建网页超文本链接(案例文件：ch04\4.1.html)

```
<!DOCTYPE html>
<html>
<head>
<title>文本链接</title>
</head>
<body>
友情链接————
<a href="http://www.baidu.com">百度</a>
<a href="http://www.sina.com.cn">新浪</a>
<a href="http://www.163.com">网易</a></body>
</html>
```

使用 IE 打开文件，预览效果如图 4-3 所示，带有超链接的文本呈现浅紫色。

图 4-3　创建的文本链接网页效果

链接地址前的"http://"不可省略，否则链接会出现错误提示。

4.2.2　案例2——创建图片链接

在网页中浏览内容时，若将鼠标指针移到图片上，指针将变成手形，单击会打开一个网页，这样的链接就是图片链接，如图4-4所示。

图4-4　存在有图片链接的网页

使用<a>标记为图片添加链接的代码格式如下。

```
<a href="链接目标"><img src="图片"/></a>
```

【例4.2】使用记事本创建网页图片链接(案例文件：ch04\4.2.html)

```
<!DOCTYPE html>
<html>
<head>
<title>图片链接</title>
</head>
<body>
音乐无限
<a href="mp3.html"><img src="1.jpg"/></a>
<br>
<br>
<br>
运动健身
<a href="tiyu.html"><img src="2.jpg"/></a>
</body>
</html>
```

使用 IE 打开文件，预览效果如图 4-5 所示，鼠标指针放在图片上会呈现手指状，单击后可跳转到指定网页。

图 4-5　创建的图片链接网页效果

提示　　文件中的图片要和当前网页文件在同一目录下，链接的网页没有加"http://"，默认为当前网页所在目录。

4.2.3　案例 3——创建下载链接

超链接<a>标记的 href 属性是指向链接的目标，目标可以是各种类型的文件，如图片文件、声音文件、视频文件、Word 文档等。如果是浏览器能够识别的类型，会直接在浏览器中显示；如果是浏览器不能识别的类型，在 IE 浏览器中会弹出文件下载对话框，如图 4-6 所示。

图 4-6　IE 中的文件下载对话框

【例 4.3】创建下载链接(案例文件：ch04\4.3.html)

```
<!DOCTYPE html>
<html>
<head>
<title>链接各种类型文件</title>
</head>
<body>
<p><a href="2.doc">链接 word 文档</a></p>
</body>
</html>
```

在 IE 中预览网页效果如图 4-7 所示。实现链接到 HTML 文件、图片和 Word 文档。

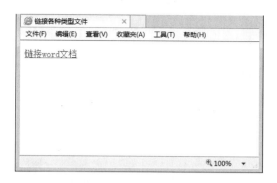

图 4-7　链接 Word 文档

4.2.4　案例 4——使用相对 URL 和绝对 URL

绝对 URL 一般指访问非同一台服务器上的资源，相对 URL 是指访问同一台服务器上相同文件夹或不同文件夹中的资源。如果访问相同文件夹中的文件，只需要写文件名；如果访问不同文件夹中的资源，URL 以服务器的根目录为起点，指明文档的相对关系，由文件夹名和文件名两部分构成。

【例 4.4】使用绝对 URL 和相对 URL 实现超链接(案例文件：ch04\4.4.html)

```
<!DOCTYPE html>
<html>
<head>
<title>绝对 URL 和相对 URL</title>
</head>
<body>
  单击<a href="http://www.webDesign.com/index.html">绝对 URL</a>链接到
webDesign 网站首页<br />
  单击<a href="02.html">相同文件夹的 URL</a>链接到相同文件夹中的第 2 个页面<br />
  单击<a href="../pages/03.html">不同文件夹的 URL</a>链接到不同文件夹中的第 3 个页面
</body>
</html>
```

在上述代码中，第 1 个链接使用的是绝对 URL；第 2 个链接用的是服务器相对 URL，也就是链接到文档所在服务器根目录下的 02.html；第 3 个链接使用的是文档相对 URL，即原文档所在文件夹的父文件夹下的 pages 文件夹中的 03.html 文件。

在 IE 中预览网页效果如图 4-8 所示。

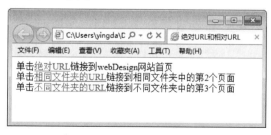

图 4-8　绝对 URL 和相同 URL

4.2.5 案例 5——设置以新窗口显示超链接页面

默认情况下，当单击超链接时，目标页面会在当前窗口中显示，替换当前页面的内容。如果要在单击某个链接以后，打开一个新的浏览器窗口，并在该新窗口中显示目标页面，就需要使用<a>标记的 target 属性。

target 属性的代码格式如下。

```
<a target="value">
```

其中 value 有 4 个参数可用，这 4 个保留的目标名称用作特殊的文档重定向操作。

- _blank：浏览器总在一个新打开、未命名的窗口中载入目标文档。
- _self：这个目标对所有没有指定目标的<a>标记来说是默认目标，它使得目标文档载入并显示在相同的框架或者窗口中作为源文档。这个目标是多余且不必要的，除非和文档标题<base>标记中的 target 属性一起使用。
- _parent：这个目标使得文档载入父窗口或者载入包含超链接引用的框架的框架集。如果这个引用是在窗口或者顶级框架中，那么它与目标 _self 等效。
- _top：这个目标使得文档载入包含这个超链接的窗口，用_top 目标将会清除所有被包含的框架并将文档载入整个浏览器窗口。

【例 4.5】设置以新窗口显示超链接页面(案例文件：ch04\4.5.html)

```
<!DOCTYPE html>
<html>
<head>
<title>设置链接目标</title>
</head>
<body>
<a href="http://www.baidu.com" target="_blank">百度</a>
</body>
</html>
```

使用 IE 打开网页文件，显示效果如图 4-9 所示。

单击网页中的超链接，在新窗口打开链接页面，如图 4-10 所示。

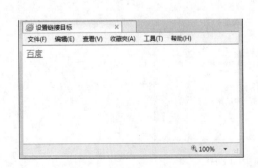

图 4-9 制作网页超链接

图 4-10 在新窗口中打开链接网页

如果将_blank 换成_self，即代码修改为 "<a href="http://www.baidu.com" target="_self">百度</a>"，单击超链接后，直接在当前窗口打开新链接，如图 4-11 所示。

图 4-11 在当前窗口中打开链接网页

 提示　　target 的 4 个值都以下划线开始，其他用一个下划线作为开头的窗口或者目标都会被浏览器忽略，因此，不要将下划线作为文档中定义的任何框架 name 或 id 的第一个字符。

4.2.6　案例 6——设置电子邮件链接

在某些网页中，当访问者单击某个链接以后，会自动打开电子邮件客户端软件，如 Outlook 或 Foxmail 等，向某个特定的 E-mail 地址发送邮件，这个链接就是电子邮件链接。电子邮件链接的格式如下。

```
<a href="mailto:电子邮件地址" >网页元素</a>
```

【例 4.6】设置电子邮件链接(案例文件：ch04\4.6.html)

```
<!DOCTYPE html>
<html>
<head>
<title>电子邮件链接</title>
</head>
<body>
<img src="images/logo.gif" width="119" height="49">    [免费注册][登录]
<a href="mailto:kfdzsj@126.com">站长信箱</a>
</body>
</html>
```

在 IE 中预览网页的效果如图 4-12 所示，实现了电子邮件链接。当单击【站长信息】链接时，会自动弹出 Outlook 窗口，要求编写电子邮件，如图 4-13 所示。

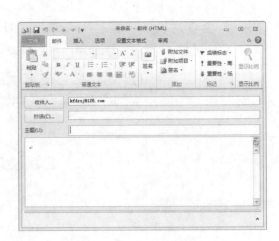

图 4-12 链接到电子邮件   图 4-13 Outlook 新邮件窗口

4.3 案例 7——浮动框架 iframe

HTML 5 中已经不支持 frameset 框架，但是仍然支持 iframe 浮动框架的使用。浮动框架可以自由控制窗口大小，可以配合表格随意地在网页中的任何位置插入窗口。实际上就是在窗口中再创建一个窗口。

使用 iframe 创建浮动框架的格式如下。

```
<iframe src="链接对象" >
```

其中，src 表示浮动框架中显示对象的路径，可以是绝对路径，也可以是相对路径。例如，下面的代码是在浮动框架中显示百度网站。

【例 4.7】浮动框架(案例文件：ch04\4.7.html)

```
<!DOCTYPE html>
<html>
<head>
<title>浮动框架中显示百度网站</title>
</head>
<body>
<iframe src="http://www.baidu.com"></iframe>
</body>
</html>
```

在 IE 中预览网页效果如图 4-14 所示。从预览结果可见，浮动框架在页面中又创建了一个窗口，默认情况下，浮动框架的宽度和高度为 220 像素×120 像素。

如果需要调整浮动框架尺寸，可使用 CSS 样式。修改上述浮动框架尺寸，可在 head 标记部分增加如下 CSS 代码。

```
<style>
iframe{
    width:600px;     //宽度
    height:800px;    //高度
```

```
    border:none;      //无边框
}
</style>
```

图 4-14　浮动框架效果

在 IE 中预览网页的效果如图 4-15 所示。

图 4-15　修改宽度和高度的浮动框架

注意

在 HTML 5 中，iframe 浮动框架仅支持 src 属性，再无其他属性。

4.4　案例 8——精确定位热点区域

在浏览网页时，读者会发现，当单击一张图片的不同区域，会显示不同的链接内容，这就是图片的热点区域。所谓图片的热点区域，就是将一个图片划分成若干个链接区域，访问者单击不同的区域，会链接到不同的目标页面。

在 HTML 中，可以为图片创建 3 种类型的热点区域：矩形、圆形和多边形。创建热点区域使用<map>和<area>标记，语法格式如下。

```
<img src="图片地址" usemap="#名称">
<map id="#名称">
  <area shape="rect" coords="10,10,100,100" href="#">
  <area shape="circle" coords="120,120,50" href="#">
  <area shape="poly" coords="78,13,81,14,53,32,86,38" href="#">
</map>
```

在上面的语法格式中，需要注意以下几点。

- 要想建立图片热点区域，必须先插入图片。注意，图片必须增加 usemap 属性，说明该图像是热区映射图像，属性值必须以#开头，加上名字，如#pic。那么上面的第 1 行代码可以修改为 "<img src="图片地址" usemap="#pic">"。
- <map>标记只有一个属性 id，其作用是为区域命名，其设置值必须与<img>标记的 usemap 属性值相同。修改上述代码为 "<map id="#pic">"。
- <area>标记主要是定义热点区域的形状及超链接，其有 3 个必需的属性。
    - shape 属性，控件划分区域的形状，其取值有 3 个，分别是 rect(矩形)、circle(圆形)和 poly(多边形)。
    - coords 属性，控制区域的划分坐标。
        - 如果 shape 属性取值为 rect，那么 coords 的设置值分别为矩形的左上角 x、y 坐标点和右下角 x、y 坐标点，单位为像素。
        - 如果 shape 属性取值为 circle，那么 coords 的设置值分别为圆形圆心 x、y 坐标点和半径值，单位为像素。
        - 如果 shape 属性取值为 poly，那么 coords 的设置值分别为矩形在各个点 x、y 的坐标，单位为像素。
    - href 属性是为区域设置超链接的目标，设置值为 "#" 时，表示为空链接。

上面讲述了 HTML 创建热点区域的方法，但是最让人头痛的地方就是坐标点的定位。对于简单的形状还容易，如果形状较多且形状复杂，则确定坐标点这项工作的工程量就很大，因此，不建议使用 HTML 代码去完成。这里将为读者介绍一个快速且能精确定位热点区域的方法，在 Dreamweaver CC 中可以很方便地实现这个功能。

Dreamweaver CC 创建图片热点区域的具体操作步骤如下。

step 01 创建一个 HTML 文档，插入一张图片文件，如图 4-16 所示。

step 02 选择图片，在 Dreamweaver CC 中打开【属性】面板，面板左下角有 3 个蓝色图标按钮，依次代表矩形、圆形和多边形热点区域。单击左边的【矩形】工具图标，如图 4-17 所示。

step 03 将鼠标指针移动到被选中图片上，以【创意信息平台】栏中的矩形大小为准，按下鼠标左键，从左上方向右下方拖曳鼠标，得到矩形区域，如图 4-18 所示。

图 4-16　插入图片

图 4-17　Dreamweaver CC 中图像的【属性】面板

step 04 绘制出来的热点区域呈现出半透明状态，效果如图 4-19 所示。

图 4-18　绘制矩形热点区域

图 4-19　完成矩形热点区域的绘制

step 05 如果绘制出来的矩形热点区域有误差，可以通过【属性】面板中的【指针热点】工具进行编辑，如图 4-20 所示。

step 06 完成上述操作之后，保持矩形热点区域被选中状态，然后在【属性】面板的【链接】文本框中输入该热点区域链接对应的跳转目标页面。

图 4-20　【指针热点】工具

step 07 在【目标】下拉列表框中有 4 个选项，它们决定着链接页面的弹出方式，这里如果选择了_blank 选项，那么矩形热点区域的链接页面将在新的窗口中弹出。如果【目标】选项保持空白，就表示仍在原来的浏览器窗口中显示链接的目标页面。这样，矩形热点区域就设置好了。

step 08 接下来继续为其他菜单项创建矩形热区域。操作方法参阅上面的步骤，完成后的效果，如图 4-21 所示。

图 4-21　为其他菜单项创建矩形热点区域

step 09 完成后保存并预览页面，可以发现，凡是绘制了热点的区域，鼠标指针移上去时就会变成手形，单击后会跳转到相应的页面。

step 10 至此为止，网站的导航，就使用热点区域制作完成了。查看此时页面相应的 HTML 源代码如下。

```
<!DOCTYPE html>
<html>
<head>
<title>创建热点区域</title>
</head>
<body>
<img src="images/04.jpg" width="1001" height="87" border="0" usemap="#Map">
```

```
<map name="Map">
 <area shape="rect" coords="298,5,414,85" href="#">
 <area shape="rect" coords="412,4,524,85" href="#">
 <area shape="rect" coords="525,4,636,88" href="#">
 <area shape="rect" coords="639,6,749,86" href="#">
 <area shape="rect" coords="749,5,864,88" href="#">
 <area shape="rect" coords="861,6,976,86" href="#">
</map>
</body>
</html>
```

可以看到，Dreamweaver CC 自动生成的 HTML 代码结构和前面介绍的是一样的，但是所有的坐标都自动计算出来了，这正是网页制作工具的快捷之处。使用这些工具本质上和手工编写 HTML 代码没有区别，但是可以提高工作效率。

本书所讲述的手工编写 HTML 代码，在 Dreamweaver CC 工具中几乎都有对应的操作，请读者自行研究，以提高编写 HTML 代码效率。但是，请读者注意，使用网页制作工具前，一定要明白这些 HTML 标记的作用。因为一个专业的网页设计师必须具备 HTML 方面的知识，否则再强大的工具也只是能是无根之树，无源之泉。

参照矩形热点区域的操作方法，为图 4-22 创建圆形和多边形热点区域。

图 4-22　圆形和多边形热点区域

查看此时页面相应的 HTML 源代码如下。

```
<!DOCTYPE html>
<html>
<head>
<title>创建圆形和多边形热点区域</title>
</head>
<body>
<img src="images/china.jpg" width="618" height="499" border="0"
usemap="#Map">
<map name="Map">
 <area shape="circle" coords="221,261,40" href="#">
 <area shape="poly"
```

```
coords="411,251,394,267,375,280,395,295,407,299,431,307,436,303,429,284,431,
271,426,255" href="#">
  <area shape="poly"
coords="385,336,371,346,370,375,376,385,394,395,403,403,410,397,419,393,426,
385,425,359,418,343,399,337" href="#">
</map>
</body>
</html>
```

4.5　综合案例——使用锚链接制作电子书阅读网页

超链接除了可以链接到特定的文件和网站之外，还可以链接到网页内的特定内容。这可以使用<a>标记的 name 或 id 属性，创建一个文档内部的书签，也就是说，可以创建指向文档片段的链接。

例如，使用以下命令可以将网页中的文本"你好"定义为一个内部书签，书签名称为name1。

```
<a name="name1" >你好</a>
```

在网页中的其他位置可以插入超链接引用该书签，引用命令如下。

```
<a href="#name1" >引用内部书签</a>
```

一般网页内容比较多的网站会采用这种方法，如一个电子书网页。

下面就使用锚链接制作一个电子书网页。

step 01 打开记事本，输入以下代码，并保存为电子书.html 文件。

```
<!DOCTYPE html>
<html>
<head>
<title>电子书</title>
</head>
<body >
<h1>文学鉴赏</h1>
<ul>
   <li><a href="#第一篇" >再别康桥</a>
   <li><a href="#第二篇" >雨 巷</a>
   <li><a href="#第三篇" >荷塘月色</a>
</ul>
<h3><a name="第一篇" >再别康桥</a></h3>
<h3><a name="第二篇" >雨 巷</a></h3>
<h3><a name="第三篇" >荷塘月色</a></h3>
</body>
</html>
```

step 02 使用 IE 打开文件，显示效果如图 4-23 所示。

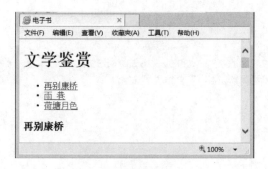

图 4-23　电子书网页

step 03　为每一个文学作品添加内容，完善后的代码如下。

```
<!DOCTYPE html>
<html>
<head>
<title>电子书</title>
</head>
<body >
<h1>文学鉴赏</h1>
<ul>
   <li><a href="#第一篇" >再别康桥</a>
   <li><a href="#第二篇" >雨  巷</a>
   <li><a href="#第三篇" >荷塘月色</a>
</ul>
<h3><a name="第一篇" >再别康桥</a></h3>
————徐志摩
<ul>
   <li>轻轻的我走了，正如我轻轻的来；
   <li>我轻轻的招手，作别西天的云彩。
     <br>
   <li>那河畔的金柳，是夕阳中的新娘；
   <li>波光里的艳影，在我的心头荡漾。
     <br>
   <li>软泥上的青荇，油油的在水底招摇；
   <li>在康河的柔波里，我甘心做一条水草！
     <br>
   <li>那榆荫下的一潭，不是清泉，是天上虹；
   <li>揉碎在浮藻间，沉淀着彩虹似的梦。
     <br>
   <li>寻梦？撑一支长篙，向青草更青处漫溯；
   <li>满载一船星辉，在星辉斑斓里放歌。
     <br>
   <li>但我不能放歌，悄悄是别离的笙箫；
   <li>夏虫也为我沉默，沉默是今晚的康桥！
     <br>
   <li>悄悄的我走了，正如我悄悄的来；
   <li>我挥一挥衣袖，不带走一片云彩。
</ul>
<h3><a name="第二篇" >雨  巷</a></h3>
——戴望舒<br>
```

撑着油纸伞，独自彷徨在悠长、悠长又寂寥的雨巷，我希望逢着一个丁香一样的结着愁怨的姑娘。

她是有丁香一样的颜色，丁香一样的芬芳，丁香一样的忧愁，在雨中哀怨，哀怨又彷徨；她彷徨在这寂寥的雨巷，撑着油纸伞像我一样，像我一样地默默行着，冷漠，凄清，又惆怅。
她静默地走近，走近，又投出太息一般的眼光，她飘过像梦一般地凄婉迷茫。像梦中飘过一枝丁香的，我身旁飘过这女郎；她静默地远了，远了，到了颓圮的篱墙，走尽这雨巷。在雨的哀曲里，消了她的颜色，散了她的芬芳，消散了，甚至她的太息般的眼光丁香般的惆怅。撑着油纸伞，独自彷徨在悠长，悠长又寂寥的雨巷，我希望飘过一个丁香一样的结着愁怨的姑娘。
<h3><a name="第三篇" >荷塘月色</a></h3>
曲曲折折的荷塘上面，弥望的是田田的叶子。叶子出水很高，像亭亭的舞女的裙。层层的叶子中间，零星地点缀着些白花，有袅娜地开着的，有羞涩地打着朵儿的；正如一粒粒的明珠，又如碧天里的星星，又如刚出浴的美人。微风过处，送来缕缕清香，仿佛远处高楼上渺茫的歌声似的。这时候叶子与花也有一丝的颤动，像闪电般，霎时传过荷塘的那边去了。叶子本是肩并肩密密地挨着，这便宛然有了一道凝碧的波痕。叶子底下是脉脉的流水，遮住了，不能见一些颜色；而叶子却更见风致了。
月光如流水一般，静静地泻在这一片叶子和花上。薄薄的青雾浮起在荷塘里。叶子和花仿佛在牛乳中洗过一样；又像笼着轻纱的梦。虽然是满月，天上却有一层淡淡的云，所以不能朗照；但我以为这恰是到了好处——酣眠固不可少，小睡也别有风味的。月光是隔了树照过来的，高处丛生的灌木，落下参差的斑驳的黑影，峭楞楞如鬼一般；弯弯的杨柳的稀疏的倩影，却又像是画在荷叶上。塘中的月色并不均匀；但光与影有着和谐的旋律，如梵婀玲上奏着的名曲。
</body>
</html>

`step 04` 保存文件，使用 IE 打开文件的效果如图 4-24 所示。

`step 05` 单击【雨巷】超链接，页面会自动跳转到"雨巷"对应的内容，如图 4-25 所示。

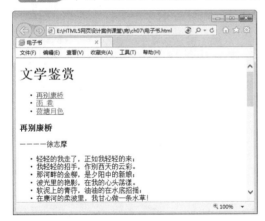

图 4-24　添加网页内容

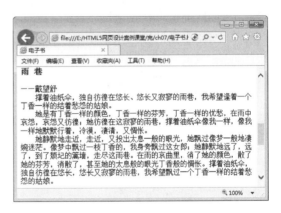

图 4-25　网页效果

4.6　高手甜点

甜点 1：在创建超链接时，使用绝对 URL 还是相对 URL？

在创建超链接时，如果要链接的是另外一个网站中的资源，需要使用完整的绝对 URL；如果在网页中创建内部链接，一般使用相对当前文档或站点根文件夹的相对 URL。

甜点 2：链接增多后，网站如何设置目录结构以方便维护？

当一个网站的网页数量增加到一定程度以后，网站的管理与维护将变得非常烦琐，因此掌握一些网站管理与维护的技术是非常实用的，可以节省很多时间。建立适合的网站文件存储结构，可以方便网站的管理与维护。通常使用的网站文件组织结构方案及文件管理遵循的 3 个原则如下。

- 按照文件的类型进行分类管理。将不同类型的文件存储在不同的文件夹中，这种存储方法适合于中小型网站，是通过文件的类型对文件进行管理。
- 按照主题对文件进行分类。网站的页面按照不同的主题进行分类储存。同一主题的所有文件存放在一个文件夹中，然后再进一步细分文件的类型。这种方案适用于页面与文件数量众多、信息量大的静态网站。
- 对文件类型进行进一步细分存储管理。这种方案是第一种存储方案的深化，将页面进一步细分后进行分类存储管理。这种方案适用于文件类型复杂、包含各种文件的多媒体动态网站。

4.7　跟我练练手

练习 1：建立网页各类超级链接。

练习 2：创建网页浮动框架。

练习 3：精确定位热点区域。

练习 4：使用锚链接制作电子书阅读网页。

第 5 章

用 HTML 5 创建
表格和表单

HTML 中的表格不但可以清晰地显示数据，而且可以用于页面布局。HTML 制作表格的原理是使用相关标记，如表格对象 table 标记、行对象 tr、单元格对象 td 才能完成。在网页中，表单的作用也比较重要，主要是负责采集浏览者的相关数据，如常见的注册表、调查表和留言表等。在 HTML 5 中，表单拥有多个新的表单输入类型，这些新特性提供了更好的输入控制和验证。

学习目标(已掌握的在方框中打钩)

- 了解表格的基本结构
- 掌握使用 HTML 5 创建表格的方法
- 掌握创建完整表格的方法
- 掌握制作报价表的方法
- 了解表单的基本概念
- 掌握表单基本元素的使用
- 掌握表单高级元素的使用
- 掌握创建用户反馈表单的方法

网站开发案例课堂

5.1 表格的基本结构

使用表格显示数据，可以更直观和清晰。在 HTML 文档中，表格主要用于显示数据，虽然可以使用表格布局，但是不建议使用，因为有很多弊端。表格一般由行、列和单元格组成，如图 5-1 所示。

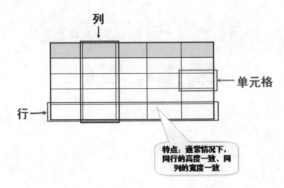

图 5-1　表格的组成

在 HTML 5 中用于表格的标记如下。

- <table>标记用于标识一个表格对象的开始，</table>标记标识一个表格对象的结束。一个表格中，只允许出现一对<table>标记。在 HTML 5 中不再支持它的任何属性。
- <tr>标记用于标识表格一行的开始，</tr>标记用于标识表格一行的结束。表格内有多少对<tr></tr>标记，就表示表格中有多少行。在 HTML 5 中不再支持它的任何属性。
- <td>标记用于标识表格某行中的一个单元格开始，</td>标记用于标识表格某行中的一个单元格结束。<td></td>标记书写在<tr></tr>标记内，一对<tr></tr>标记内有多少对<td></td>标记，就表示该行有多少个单元格。在 HTML 5 中仅有 colspan 和 rowspan 两个属性。

最基本的表格，必须包含一对<table></table>标记、一对或几对<tr></tr>标记以及一对或几对<td></td>标记。一对<table></table>标记定义一个表格，一对<tr></tr>标记定义一行，一对<td></td>标记定义一个单元格。

例如，定义一个 4 行 3 列的表格。

【例 5.1】定义表格(实例文件：ch05\5.1.html)

```
<!DOCTYPE html>
<html>
<head>
<title>表格基本结构</title>
</head>
<body>
<table border="1">
  <tr>
    <td>A1</td>
    <td>B1</td>
```

```
            <td>C1</td>
        </tr>
        <tr>
            <td>A2</td>
            <td>B2</td>
            <td>C2</td>
        </tr>
        <tr>
            <td>A3</td>
            <td>B3</td>
            <td>C3</td>
        </tr>
        <tr>
            <td>A4</td>
            <td>B4</td>
            <td>C4</td>
        </tr>
    </table>
</body>
</html>
```

在 IE 中预览网页的效果如图 5-2 所示。

图 5-2　表格基本结构

　　　从预览图中读者会发现，表格没有边框，行高及列宽也无法控制。上述知识讲述时提到，HTML 5 中除了<td>标记提供两个单元格合并属性之外，<table>和<tr>标记也没有任何属性。

5.2　使用 HTML 5 创建表格

在了解了表格的基本结构后，下面来介绍表格的基本操作，主要包括创建表格、设置表格的边框类型、设置表格的表头、合并单元格等操作。通过本章节的学习，读者可以轻松地设计表格。

5.2.1　案例 1——创建普通表格

表格可以分为普通表格以及带有标题的表格，在 HTML 5 中，可以创建这两种表格。例如，创建 1 列、1 行 3 列和 2 行 3 列 3 个表格。

【**例 5.2**】创建表格(实例文件：ch05\5.2.html)

```html
<!DOCTYPE html>
<html>
<body>
<h4>一列：</h4>
<table border="1">
<tr>
  <td>100</td>
</tr>
</table>
<h4>一行三列：</h4>
<table border="1">
<tr>
  <td>100</td>
  <td>200</td>
  <td>300</td>
</tr>
</table>
<h4>两行三列：</h4>
<table border="1">
<tr>
  <td>100</td>
  <td>200</td>
  <td>300</td>
</tr>
<tr>
  <td>400</td>
  <td>500</td>
  <td>600</td>
</tr>
</table>
</body>
</html>
```

在 IE 9.0 中预览网页的效果如图 5-3 所示。

图 5-3　程序运行结果

5.2.2 案例2——创建一个带有标题的表格

有时，为了方便表述表格，还需要在表格的上面加上标题。例如，创建一个带有标题的表格。

【例 5.3】带有标题的表格(实例文件：ch05\5.3.html)

```
<!DOCTYPE html>
<html>
<body>
<h4>带有标题的表格</h4>
<table border="3">
<caption>数据统计表</caption>
<tr>
  <td>100</td>
  <td>200</td>
  <td>300</td>
</tr>
<tr>
  <td>400</td>
  <td>500</td>
  <td>600</td>
</tr>
</table>
</body>
</html>
```

在 IE 9.0 中预览网页的效果如图 5-4 所示。

图 5-4　程序运行结果

5.2.3 案例3——定义表格的边框类型

使用表格的 border 属性可以定义表格的边框类型，如常见的加粗边框的表格。下面创建不同边框类型的表格。

【例 5.4】不同边框类型的表格(实例文件：ch05\5.4.html)

```
<!DOCTYPE html>
<html>
<body>
<h4>普通边框</h4>
```

```
<table border="1">
<tr>
  <td>First</td>
  <td>Row</td>
</tr>
<tr>
  <td>Second</td>
  <td>Row</td>
</tr>
</table>
<h4>加粗边框</h4>
<table border="5">
<tr>
  <td>First</td>
  <td>Row</td>
</tr>
<tr>
  <td>Second</td>
  <td>Row</td>
</tr>
</table>
</body>
</html>
```

在 IE 9.0 中预览网页的效果如图 5-5 所示。

图 5-5　程序运行结果

5.2.4　案例4——定义表格的表头

表格当中也存在有表头，可以使用<th>和</th>标识定义，常见的表头分为垂直与水平两种。下面分别创建带有垂直和水平表头的表格。

【例 5.5】定义表格的表头(实例文件：ch05\5.5.html)

```
<!DOCTYPE html>
<html>
<body>
<h4>水平的表头</h4>
<table border="1">
<tr>
  <th>姓名</th>
  <th>性别</th>
```

```
    <th>电话</th>
</tr>
<tr>
    <td>张三</td>
    <td>男</td>
    <td>123456</td>
</tr>
</table>
<h4>垂直的表头：</h4>
<table border="1">
<tr>
    <th>姓名</th>
    <td>小丽</td>
</tr>
<tr>
    <th>性别</th>
    <td>女</td>
</tr>
<tr>
    <th>电话</th>
    <td>123456</td>
</tr>
</table>
</body>
</html>
```

在 IE 9.0 中预览网页的效果如图 5-6 所示。

图 5-6　程序运行结果

5.2.5　案例 5——设置表格背景

当创建好表格后，为了美观，还可以设置表格的背景。

1. 定义表格背景颜色

为表格添加背景颜色是美化表格的一种方式，可以使用表格的 bgcolor 属性设置。下面为表格添加背景颜色。

【例 5.6】定义表格背景颜色(实例文件：ch05\5.7.html)

```
<!DOCTYPE html>
<html>
```

```
<body>
<h4>背景颜色: </h4>
<table border="1"
bgcolor="green">
<tr>
  <td>100</td>
  <td>200</td>
</tr>
<tr>
  <td>300</td>
  <td>400</td>
</tr>
</table>
</body>
</html>
```

在 IE 9.0 中预览网页的效果如图 5-7 所示。

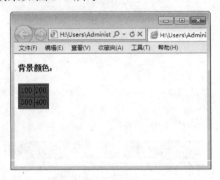

图 5-7　程序运行结果

2. 定义表格背景图片

除了可以为表格添加背景颜色外，还可以将图片设置为表格的背景，使用表格的 background 属性即可。下面为表格添加背景图片。

【例 5.7】定义表格背景图片(实例文件：ch05\5.7.html)

```
<!DOCTYPE html>
<html>
<body>
<h4>背景图片: </h4>
<table border="1"
background="images/1.gif">
<tr>
  <td>100</td>
  <td>200</td>
</tr>
<tr>
  <td>300</td>
  <td>400</td>
</tr>
</table>
</body>
</html>
```

在 IE 9.0 中预览网页的效果如图 5-8 所示。

图 5-8　程序运行结果

5.2.6　案例 6——设置单元格背景

除了可以为表格设置背景外，还可以为单元格设置背景。下面为单元格添加背景。

【例 5.8】为单元格设置背景(实例文件：ch05\5.8.html)

```
<!DOCTYPE html>
<html>
<body>
<h4>单元格背景</h4>
<table border="1">
<tr>
  <td bgcolor="red">100000</td>
  <td>200000</td>
</tr>
<tr>
  <td background="images/1.gif">200000</td>
  <td>300000</td>
</tr>
</table>
</body>
</html>
```

在 IE 9.0 中预览网页的效果如图 5-9 所示。

图 5-9　程序运行结果

5.2.7 案例7——合并单元格

在实际应用中，并非所有表格都是规范的几行几列，而是需要将某些单元格进行合并，以符合某种内容上的需要。在 HTML 中合并的方向有两种，一种是上下合并，一种是左右合并，这两种合并方式只需要使用<td>标记的两个属性。

1. 用 colspan 属性合并左右单元格

左右单元格的合并需要使用<td>标记的 colspan 属性完成，格式如下。

```
<td colspan="数值">单元格内容</td>
```

其中，colspan 属性的取值为数值型整数数据，代表几个单元格进行左右合并。

例如，在上面表格的基础上，将 A1 和 B1 单元格合并成一个单元格。可为第一行的第一个<td>标记增加 colspan="2"属性，并且将 B1 单元格的<td>标记删除。

【例 5.9】合并左右单元格(实例文件：ch05\5.9.html)

```
<!DOCTYPE html>
<html>
<head>
<title>单元格左右合并</title>
</head>
<body>
<table border="1">
  <tr>
    <td colspan="2">A1 B1</td>
    <td>C1</td>
  </tr>
  <tr>
    <td>A2</td>
    <td>B2</td>
    <td>C2</td>
  </tr>
  <tr>
    <td>A3</td>
    <td>B3</td>
    <td>C3</td>
  </tr>
  <tr>
    <td>A4</td>
    <td>B4</td>
    <td>C4</td>
  </tr>
</table>
</body>
</html>
```

在 IE 9.0 中预览网页的效果如图 5-10 所示。

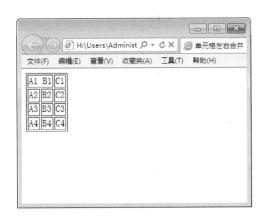

图 5-10 单元格左右合并

从预览图中可以看到，A1 和 B1 单元格合并成一个单元格，C1 还在原来的位置上。

注意

合并单元格以后，相应的单元格标记就应该减少，例如，A1 和 B1 合并后，B1 单元格的<td></td>标记就应该丢掉，否则单元格就会多出一个，并且后面的单元格会依次向右位移。

2. 用 rowspan 属性合并上下单元格

上下单元格的合并需要为<td>标记增加 rowspan 属性，格式如下。

```
<td rowspan="数值">单元格内容</td>
```

其中，rowspan 属性的取值为数值型整数数据，代表几个单元格进行上下合并。

例如，在上面表格的基础上，将 A1 和 A2 单元格合并成一个单元格。可为第一行的第一个<td>标记增加 rowspan="2"属性，并且将 A2 单元格的<td>标记删除。

【例 5.10】合并上下单元格(实例文件：ch05\5.10.html)

```
<!DOCTYPE html>
<html>
<head>
<title>单元格上下合并</title>
</head>
<body>
<table border="1">
  <tr>
    <td rowspan="2">A1</td>
    <td>B1</td>
    <td>C1</td>
  </tr>
  <tr>
    <td>B2</td>
    <td>C2</td>
  </tr>
  <tr>
    <td>A3</td>
    <td>B3</td>
    <td>C3</td>
```

```
  </tr>
  <tr>
    <td>A4</td>
    <td>B4</td>
    <td>C4</td>
  </tr>
</table>
</body>
</html>
```

在 IE 9.0 中预览网页的效果如图 5-11 所示。

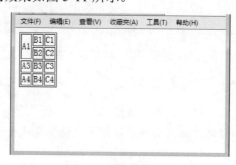

图 5-11　单元格上下合并

从预览图中可以看到，A1 和 A2 单元格合并成一个单元格。

通过上面对左右单元格合并和上下单元格合并的操作，读者会发现，合并单元格就是"丢掉"某些单元格。对于左右合并，就是以左侧为准，将右侧要合并的单元格"丢掉"；对于上下合并，就是以上侧为准，将下侧要合并的单元格"丢掉"。如果一个单元格既要向右合并，又要向下合并，该如实现呢？

【例 5.11】两个方向合并单元格(实例文件：ch05\5.11.html)

```
<!DOCTYPE html>
<html>
<head>
<title>单元格两个方向合并</title>
</head>
<body>
<table border="1">
  <tr>
    <td colspan="2" rowspan="2">A1B1<br>A2B2</td>
    <td>C1</td>
  </tr>
  <tr>
    <td>C2</td>
  </tr>
  <tr>
    <td>A3</td>
    <td>B3</td>
    <td>C3</td>
  </tr>
  <tr>
    <td>A4</td>
    <td>B4</td>
```

```
    <td>C4</td>
  </tr>
</table>
</body>
</html>
```

在 IE 5.0 中预览网页的效果如图 5-12 所示。

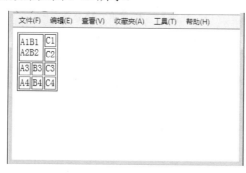

图 5-12　两个方向合并单元格

从上面的代码可以看到，A1 单元格向右合并 B1 单元格，向下合并 A2 单元格，并且 A2 单元格向右合并 B2 单元格。

3. 使用 Dreamweaver CC 合并单元格

使用 HTML 创建表格非常麻烦，在 Dreamweaver CC 工具中，提供了表格的快捷操作，类似于在 Word 中编辑表格的操作。在 Dreamweaver CC 中创建表格，只需要选择【插入】➢【表格】命令，在出现的对话框中指定表格的行数、列数、宽度和边框，即可在光标处创建一个空白表格。选择表格之后，【属性】面板提供了表格的常用操作，如图 5-13 所示。

图 5-13　表格【属性】面板

　　表格【属性】面板中的操作，可结合前面讲述的 HTML 语言。对于按钮命令，将鼠标悬停于按钮之上，数秒之后会出现命令提示。

关于表格的操作不再赘述，请读者自行操作，这里重点讲解如何使用 Dreamweaver CC 合并单元格。在 Dreamweaver CC 可视化操作中，提供了合并与拆分单元格两种操作。拆分单元格的操作，其实还是进行合并操作。进行单元格合并和拆分时，将光标置于单元格内，如果选择了一个单元格，拆分命令有效，如图 5-14 所示；如果选择了两个或两个以上单元格，合并命令有效。

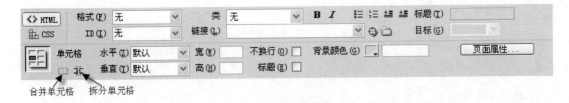

图 5-14　拆分单元格有效

5.2.8　案例 8——排列单元格中的内容

使用 align 属性可以排列单元格中的内容，以便创建一个美观的表格。

【例 5.12】排列单元格内容(实例文件：ch05\5.12.html)

```html
<!DOCTYPE html>
<html>
<body>
<table width="400" border="1">
 <tr>
  <th align="left">项目</th>
  <th align="right">一月</th>
  <th align="right">二月</th>
 </tr>
 <tr>
  <td align="left">衣服</td>
  <td align="right">$241.10</td>
  <td align="right">$50.20</td>
 </tr>
 <tr>
  <td align="left">化妆品</td>
  <td align="right">$30.00</td>
  <td align="right">$44.45</td>
 </tr>
 <tr>
  <td align="left">食物</td>
  <td align="right">$730.40</td>
  <td align="right">$650.00</td>
 </tr>
 <tr>
  <th align="left">总计</th>
  <th align="right">$1001.50</th>
  <th align="right">$744.65</th>
 </tr>
</table>
</body>
</html>
```

在 IE 5.0 中预览网页的效果如图 5-15 所示。

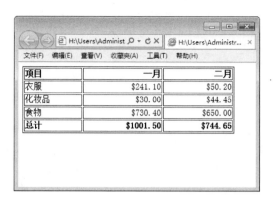

图 5-15　程序运行结果

5.2.9　案例 9——设置单元格的行高与列宽

使用 cell padding 属性可以创建单元格内容与其边框之间的空白，从而调整表格的行高与列宽。

【例 5.13】设置单元格的行高与列宽(实例文件：ch05\5.13.html)

```
<!DOCTYPE html>
<html>
<body>
<h4>调整前</h4>
<table border="1">
<tr>
  <td>1000</td>
  <td>2000</td>
</tr>
<tr>
  <td>2000</td>
  <td>3000</td>
</tr>
</table>
<h4>调整后</h4>
<table border="1"
cell padding="10">
<tr>
  <td>1000</td>
  <td>2000</td>
</tr>
<tr>
  <td>2000</td>
  <td>3000</td>
</tr>
</table>
</body>
</html>
```

在 IE 5.0 中预览网页的效果如图 5-16 所示。

图 5-16　程序运行结果

5.3　案例 10——创建完整的表格

前面讲述了表格中最常用也是最基本的 3 个标记<table>、<tr>和<td>，使用它们可以构建出最简单的表格。为了让表格结构更清楚，以及配合后面学习的 CSS 样式，更方便地制作各种样式的表格，下面为表格中添加表头、主体、脚注等。

按照表格结构，可以把表格的行分组，称为"行组"。不同的行组具有不同的意义。行组分为 3 类即"表头""主体"和"脚注"。三者相应的 HTML 标记依次为<thead>、<tbody>和<tfoot>。

此外，在表格中还有两个标记。标记<caption>表示表格的标题。在一行中，除了<td>标记表示一个单元格以外，还可以使用<th>表示该单元格是这一行的"行头"。

【例 5.14】完整表格(实例文件：ch05\5.14.html)

```
<!DOCTYPE html>
<html>
<head>
<title>完整表格标记</title>
<style>
tfoot{
    background-color:#FF3;
}
</style>
</head>
<body>
<table border="1">
  <caption>学生成绩单</caption>
  <thead>
   <tr>
     <th>姓名</th><th>性别</th><th>成绩</th>
   </tr>
  </thead>
  <tfoot>
   <tr>
     <td>平均分</td><td colspan="2">540</td>
```

```
    </tr>
  </tfoot>
  <tbody>
    <tr>
      <td>张三</td><td>男</td><td>560</td>
    </tr>
    <tr>
      <td>李四</td><td>男</td><td>520</td>
    </tr>
  </tbody>
</table>
</body>
</html>
```

从上面的代码可以发现，使用<caption>标记表格定义了表格标题，<thead>、<tbody>和<tfoot>标记对表格进行了分组。在<thead>部分使用<th>标记代替<td>标记定义单元格，<th>标记定义的单元格默认加粗。网页预览效果，如图 5-17 所示。

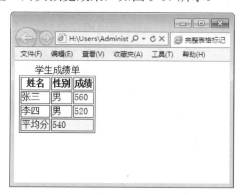

图 5-17　完整的表格结构

 ？
注
意

<caption>标记必须紧随<table>标记之后。

5.4　案例 11——认识表单

表单主要用于收集网页上浏览者的相关信息，其标记为<form>、</form>。表单的基本语法格式如下。

```
<form action="url" method="get|post" enctype="mime">
</form >
```

其中，action 指定处理提交表单的格式，可以是一个 URL 地址或一个电子邮件地址。method 指明提交表单的 HTTP 方法。enctype 指明用来把表单提交给服务器时的互联网媒体形式。

表单是一个能够包含表单元素的区域。通过添加不同的表单元素，将显示不同的效果。

【例 5.15】表单(实例文件：ch05\5.15.html)

```
<!DOCTYPE html>
<html>
<body>
<form>
下面是输入用户登录信息
<br>
用户名称
<input type="text" name="user">
<br>
用户密码
<input type="password" name="password">
<br>
<input type="submit" value="登录">
</form>
</body>
</html>
```

在 IE 9.0 中浏览效果如图 5-18 所示，可以看到用户登录信息页面。

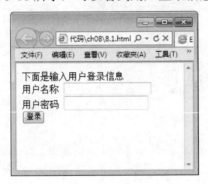

图 5-18　用户登录窗口

5.5　表单基本元素的使用

表单元素是能够让用户在表单中输入信息的元素。常见的有文本框、密码框、下拉列表框、单选按钮和复选框等。本节主要讲述表单基本元素的使用方法和技巧。

5.5.1　案例 12——单行文本输入框 text

文本框是一种让访问者自己输入内容的表单对象，通常被用来填写单个字或者简短的回答，如用户姓名和地址等。代码格式如下。

```
<input type="text" name="…" size="…" maxlength="…" value="…">
```

其中，type="text"定义单行文本输入框；name 属性定义文本框的名称，要保证数据的准确采集，必须定义一个独一无二的名称；size 属性定义文本框的宽度，单位是单个字符宽度；maxlength 属性定义最多输入的字符数，value 属性定义文本框的初始值。

【例 5.16】单行文本输入框(实例文件：ch05\5.16.html)

```
<!DOCTYPE html>
<html>
<head><title>输入用户的姓名</title></head>
<body>
<form>
请输入您的姓名:
<input type="text" name="yourname" size="20" maxlength="15">
请输入您的地址:
<input type="text" name="youradr" size="20" maxlength="15">
</form>
</body>
</html>
```

在 IE 9.0 中浏览的效果如图 5-19 所示，可以看到两个单行文本输入框。

图 5-19　单行文本输入框

5.5.2　案例 13——多行文本输入框 textarea

多行输入框(textarea)主要用于输入较长的文本信息，代码格式如下。

```
<textarea name="…" cols="…" rows="…" wrap="…"></textarea >
```

其中，name 属性定义多行文本输入框的名称，要保证数据的准确采集，必须定义一个独一无二的名称；cols 属性定义多行文本输入框的宽度，单位是单个字符宽度；rows 属性定义多行文本框的高度，单位是单个字符高度。wrap 属性定义输入内容大于文本域时显示的方式。

【例 5.17】多行文本输入框(实例文件：ch05\5.17.html)

```
<!DOCTYPE html>
<html>
<head><title>多行文本输入</title></head>
<body>
<form>
请输入您最新的工作情况<br>
<textarea name="yourworks" cols ="50" rows = "5"></textarea>
<br>
<input type="submit" value="提交">
</form>
</body>
</html>
```

在 IE 9.0 中浏览的效果如图 5-20 所示，可以看到多行文本输入框。

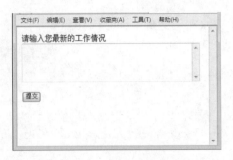

图 5-20　多行文本输入框

5.5.3　案例 14——密码输入框 password

密码输入框是一种特殊的文本域，主要用于输入一些保密信息。当网页浏览者输入文本时，显示的是黑点或者其他符号，这样就增加了输入文本的安全性。代码格式如下。

```
<input type="password" name="…" size="…" maxlength="…">
```

其中 type="password"定义密码框；name 属性定义密码框的名称，要保证唯一性；size 属性定义密码框的宽度，单位是单个字符宽度；maxlength 属性定义最多输入的字符数。

【例 5.18】密码输入框(实例文件：ch05\5.18.html)

```
<!DOCTYPE html>
<html>
<head><title>输入用户姓名和密码 </title></head>
<body>
<form >
用户姓名:
<input type="text" name="yourname">
<br>
登录密码:
<input type="password" name="yourpw"><br>
</form>
</body>
</html>
```

在 IE 9.0 中浏览的效果如图 5-21 所示，输入用户名和密码时可以看到密码以黑点的形式显示。

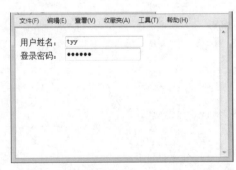

图 5-21　密码输入框

5.5.4　案例 15——单选按钮 radio

单选按钮主要是让网页浏览者在一组选项里只能选择一个。代码格式如下。

```
<input type="radio" name="…" value = "…">
```

其中 type="radio"定义单选按钮，name 属性定义单选按钮的名称，单选按钮都是以组为单位使用的，在同一组中的单选项都必须用同一个名称；value 属性定义单选按钮的值，在同一组中，它们的域值必须是不同的。

【例 5.19】单选按钮(实例文件：ch05\5.19.html)

```
<!DOCTYPE html>
<html>
<head><title>选择感兴趣的图书</title></head>
<body>
<form >
请选择您感兴趣的图书类型：
<br>
<input type="radio" name="book" value = "Book1">网站编程<br>
<input type="radio" name="book" value = "Book2">办公软件<br>
<input type="radio" name="book" value = "Book3">设计软件<br>
<input type="radio" name="book" value = "Book4">网络管理<br>
<input type="radio" name="book" value = "Book5">黑客攻防<br>
</form>
</body>
</html>
```

在 IE 9.0 中浏览的效果如图 5-22 所示，可以看到 5 个单选按钮，用户只能选择其中一个单选按钮。

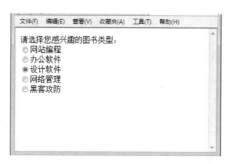

图 5-22　单选按钮

5.5.5　案例 16——复选框 checkbox

复选框主要是让网页浏览者在一组选项里可以同时选择多个选项。每个复选框都是一个独立的元素，都必须有一个唯一的名称。代码格式如下。

```
<input type="checkbox" name="…" value ="…">
```

其中 type="checkbox"定义复选框；name 属性定义复选框的名称，在同一组中的复选框都必须用同一个名称；value 属性定义复选框的值。

【例 5.20】复选框(实例文件：ch05\5.20.html)

```html
<!DOCTYPE html>
<html>
<head><title>选择感兴趣的图书</title></head>
<body>
<form >
请选择您感兴趣的图书类型：<br>
<input type="checkbox" name="book" value = "Book1">网站编程<br>
<input type="checkbox" name="book" value = "Book2">办公软件<br>
<input type="checkbox" name="book" value = "Book3">设计软件<br>
<input type="checkbox" name="book" value = "Book4">网络管理<br>
<input type="checkbox" name="book" value = "Book5" checked>黑客攻防<br>
</form>
</body>
</html>
```

在 IE 9.0 中浏览的效果如图 5-23 所示，可以看到 5 个复选框，其中【黑客攻防】复选框被默认选中。

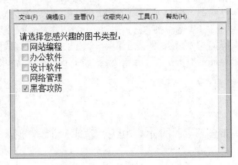

图 5-23　复选框的效果

 checked 属性主要是设置默认选中项。

5.5.6　案例 17——下拉列表框 select

下拉列表框主要用于在有限的空间里设置多个选项。下拉列表框既可以用于单选，也可以用做复选。代码格式如下。

```html
<select name="…" size="…" multiple>
<option value="…" selected>
…
</option>
…
</select>
```

其中 size 属性定义下拉列表框的行数；name 属性定义下拉列表框的名称；multiple 属性

表示可以多选，如果不设置本属性，那么只能单选；value 属性定义选择项的值；selected 属性表示默认已经选择本选项。

【例 5.21】下拉列表框(实例文件：ch05\5.21.html)

```
<!DOCTYPE html>
<html>
<head><title>选择感兴趣的图书</title></head>
<body>
<form>
请选择您感兴趣的图书类型：<br>
<select name="book" size = "3" multiple>
<option value="Book1">网站编程
<option value="Book2">办公软件
<option value="Book3">设计软件
<option value="Book4">网络管理
<option value="Book5">黑客攻防
</select>
</form>
</body>
</html>
```

在 IE 9.0 中浏览效果如图 5-24 所示，可以看到下拉列表框中显示为 3 个选项，用户可以按住 Ctrl 键，选择多个选项。

图 5-24　下拉列表框的效果

5.5.7　案例 18——普通按钮 button

普通按钮用来控制其他定义了处理脚本的处理工作。代码格式如下。

```
<input type="button" name="…" value="…" onClick="…">
```

其中 type="button"定义普通按钮；name 属性定义普通按钮的名称；value 属性定义按钮的显示文字；onClick 属性表示单击行为，也可以是其他的事件，通过指定脚本函数来定义按钮的行为。

【例 5.22】普通按钮(实例文件：ch05\5.22.html)

```
<!DOCTYPE html>
<html>
<body>
```

```
<form>
单击下面的按钮，把文本框 1 的内容复制到文本框 2 中：
<br/>
文本框 1: <input type="text" id="field1" value="学习 HTML 5 的技巧">
<br/>
文本框 2: <input type="text" id="field2">
<br/>
<input type="button" name="…" value="单击我"
onClick="document.getElementById('field2').value=document.
getElementById('field1').value">
</form>
</body>
</html>
```

在 IE 9.0 中浏览的效果如图 5-25 所示，单击【单击我】按钮，即可实现将【文本框 1】中的内容复制到【文本框 2】中。

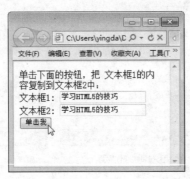

图 5-25　单击按钮后的复制效果

5.5.8　案例 19——提交按钮 submit

提交按钮用来将输入的信息提交到服务器。代码格式如下。

```
<input type="submit" name="…" value="…">
```

其中 type="submit"定义提交按钮；name 属性定义提交按钮的名称；value 属性定义按钮的显示文字。通过提交按钮，可以将表单里的信息提交给表单里 action 所指向的文件。

【例 5.23】提交按钮(实例文件：ch05\5.23.html)

```
<!DOCTYPE html>
<html>
<head><title>输入用户名信息</title></head>
<body>
<form  action="http://www.yinhangit.com/yonghu.asp" method="get">
请输入你的姓名：
<input type="text" name="yourname">
<br>
请输入你的住址：
<input type="text" name="youradr">
<br>
请输入你的单位：
```

```
<input type="text" name="yourcom">
<br>
请输入你的联系方式：
<input type="text" name="yourcom">
<br>
<input type="submit" value="提交">
</form>
</body>
</html>
```

在 IE 9.0 中浏览的效果如图 5-26 所示，输入内容后单击【提交】按钮，即可实现将表单中的数据发送到指定的文件中。

图 5-26　提交按钮

5.5.9　案例 20——重置按钮 reset

复位按钮用来重置表单中输入的信息。代码格式如下。

```
<input type="reset" name="…" value="…">
```

其中 type="reset"定义复位按钮；name 属性定义复位按钮的名称；value 属性定义按钮的显示文字。

【例 5.24】重置按钮(实例文件：ch05\5.24.html)

```
<!DOCTYPE html>
<html>
<body>
<form>
请输入用户名称：
<input type='text'>
<br/>
请输入用户密码：
<input type='password'>
<br>
<input type="submit" value="登录">
<input type="reset" value="重置">
</form>
</body>
</html>
```

在 IE 9.0 中浏览的效果如图 5-27 所示，输入内容后单击【重置】按钮，即可实现将表单中的数据清空的目的。

图 5-27　重置按钮

5.6　表单高级元素的使用

除了上述基本元素外，HTML 5 中还有一些高级元素。包括 url、email、time、range 和 search 等。对于这些高级属性，IE 9.0 浏览器暂时还不支持，下面将用 Opera 11.60 浏览器查看效果。

5.6.1　案例 21——url 属性的应用

url 属性用于说明网站的网址，显示为一个文本字段输入框。在提交表单时，会自动验证 url 的值。代码格式如下。

```
<input type="url" name="userurl"/>
```

另外，用户可以使用普通属性设置 url 输入框，例如，可以使用 max 属性设置其最大值、min 属性设置其最小值、step 属性设置合法的数字间隔、value 属性规定其默认值。对于其他的高级属性，同样的设置不再重复讲述。

【例 5.25】url 属性(实例文件：ch05\5.25.html)

```
<!DOCTYPE html>
<html>
<body>
<form>
<br/>
请输入网址：
<input type="url" name="userurl"/>
</form>
</body>
</html>
```

在 Opera 11.60 中浏览的效果如图 5-28 所示，用户即可输入相应的网址。

图 5-28   url 属性的效果

5.6.2　案例 22——email 属性的应用

与 url 属性类似，email 属性用于让浏览者输入 E-mail 地址。在提交表单时，会自动验证 email 域的值。代码格式如下。

```
<input type="email" name="user_email"/>
```

【例 5.26】email 属性(实例文件：ch05\5.26.html)

```
<!DOCTYPE html>
<html>
<body>
<form>
<br/>
请输入您的邮箱地址:
<input type="email" name="user_email"/>
<br>
<input type="submit" value="提交">
</form>
</body>
</html>
```

在 Opera 11.60 中浏览的效果如图 5-29 所示，用户即可输入相应的邮箱地址。如果用户输入的邮箱地址不合法，单击【提交】按钮后会弹出图 5-29 中的提示信息。

图 5-29   email 属性的效果

5.6.3　案例23——date 和 time 属性的应用

在 HTML 5 中，新增了一些日期和时间输入类型，包括 date、datetime、datetime-local、month、week 和 time。具体含义如表 5-1 所示。

表 5-1　日期和时间输入属性表

属　　性	含　　义
date	选取日、月、年
month	选取月、年
week	选取周和年
time	选取时间
datetime	选取时间、日、月、年
datetime-local	选取时间、日、月、年(本地时间)

上述属性的代码格式类似，以 date 属性为例，代码格式如下。

```
<input type="date" name="user_date" />
```

【例 5.27】date 属性(实例文件：ch05\5.27.html)

```
<!DOCTYPE html>
<html>
<body>
<form>
<br/>
请选择购买商品的日期：
<br>
<input type="date" name="user date" />
</form>
</body>
</html>
```

在 Opera 11.6 中浏览的效果如图 5-30 所示，用户单击输入框中的向下按钮，即可在弹出的窗口中选择需要的日期。

图 5-30　date 属性的效果

5.6.4 案例 24——number 属性的应用

number 属性提供了一个数字的输入类型。用户可以直接输入数字，或者通过单击微调框中的向上或者向下按钮选择数字。代码格式如下。

```
<input type="number" name="shuzi" />
```

【例 5.28】number 属性(实例文件：ch05\5.28.html)

```
<!DOCTYPE html>
<html>
<body>
<form>
<br/>
此网站我曾经来
<input type="number" name="shuzi "/>次了哦！
</form>
</body>
</html>
```

在 Opera 11.6 中浏览的效果如图 5-31 所示，用户可以直接输入数字，也可以单击微调按钮选择合适的数字。

图 5-31　number 属性的效果

 强烈建议用户使用 min 和 max 属性规定输入的最小值和最大值。

5.6.5 案例 25——range 属性的应用

range 属性用于显示一个滚动的控件。和 number 属性一样，用户可以使用 max、min 和 step 属性控制控件的范围。代码格式如下。

```
<input type="range" name="…" min="" max="…" />
```

其中 min 和 max 分别控制滚动控件的最小值和最大值。

【例 5.29】range 属性(实例文件：ch05\5.29.html)

```
<!DOCTYPE html>
<html>
```

```
<body>
<form>
<br/>
英语成绩公布了！我的成绩名次为：
<input type="range" name="ran" min="1" max="10" />
</form>
</body>
</html>
```

在 Opera 11.6 中浏览的效果如图 5-32 所示，用户可以拖曳滑块，从而选择合适的数字。

图 5-32　range 属性的效果

　　　　默认情况下，滑块位于滚轴的中间位置。如果用户指定的最大值小于最小值，则允许使用反向滚动轴，目前浏览器对这一属性还不能很好地支持。

5.6.6　案例 26——required 属性的应用

required 属性规定必须在提交之前填写输入域(不能为空)。required 属性适用于以下类型的输入属性：text，search，url，email，password，date，pickers，number，checkbox 和 radio 等。

【例 5.30】required 属性(实例文件：ch05\5.30.html)

```
<!DOCTYPE html>
<html>
<body>
<form>
下面是输入用户登录信息
<br>
用户名称
<input type="text" name="user" required="required">
<br>
用户密码
<input type="password" name="password" required="required">
<br>
<input type="submit" value="登录">
</form>
</body>
</html>
```

在 Opera 11.6 中浏览的效果如图 5-33 所示，如果用户只是输入密码就单击【登录】按钮，将弹出提醒信息。

图 5-33　required 属性的效果

5.7　综合案例 1——创建用户反馈表单

本实例中，将使用一个表单内的各种元素来开发一个网站的用户意见简单反馈页面。
具体操作步骤如下。

step 01　分析需求如下。反馈表单非常简单，通常包含 3 个部分：在页面上方给出标题；标题下方是正文部分，即表单元素；最下方是表单元素提交按钮。在设计这个页面时，需要把【用户注册】标题设置成 h1 大小，正文使用 p 来限制表单元素。

step 02　构建 HTML 页面，实现表单内容，代码如下。

```
<!DOCTYPE html>
<html>
<head>
<title>用户反馈页面</title>
</head>
<body>
<h1 align=center>用户反馈表单</h1>
<form method="post" >
<p>姓    名:
<input type="text" class=txt size="12" maxlength="20" name="username" />
</p><p>性    别:
<input type="radio" value="male" />男
<input type="radio" value="female" />女
</p><p>年    龄:
<input type="text" class=txt name="age"  />
</p>
<p>联系电话:
<input type="text" class=txt name="tel" />
</p><p>电子邮件:
<input type="text" class=txt name="email" />
</p><p>联系地址:
<input type="text"  class=txt name="address" />
</p>
<p>
请输入您对网站的建议<br>
```

```
<textarea name="yourworks" cols ="50" rows = "5"></textarea>
<br>
<input type="submit" name="submit" value="提交"/>
<input type="reset" name="reset" value="清除" />
</p>
</form>
</body>
</html>
```

在 IE 9.0 中浏览的效果如图 5-34 所示，可以看到创建了一个用户反馈表单，包含一个标题"用户反馈表单""姓名""性别""年龄""联系电话""电子邮件""联系地址"、意见反馈等输入框和【提交】按钮等。

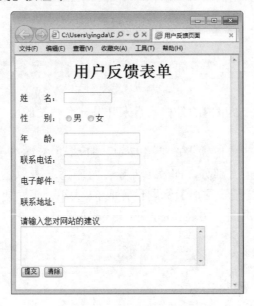

图 5-34　用户反馈页面

5.8　综合案例 2——制作商品报价表

本实例利用所学的表格知识，制作如图 5-35 所示的计算机报价表。

具体操作步骤如下。

step 01 新建 HTML 文档并对其简化，代码如下。

```
<!DOCTYPE html>
<html>
<head>
<meta charset="utf-5" />
<title>完整表格标记</title>
</head>
<body>
</body>
</html>
```

计算机报价单

型号	类型	价格	图片
宏碁 (Acer) AS4552-P362G32MNCC	笔记本	￥2799	
戴尔 (Dell) 14VR-188	笔记本	￥3499	
联想 (Lenovo) G470AH2310W42G500P7CW3(DB)-CN	笔记本	￥4149	
戴尔家用 (DELL) I560SR-656	台式	￥3599	
宏图奇眩(Hiteker) HS-5508-TF	台式	￥3399	
联想 (Lenovo) G470	笔记本	￥4299	

图 5-35 计算机报价单

step 02 保存 HTML 文件，选择相应的保存位置，文件名为"计算机报价单.html"。

step 03 在 HTML 文档的 body 部分增加表格及内容，代码如下。

```
<table>
  <caption>计算机报价单</caption>
  <tr>
    <th>型号</th>
    <th>类型</th>
    <th>价格</th>
    <th>图片</th>
  </tr>
  <tr>
    <td>宏碁 (Acer) AS4552-P362G32MNCC</td>
    <td>笔记本</td>
    <td>￥2799</td>
    <td><img src="images/Acer.jpg" width="120" height="120"></td>
  </tr>
  <tr>
    <td>戴尔 (Dell) 14VR-188</td><td>笔记本</td>
```

```
      <td>￥3499</td>
      <td><img src="images/Dell.jpg" width="120" height="120"></td>
   </tr>
    <tr>
      <td>联想 (Lenovo) G470AH2310W42G500P7CW3(DB)-CN  </td>
      <td>笔记本</td>
      <td>￥4149</td>
      <td><img src="images/Lenovo.jpg" width="120" height="120"></td>
   </tr>
    <tr>
      <td>戴尔家用 (DELL)  I560SR-656</td>
      <td>台式</td>
      <td>￥3599</td>
      <td><img src="images/DellT.jpg" width="120" height="120"></td>
   </tr>
    <tr>
      <td>宏图奇眩(Hiteker)  HS-5505-TF</td>
      <td>台式</td>
      <td>￥3399</td>
      <td><img src="images/Hiteker.jpg" width="120" height="120"></td>
   </tr>
    <tr>
      <td>联想 (Lenovo) G470</td>
      <td>笔记本</td>
      <td>￥4299</td>
      <td><img src="images/LenovoG.jpg" width="120" height="120"></td>
   </tr>
</table>
```

代码中，利用 caption 标记制作表格的标题，<th>代替<td>作为标题行单元格。可以将图片放在单元格内，即在<td>标记内使用<img>标记。

step 04　在 HTML 文档的 head 部分，增加 CSS 样式，为表格增加边框及相应的修饰，代码如下。

```
<style>
table{
    /*表格增加线宽为 3 的橙色实线边框*/
    border:3px solid #F60;
}
caption{
    /*表格标题字号 36*/
    font-size:36px;
}
th,td{
    /*表格单元格(th、td)增加边线*/
    border:1px solid #F50;
}
</style>
```

step 05　保存网页后，即可查看最终效果。

5.9 高手甜点

甜点 1: 表格除了显示数据，还可以进行布局，为何不使用表格进行布局？

在互联网刚刚开始普及时，网页非常简单，形式也非常单调，当时美国设计师 David Siegel 发明了使用表格进行布局，风靡全球。在表格布局的页面中，表格不但需要显示内容，还要控制页面的外观及显示位置，导致页面代码过多，结构与内容无法分离。这样就给网站的后期维护和其他方面带来了很多麻烦。

甜点 2: 使用\<thead\>、\<tbody\>和\<tfoot\>标记对行进行分组的意义何在？

在 HTML 文档中增加\<thead\>、\<tbody\>和\<tfoot\>标记，虽然从外观上不能看出任何变化，但是它们却使文档的结构更加清晰。使用\<thead\>、\<tbody\>和\<tfoot\>标记，除了使文档更加清晰之外，还有一个更重要的意义，即方便使用 CSS 样式对表格的各个部分进行修饰，从而制作出更炫的表格。

甜点 3: 如何在表单中实现文件上传框？

在 HTML 5 语言中，可使用 file 属性实现文件上传框。语法格式为：\<input type="file" name="..." size="..." maxlength="..."\>。其中 type="file"定义为文件上传框；name 属性为文件上传框的名称；size 属性定义文件上传框的宽度，单位是单个字符宽度；maxlength 属性定义最多输入的字符数。文件上传框的显示效果如图 5-36 所示。

图 5-36 文件上传框

甜点 4: 制作的单选按钮为什么可以同时选中多个？

此时用户需要检查单选按钮的名称，保证同一组中的单选按钮名称相同，这样才能保证单选按钮只能同时选中其中一个。

5.10　跟我练练手

练习 1：创建表格。

练习 2：定义表格的属性。

练习 3：创建完整的表格。

练习 4：表单基本元素的使用。

练习 5：表单高级元素的使用。

第 6 章

HTML 5 中的
多媒体

    网页上除了文本、图片等内容外，还可以增加音频、视频等多媒体内容。目前，在网页上没有关于音频和视频的标准，多数音频和视频都是通过插件来播放的。为此，HTML 5 新增了音频和视频的标记。另外，通过添加网页滚动文字，也可以制作出绚丽的网页。

学习目标(已掌握的在方框中打钩)

☐ 掌握网页音频标记<audio>的概念

☐ 掌握网页视频标记<video>的概念

☐ 掌握添加网页音频文件的方法

☐ 掌握添加网页视频文件的方法

☐ 掌握添加网页滚动文字的方法

6.1　网页音频标记 audio

目前，大多数音频是通过插件来播放音频文件的，如常见的播放插件为 Flash，这就是为什么用户在用浏览器播放音乐时，常常需要安装 Flash 插件的原因。但是，并不是所有的浏览器都拥有同样的插件。为此，和 HTML 4 相比，HTML 5 新增了<audio>标记，规定了一种包含音频的标准方法。

6.1.1　audio 标记概述

<audio>标记主要是定义播放声音文件或者音频流的标准，支持 3 种音频格式，分别为 OGG、MP3 和 WAV。如果需要在 HTML 5 网页中播放音频，输入的基本格式如下。

```
<audio src="song.mp3" controls="controls">
</audio>
```

其中 src 属性是规定要播放的音频地址，controls 属性供添加播放、暂停和音量控件。另外，在<audio> 与 </audio>之间插入的内容是供不支持 audio 元素的浏览器显示的。

6.1.2　audio 标记的属性

audio 标记的常见属性和含义如表 6-1 所示。

表 6-1　audio 标记的常见属性

属　　性	值	描　　述
autoplay	autoplay(自动播放)	如果出现该属性，则音频在就绪后马上播放
	controls (控制)	如果出现该属性，则向用户显示控件，如播放按钮
	loop(循环)	如果出现该属性，则每当音频结束时重新开始播放
	preload(加载)	如果出现该属性，则音频在页面加载时进行加载，并预备播放。如果使用 autoplay，则忽略该属性
	url(地址)	要播放的音频的 URL 地址
autobuffer	autobuffer(自动缓冲)	在网页显示时，该二进制属性表示是由用户代理(浏览器)自动缓冲的内容，还是由用户使用相关 API 进行内容缓冲

另外，<audio>标记可以通过 source 属性添加多个音频文件，具体格式如下。

```
<audio controls="controls">
<source src="123.ogg" type="audio/ogg">
<source src="123.mp3" type="audio/mpeg">
</audio>
```

6.1.3 音频解码器

音频解码器定义了音频数据流编码和解码的算法。其中，编码器主要是对数据流进行编码操作，用于存储和传输。音频播放器主要是对音频文件进行解码，然后进行播放操作。目前，使用较多的音频解码器是 Vorbis 和 ACC。

6.1.4 浏览器对 audio 标记的支持情况

目前，不同的浏览器对<audio>标记支持情况也不同。表 6-2 中列出了应用最为广泛的浏览器对<audio>标记的支持情况。

表 6-2　<audio>标记的浏览器支持情况表

音频格式 ＼ 浏览器	Firefox 3.5 及更高版本	IE 9.0 及更高版本	Opera 10.5 及更高版本	Chrome 3.0 及更高版本	Safari 3.0 及更高版本
OggVorbis	支持		支持	支持	
MP3		支持		支持	支持
WAV	支持		支持		支持

6.2　网页视频标记 video

和音频文件播放方式类似，HTML 5 提供的 video 标记可以实现加载视频文件的方法。本章节将详细讲述 video 标记的使用方法和技巧。

6.2.1　video 标记概述

<video>标记主要是定义播放视频文件或者视频流的标准。支持 3 种视频格式，分别为 OGG、WebM 和 MPEG 4。

如果需要在 HTML 5 网页中播放视频，输入的基本格式如下。

```
<video src="123.mp4" controls="controls">
</ video >
```

另外，在<video>与</video>之间插入的内容是供不支持 video 元素的浏览器显示的。

6.2.2　video 标记的属性

<video>标记的常见属性和含义如表 6-3 所示。

表 6-3　<video>标记的常见属性

属　性	值	描　述
autoplay	autoplay	如果出现该属性，则视频在就绪后马上播放
controls	controls	如果出现该属性，则向用户显示控件，如播放按钮
	loop	如果出现该属性，则每当视频结束时重新开始播放
	preload	如果出现该属性，则视频在页面加载时进行加载，并预备播放。如果使用 autoplay，则忽略该属性
	url	要播放的视频的 URL
width	宽度值	设置视频播放器的宽度
height	高度值	设置视频播放器的高度
poster	url	当视频未响应或缓冲不足时，该属性值链接到一个图像。该图像将以一定比例被显示出来

由表 6-3 可知，用户可以自定义视频文件显示的大小。例如，如果想让视频以 320 像素×240 像素大小显示，可以加入 width 和 height 属性。具体格式如下。

```
<video width="320" height="240" controls src="123.mp4" >
</video>
```

另外，video 标记可以通过 source 属性添加多个视频文件，具体格式如下。

```
<video controls="controls">
<source src="123.ogg" type="video/ogg">
<source src="123.mp4" type="video/mp4">
</ video >
```

6.2.3　视频解码器

视频解码器定义了视频数据流编码和解码的算法。其中，编码器主要是对数据流进行编码操作，用于存储和传输。视频播放器主要是对视频文件进行解码，然后进行播放操作。

目前，在 HTML 5 中，使用比较多的视频解码文件是 Theora、H.264 和 VP8。

6.2.4　浏览器对 video 标记的支持情况

目前，不同的浏览器对<video>标记的支持情况也不同。下面的表 6-4 中列出了应用最为广泛的浏览器对<video>标记的支持情况。

表 6-4　<video>标记的浏览器支持情况表

视频格式 ＼ 浏览器	Firefox 4.0 及更高版本	IE 9.0 及更高版本	Opera 10.6 及更高版本	Chrome 6.0 及更高版本	Safari 3.0 及更高版本
OGG	支持		支持	支持	
MPEG 4		支持		支持	支持
WebM	支持		支持	支持	

6.3　添加网页音频文件

在网页中加入音频文件，可以使单调的网页变得更加生动。本节就来介绍如何使用 audio 标记在网页中添加音频文件。

6.3.1　案例 1——设置背景音乐

通过前面的介绍了解了网页音频标记<audio>的相关知识，下面就介绍一个如何为网页添加背景音乐的实例，来学习<audio>标记的具体应用。

【例 6.1】为网页添加背景音乐(实例文件：ch06\6.1.html)

```
<!DOCTYPE html>
<html>
<head>
<title>audio</title>
<head>
<body >
  <audio src="song.mp3" controls="controls">
您的浏览器不支持audio标记！
</audio>
</body>
</html>
```

如果用户的浏览器是 IE 9.0 以前的版本，浏览效果如图 6-1 所示，可见 IE 9.0 以前的版本不支持<audio>标签。

在 IE 中浏览的效果如图 6-2 所示，可以看到加载的音频控制条，并能听到加载的音频文件。

图 6-1　不支持<audio>标签的效果

图 6-2　支持<audio>标签的效果

6.3.2　案例 2——设置音乐循环播放

loop 属性规定当音频结束后将重新开始播放。即如果设置该属性，则音频将循环播放。语法格式如下。

```
<audio loop="loop" />
```

【**例 6.2**】设置音乐循环播放(实例文件：ch06\6.2.html)

```
<!DOCTYPE HTML>
<html>
<body>
<audio controls="controls" loop="loop">
  <source src="song.mp3"/>
</audio>
</body>
</html>
```

在 IE 中浏览的效果如图 6-3 所示，可以看到加载的音频控制条，并能听到加载的音频文件，而且当音频文件播放结束后将会重新开始播放，即循环播放添加的音频文件。

图 6-3　设置音频文件循环播放效果

6.4　添加网页视频文件

在网页中加入视频文件，可以使单调的网页变得更加生动。本节就来介绍如何使用 video 标记在网页中添加视频文件。

6.4.1　案例 3——为网页添加视频文件

前面了解了网页视频标记<video>的相关知识，下面就介绍一个如何为网页添加视频文件的实例，来学习<video>标记的具体应用。

【**例 6.3**】为网页添加视频文件(实例文件：ch06\6.3.html)

```
<!DOCTYPE html>
<html>
<head>
<title>video</title>
<head>
<body >
<video src="123.mp4" controls="controls">
您的浏览器不支持video标记!
</ video >
</body>
</html>
```

如果用户的浏览器是 IE 9.0 以前的版本，浏览效果如图 6-4 所示，可见 IE 9.0 以前的版本不支持<video>标记。

在 IE 中浏览的效果如图 6-5 所示，可以看到加载的视频控制条界面。单击【播放】按钮，即可查看视频的内容。

图 6-4 不支持<video>标记的效果

图 6-5 支持<video>标记的效果

6.4.2 案例 4——设置自动运行

登录网页时，常常会看到一些视频文件直接开始运行，而不需要手动执行开始，特别是一些广告内容，这是通过 autoplay 参数来实现的。语法格式如下。

```
<video src="多媒体文件地址" autoplay="autoplay" ></video>
```

【例 6.4】 设置视频文件自动播放(实例文件：ch06\6.4.html)

```
<!DOCTYPE html>
<html>
<head>
<title>video</title>
<head>
<body >
<video src="123.mp4" controls="controls" autoplay="autoplay">
</ video >
</body>
</html>
```

在 IE 中浏览的效果如图 6-6 所示，可以看到加载的视频控制条，并列表看到加载的视频文件自动播放。

图 6-6 视频文件自动播放效果

6.4.3 案例5——设置视频文件的循环播放

视频文件的循环播放一般与自动播放一起使用，与背景音乐的设置基本相同。语法格式如下。

```
< video loop="loop" />
```

【例6.5】设置视频文件循环播放(实例文件：ch06\6.5.html)

```
<!DOCTYPE HTML>
<html>
<body>
< video controls="controls" loop="loop">
  <source src="123.mp4"/>
</ video >
</body>
</html>
```

在 IE 中浏览效果如图 6-7 所示，可以看到加载的视频控制条和加载的视频文件，而且当视频文件播放结束后将会重新开始播放，即循环播放添加的视频文件。

图 6-7　视频文件循环播放的效果

6.4.4 案例6——设置视频窗口的高度与宽度

在设计网页视频时，规定视频的高度和宽度是一个好习惯。如果设置这些属性，在页面加载时会为视频预留出空间。如果没有设置这些属性，那么浏览器就无法预先确定视频的尺寸，所以就无法为视频保留合适的空间，结果是在页面加载的过程中，其布局也会产生变化。

在 HTML 5 中，视频的高度与宽度通过 height 和 width 属性来设定，具体的语法格式如下。

```
<video width="value" height="value" />
```

【例 6.6】 设置视频文件的高度与宽度(实例文件：ch06\6.6.html)

```
<!DOCTYPE HTML>
<html>
<body>
<video width="320" height="240" controls="controls">
  <source src="123.mp4" />
</video>
</body>
</html>
```

在 IE 中浏览的效果如图 6-8 所示，可以看到网页中添加的视频文件以高度 240 像素、宽度 320 像素的方式运行。

图 6-8　设置视频文件的高度与宽度

请勿通过 height 和 width 属性来缩放视频！通过 height 和 width 属性来缩放视频，只会迫使用户下载原始的视频(即使在页面上看起来较小)。正确的方法是在网页上使用该视频前，使用软件对视频进行压缩。

6.5　添加网页滚动文字

网页的多媒体元素一般包括动态文字、动态图像、声音以及动画等，其中最简单的就是添加一些滚动文字。

6.5.1　案例 7——滚动文字标记

使用<marquee>标记可以将文字设置为动态滚动的效果。该标记的语法格式如下。

```
<marquee>滚动文字</marquee>
```

用户只要在标记之间添加要进行滚动的文字就可以了，而且还可以在标记之间设置这些文字的字体、颜色等。

【例 6.7】 添加网页滚动文字(实例文件：ch06\6.7.html)

```
<!DOCTYPE html>
<html>
```

```
<head>
  <title>文字滚动的设置</title>
</head>
<body>
<font size="5" color="#cc0000">
文字滚动示例(默认)：<marquee>千树万树梨花开</marquee>
</font>
</body>
</html>
```

在 IE 浏览器中预览的效果如图 6-9 所示，可以看出滚动文字在未设置宽度时，<marquee></marquee>标记是独占一行的。

图 6-9　添加网页滚动文字

6.5.2　案例 8——滚动方向属性

标记的 direction 属性用于设置内容滚动方向，属性值有 left、right、up、down，分别代表向左、向右、向上、向下，其中向左滚动 left 的效果与默认效果相同，而向上滚动的文字则常常出现在网站的公告栏中。

direction 属性的语法格式如下。

```
<marquee direction="滚动方向">滚动文字</marquee>
```

【例 6.8】设置网页滚动文字的方向(实例文件：ch06\6.8.html)

```
<!DOCTYPE html>
<html>
<head>
  <title>文字滚动的设置</title>
</head>
<body>
<font size="5" color="#cc0000">
文字滚动向左(默认)：<marquee direction="left">千树万树梨花开</marquee>
文字滚动向右(默认)：<marquee direction="right">千树万树梨花开</marquee>
文字滚动向上(默认)：<marquee direction="up">千树万树梨花开</marquee>
文字滚动向下(默认)：<marquee direction="down">千树万树梨花开</marquee>
</font>
</body>
</html>
```

在 IE 浏览器中预览的效果如图 6-10 所示，其中第 1 行文字向左不停地循环运行，第 2 行文字向右不停地循环运行，第 3 行文字向上不停地运行，第 4 行文字向下不停地运行。

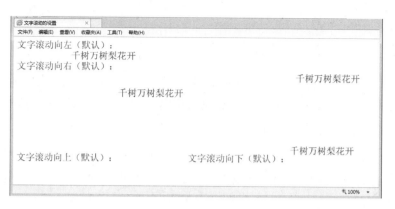

图 6-10　网页滚动文字的方向

6.5.3　案例 9——滚动方式属性

标记的 behavior 属性用于设置内容滚动方式，默认为 scroll，即循环滚动；当其值为 alternate 时，内容将来回循环滚动；当其值为 slide 时，内容滚动一次即停止，不会循环。behavior 属性的语法格式如下。

```
<marquee behavior="滚动方式">滚动文字</marquee>
```

【例 6.9】设置网页文字的滚动方式(实例文件：ch06\6.9.html)

```
<!DOCTYPE html>
<html>
<head>
<title>设置滚动文字</title>
</head>
<body>
<marquee behavior="scroll">你好，欢迎您的光临</marquee>
<br><br>
<marquee behavior ="slide">忽如一夜春风来</marquee>
<br><br>
<marquee behavior ="alternate">千树万树梨花开</marquee>
</body>
</html>
```

运行这段代码，可以看到如图 6-11 所示的效果。其中第 1 行文字不停地循环，一圈一圈地滚动；而第 2 行文字则在第一次到达浏览器边缘时就停止了滚动；第 3 行文字则在滚动到浏览器左边缘后开始反方向运动。

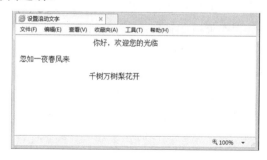

图 6-11　网页文字的滚动方式

6.5.4 案例 10——滚动速度属性

在设置滚动文字时，有时候可能希望滚动快一些，也有时候希望滚动慢一些，这一功能可以使用<marquee></marquee>标记的 scrollamount 属性来实现。其语法格式如下。

```
<marquee scrollamount=滚动速度></marquee>
```

在该语法中，滚动文字的速度实际上是设置滚动文字每次移动的长度，以像素为单位。

【例 6.10】设置网页文字的滚动速度(实例文件：ch06\6.10.html)

```
<!DOCTYPE html>
<html>
<head>
<title>设置滚动文字</title>
</head>
<body>
<marquee scrollamount=3>滚动速度为 3 像素的文字效果！</marquee><br><br>
<marquee scrollamount=10>滚动速度为 10 像素的文字效果！</marquee><br><br>
<marquee scrollamount=50>滚动速度为 50 像素的文字效果！</marquee>
</body>
</html>
```

在 IE 中预览的效果如图 6-12 所示，可以看到 3 行文字同时开始滚动，但是速度是不一样的，设置的 scrollamount 越大，速度也就越快。

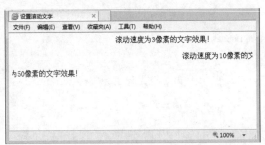

图 6-12 网页滚动文字的速度

6.5.5 案例 11——滚动延迟属性

标记的 scrolldelay 属性用于设置内容滚动的时间间隔。语法格式如下。

```
<marquee scrolldelay=时间间隔></marquee>
```

scrolldelay 的时间间隔单位是毫秒，也就是千分之一秒。这一时间间隔的设置为滚动两步之间的时间间隔，如果设置的时间比较长，会产生走走停停的效果。另外，如果与滚动速度 scrollamount 参数结合使用，效果更明显。

【例 6.11】设置网页文字的滚动延迟时间(实例文件：ch06\6.11.html)

```
<!DOCTYPE html>
<html>
<head>
```

```
<title>设置滚动文字</title>
</head>
<body>
<marquee scrollamount=100 scrolldelay =10>看我不停脚步地走！</marquee><br><br>
<marquee scrollamount=100 scrolldelay =100>看我走走歇歇！</marquee><br><br>
<marquee scrollamount=100 scrolldelay =500>我要走一步停一停</marquee>
</body>
</html
```

运行这段代码，效果如图 6-13 所示，其中第一行文字设置的延迟小，因此走起来比较平滑；最后一行设置的延迟比较大，看上去就像是走一步歇一会儿的感觉。

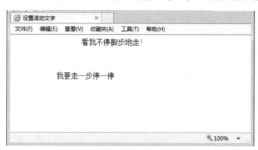

图 6-13　网页滚动文字的延迟时间

6.5.6　案例 12——滚动循环属性

设置滚动文字后，在默认情况下会不断地循环下去。如果希望文字滚动几次就停止，可以使用 loop 参数来进行设置。语法格式如下。

```
<marquee loop="循环次数">滚动文字</marquee>
```

【**例 6.12**】设置网页文字的滚动循环数(实例文件：ch06\10.12.html)

```
<!DOCTYPE html>
<html>
<head>
<title>设置滚动文字</title>
</head>
<body>
<marquee direction="up" loop="3">
<font color="#3300FF" face="楷体_GB2312">
你好，欢迎您的光临<br>
这里是梦想小屋<br>
让我们与您分享您的点点快乐<br>
让我们与您分担您的片片忧伤<br>
</font>
</marquee>
</body>
</html>
```

在 IE 中预览网页效果会发现，当文字滚动 3 个循环之后，滚动文字将不再出现，如图 6-14 所示。但是如果设置滚动方式为交替滚动，那么在滚动 3 个循环之后，文字将停留在窗口中，如图 6-15 所示。

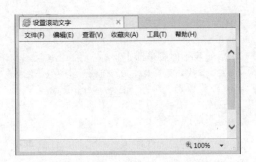

图 6-14　网页滚动文字的循环效果 1

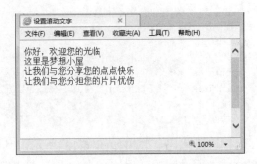

图 6-15　网页滚动文字的循环效果 2

6.5.7　案例 13——滚动范围属性

如果不设置滚动背景的面积，那么默认情况下，水平滚动的文字背景与文字同高、与浏览器窗口同宽。使用<marquee></marquee>标记的 width 和 height 属性可以调整其水平和垂直的范围。其语法格式如下。

```
<marquee width=背景宽度 height=背景高度>滚动文字</marquee>
```

此处设置宽度和高度的单位均为像素。

【例 6.13】设置网页文字的滚动范围(实例文件：ch06\6.13.html)

```
<!DOCTYPE html>
<html>
<head>
<title>设置滚动文字</title>
</head>
<body>
<marquee behavior =" alternate" bgcolor="#99CCFF">
这里是梦幻小屋，欢迎光临
</marquee><br><br>
<marquee behavior="alternate"bgcolor="#99CCFF" width=500
height=50>
这里是梦幻小屋，欢迎光临
</marquee>
</body>
</html>
```

在 IE 中预览的效果如图 6-16 所示，可以看到两段滚动文字的背景高度和宽度的变化。

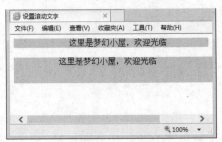

图 6-16　网页文字的滚动范围

6.5.8 案例 14——滚动背景颜色属性

标记的 bgcolor 属性用于设置内容滚动背景色(类似于 body 的背景色设置)。其语法格式如下。

```
<marquee bgcolor="颜色代码">滚动文字</marquee>
```

文字背景颜色设置为 16 位颜色码。

【例 6.14】设置网页滚动文字的背景颜色(实例文件：ch06\6.14.html)

```
<!DOCTYPE html>
<html>
<head>
<title>设置滚动文字</title>
</head>
<body>
<marquee behavior ="alternate" bgcolor="#FFFF66">
这里是梦幻小屋，欢迎光临
</marquee>
<br><br>
<marquee direction="up" bgcolor="#99CCFF">
你好，欢迎您的光临<br>
这里是梦想小屋<br>
让我们与您分享您的点点快乐<br>
让我们与您分担您的片片忧伤<br>
</marquee>
</body>
</html>
```

在 IE 中预览的效果如图 6-17 所示，在滚动文字后面设置了淡蓝色的背景。

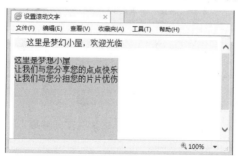

图 6-17　网页滚动文字的背景颜色

6.5.9 案例 15——滚动空间属性

默认情况下，滚动文字周围的文字或图像是与滚动背景紧密连接的，使用参数 hspace 和 vspace 可以设置它们之间的空白空间。语法格式如下。

```
<marquee hspace=水平范围 vspace=垂直范围>滚动文字</marquee>
```

该语法中水平和垂直范围的单位均为像素。

【例 6.15】设置网页文字的滚动空间(实例文件：ch06\6.15.html)

```
<!DOCTYPE html>
<html>
<head>
<title>设置滚动文字</title>
</head>
<body>
不设置空白空间的效果：
<marquee behavior ="alternate" bgcolor="#9999FF ">
这里是梦幻小屋，欢迎光临
</marquee>
到这里，留下你的忧伤，带走我的快乐！
<br>
<hr color="#FF0000">
<br>
设置水平为 70 像素、垂直为 50 像素的空白空间：
<marquee behavior ="alternate" bgcolor="#9999FF " hspace=70 vspace=50>
这里是梦幻小屋，欢迎光临
</marquee>
我的梦想与你同在！
</body>
</html>
```

在 IE 中预览的网页效果如图 6-18 所示，可以看到设置空白空间的效果。

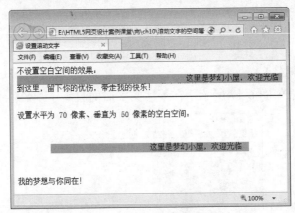

图 6-18　网页文字的滚动空间效果

6.6　高手甜点

甜点 1：在 HTML 5 网页中添加所支持格式的视频，不能在 Firefox 8.0 浏览器中正常播放，为什么？

目前，HTML 5 的\<video>标记对视频的支持不仅有视频格式的限制，还有对解码器的限制。规定如下。

● 如果视频是 OGG 格式的文件，则需要带有 Theora 视频编码和 Vorbis 音频编码。

- 如果视频是 MP4 格式的文件，则需要带有 H.264 视频编码和 AAC 音频编码。
- 如果视频是 WebM 格式的文件，则需要带有 VP8 视频编码和 Vorbis 音频编码。

甜点 2：在 HTML 5 网页中添加 MP4 格式的视频文件，为什么在不同的浏览器中视频控件显示的外观不同？

在 HTML 5 中规定用 controls 属性来设置视频文件的播放、暂停、停止和调节音量的操作。controls 是一个布尔属性，所以可以赋予任何值。一旦添加了此属性，等于告诉浏览器需要显示播放控件并允许用户操作。因为每一个浏览器都负责内置视频控件的外观，所以在不同的浏览器中将显示不同的视频控件外观。

6.7　跟我练练手

练习 1：添加网页音频文件。
练习 2：添加网页视频文件。
练习 3：添加网页滚动文字。

第 7 章

使用 HTML 5 绘制图形

HTML 5 呈现了很多的新特性，这在之前的 HTML 中是不可能见到的。其中一个最值得提及的特性就是 HTML canvas，可以对 2D 或位图进行动态、脚本的渲染。canvas 是一个矩形区域，使用 JavaScript 可以控制其每一个像素。

学习目标(已掌握的在方框中打钩)

☐ 了解什么是 canvas

☐ 掌握绘制基本形状的方法

☐ 掌握绘制渐变图的方法

☐ 掌握绘制变形图形的方法

☐ 掌握绘制其他样式图形的方法

☐ 掌握使用图像的方法

☐ 掌握图形的保存与恢复的方法

7.1　什么是 canvas

canvas 是一个新的 HTML 元素，这个元素可以被 Script 语言(通常是 JavaScript)用来绘制图形。例如，可以用它来画图、合成图像或做简单的动画。

HTML 5 的 canvas 标记是一个矩形区域，包含两个属性 width 和 height，分别表示矩形区域的宽度和高度。这两个属性都是可选的，并且都可以通过 CSS 来定义，其默认值是 300px 和 150px。

canvas 在网页中的常用形式如下。

```
<canvas id="myCanvas" width="300" height="200" style="border:1px solid
#c3c3c3;">
Your browser does not support the canvas element.
</canvas>
```

上面的示例代码中，id 表示画布对象名称，width 和 height 分别表示宽度和高度；最初的画布是不可见的，此处为了观察这个矩形区域，这里使用 CSS 样式，即 style 属性。style 表示画布的样式。如果浏览器不支持画布标记，会显示画布中间的提示信息。

画布 canvas 本身不具有绘制图形的功能，只是一个容器。如果读者对于 Java 语言非常了解，就会发现 HTML 5 的画布和 Java 中的 Panel 面板非常相似，都可以在容器中绘制图形。既然 canvas 画布元素放好了，就可以使用脚本语言 JavaScript 在网页上绘制图像。

使用 canvas 结合 JavaScript 绘制图形，一般情况下需要下面几个步骤。

step 01　JavaScript 使用 id 来寻找 canvas 元素，即获取当前画布对象。

```
var c=document.getElementById("myCanvas");
```

step 02　创建 context 对象，代码如下。

```
var cxt=c.getContext("2d");
```

getContext 方法返回一个指定 contextId 的上下文对象，如果指定的 id 不被支持，则返回 null。当前被强制必须支持的对象是 2d，也许在将来会有 3d，注意，指定的 id 是大小写敏感的。对象 cxt 建立之后，就可以拥有多种绘制路径、矩形、圆形、字符以及添加图像的方法。

step 03　绘制图形，代码如下。

```
cxt.fillStyle="#FF0000";
cxt.fillRect(0,0,150,75);
```

fillStyle 方法将其染成红色，fillRect 方法规定了形状、位置和尺寸。这两行代码绘制一个红色的矩形。

7.2　绘制基本形状

画布 canvas 结合 JavaScript，不但可以绘制简单的矩形，还可以绘制一些其他的常见图形，如矩形、直线、圆等。

7.2.1 案例 1——绘制矩形

单独的一个 canvas 标记只是在页面中定义了一块矩形区域，并无特别之处，开发人员只有配合使用 JavaScript 脚本，才能够完成各种图形、线条，以及复杂的图形变换操作。与基于 SVG 来实现同样的绘图效果来比较，canvas 绘图是一种像素级别的位图绘图技术，而 SVG 则是一种矢量绘图技术。

使用 canvas 和 JavaScript 绘制一个矩形，可能会涉及一个或多个方法，这些方法如表 7-1 所示。

表 7-1 使用 canvas 绘制矩形的方法

方 法	功 能
fillRect()	绘制一个矩形，这个矩形区域没有边框，只有填充色。这个方法有 4 个参数，前 2 个表示左上角的坐标位置，第 3 个参数为长度，第 4 个参数为高度
strokeRect()	该方法绘制一个带边框的矩形。该方法的 4 个参数的解释同上
clearRect()	清除一个矩形区域，被清除的区域将没有任何线条。该方法的 4 个参数的解释同上

【例 7.1】使用 canvas 绘制矩形(实例文件：ch07\7.1.html)

```
<!DOCTYPE html>
<html>
<body>
<canvas id="myCanvas" width="300" height="200" style="border:1px solid
blue">
Your browser does not support the canvas element.
</canvas>
<script type="text/javascript">
var c=document.getElementById("myCanvas");
var cxt=c.getContext("2d");
cxt.fillStyle="rgb(0,0,200)";
cxt.fillRect(10,20,100,100);
</script>
</body>
</html>
```

上面代码中，首先定义一个画布对象，其 id 名称为 myCanvas，其高度和宽度分别为 200 像素和 300 像素，并定义了画布边框显示样式。

在 JavaScript 代码中，首先获取画布对象，然后使用 getContext()方法获取当前 2d 的上下文对象，并使用 fillRect()方法绘制一个矩形。其中涉及一个 fillStyle 属性，用于设定填充的颜色、透明度等，如果设置为 rgb(200,0,0)，则表示一个颜色，不透明；如果设为 rgba(0,0,200,0.5)，则表示一个颜色，透明度为 50%。

在 IE 中浏览的效果如图 7-1 所示，网页中，在一个蓝色边框中显示了一个蓝色矩形。

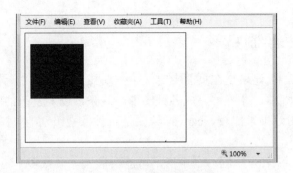

图 7-1　绘制矩形

7.2.2　案例 2——绘制圆形

基于 canvas 的绘图并不是直接在 canvas 标记所创建的绘图画面上进行各种绘图操作，而是依赖画面所提供的渲染上下文(Rendering Context)，所有的绘图命令和属性都定义在渲染上下文当中。在通过 canvas id 获取相应的 DOM 对象之后，首先要做的事情就是获取渲染上下文对象。渲染上下文与 canvas 一一对应，无论对同一 canvas 对象调用几次 getContext() 方法，都将返回同一个上下文对象。

在画布中绘制圆形，可能要涉及下面几个方法，如表 7-2 所示。

表 7-2　使用 canvas 绘制圆形的方法

方　　法	功　　能
beginPath()	开始绘制路径
arc(x,y,radius,startAngle, endAngle,anticlockwise)	x 和 y 定义的是圆的原点，radius 是圆的半径，startAngle 和 endAngle 是弧度，不是度数，anticlockwise 是用来定义画圆的方向，值是 true 或 false
closePath()	结束路径的绘制
fill()	进行填充
stroke()	设置边框

路径是绘制自定义图形的好方法，在 canvas 中通过 beginPath()方法开始绘制路径，这个时候就可以绘制直线、曲线等，绘制完成后调用 fill()和 stroke()方法完成填充并设置边框，通过 closePath()方法结束路径的绘制。

【例 7.2】使用 canvas 绘制圆形(实例文件：ch07\7.2.html)

```
<!DOCTYPE html>
<html>
<body>
<canvas id="myCanvas" width="200" height="200" style="border:1px solid
blue">
Your browser does not support the canvas element.
</canvas>
<script type="text/javascript">
var c=document.getElementById("myCanvas");
var cxt=c.getContext("2d");
```

```
cxt.fillStyle="#FFaa00";
cxt.beginPath();
cxt.arc(70,18,15,0,Math.PI*2,true);
cxt.closePath();
cxt.fill();
</script>
</body>
</html>
```

在上面的 JavaScript 代码中，使用 beginPath()方法开启一个路径，然后绘制一个圆形，最后关闭这个路径并填充。

在 IE 中浏览的效果如图 7-2 所示，网页中，在矩形边框中显示了一个黄色的圆。

图 7-2　绘制圆形

7.2.3　案例 3——使用 moveTo 与 lineTo 绘制直线

在每个 canvas 实例对象中都拥有一个 path 对象，创建自定义图形的过程就是不断对 path 对象操作的过程。每当开始一次新的图形绘制任务时，都需要先使用 beginPath()方法来重置 path 对象至初始状态，进而通过一系列对 moveTo/lineTo 等画线方法的调用，绘制期望的路径，其中 moveTo(x,y)方法设置绘图起始坐标，而 lineTo(x,y)等画线方法可以从当前起点绘制直线、圆弧以及曲线到目标位置。最后一步，也是可选的步骤，是调用 closePath()方法将自定义图形进行闭合，该方法将自动创建一条从当前坐标到起始坐标的直线。

绘制直线常用的方法是 moveTo()和 lineTo()，其含义如表 7-3 所示。

表 7-3　使用 canvas 绘制直线的方法

方法或属性	功　　能
moveTo(x,y)	不绘制，只是将当前位置移动到新目标坐标(x,y)，并作为线条开始点
lineTo(x,y)	绘制线条到指定的目标坐标(x,y)，并且在两个坐标之间画一条直线。不管调用它们哪一个，都不会真正画出图形，因为还没有调用 stroke(绘制)和 fill(填充)函数。当前，只是在定义路径的位置，以便后面绘制时使用
strokeStyle	指定线条的颜色
lineWidth	设置线条的粗细

【例 7.3】使用 moveTo()与 lineTo()方法绘制直线(实例文件：ch07\7.3.html)

```
<!DOCTYPE html>
<html>
```

```
<body>
<canvas id="myCanvas" width="200" height="200" style="border:1px solid
blue">
Your browser does not support the canvas element.
</canvas>
<script type="text/javascript">
var c=document.getElementById("myCanvas");
var cxt=c.getContext("2d");
cxt.beginPath();
cxt.strokeStyle="rgb(0,182,0)";
cxt.moveTo(10,10);
cxt.lineTo(150,50);
cxt.lineTo(10,50);
cxt.lineWidth=14;
cxt.stroke();
cxt.closePath();
</script>
</body>
</html>
```

上面代码中，使用 moveTo()方法定义一个坐标位置为(10,10)，以此坐标位置为起点绘制了两个不同的直线，并使用 lineWidth 设置直线的宽度，使用 strokeStyle 设置直线的颜色，使用 lineTo 设置两个不同直线的结束位置。

在 IE 中浏览的效果如图 7-3 所示，可以看到网页中绘制了两个直线，这两个直线在某一点交叉。

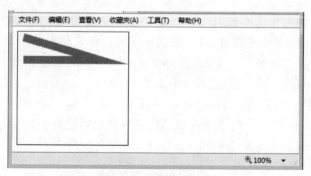

图 7-3　绘制直线

7.2.4　案例 4——使用 bezierCurveTo 绘制贝塞尔曲线

在数学的数值分析领域中，贝塞尔曲线(Bézier 曲线)是计算机图形学中相当重要的参数曲线。更高维度的广泛化贝塞尔曲线就称作贝塞尔曲面，其中贝塞尔三角是一种特殊的实例。

bezierCurveTo()表示为一个画布的当前子路径添加一条三次贝塞尔曲线。这条曲线的开始点是画布的当前点，而结束点是(x,y)。两条贝塞尔曲线控制点(cpX1,cpY1)和(cpX2, cpY2)定义了曲线的形状。当这个方法返回的时候，当前的位置为(x,y)。

方法 bezierCurveTo()具体格式如下。

```
bezierCurveTo(cpX1, cpY1, cpX2, cpY2, x, y)
```

其参数的含义如表 7-4 所示。

表 7-4　bezierCurveTo()方法的参数含义

参　数	描　述
cpX1, cpY1	和曲线的开始点(当前位置)相关联的控制点的坐标
cpX2, cpY2	和曲线的结束点相关联的控制点的坐标
x, y	曲线的结束点的坐标

【例 7.4】使用 bezierCurveTo()方法绘制贝塞尔曲线(实例文件：ch07\7.4.html)

```html
<!DOCTYPE html>
<html>
<head>
<title>贝塞尔曲线</title>
<script>
    function draw(id)
    {
        var canvas=document.getElementById(id);
        if(canvas==null)
        return false;
        var context=canvas.getContext('2d');
        context.fillStyle="#eeeeff";
        context.fillRect(0,0,400,300);
        var n=0;
        var dx=150;
        var dy=150;
        var s=100;
        context.beginPath();
        context.globalCompositeOperation='and';
        context.fillStyle='rgb(100,255,100)';
        context.strokeStyle='rgb(0,0,100)';
        var x=Math.sin(0);
        var y=Math.cos(0);
        var dig=Math.PI/15*11;
        for(var i=0;i<30;i++)
        {
            var x=Math.sin(i*dig);
            var y=Math.cos(i*dig);
            context.bezierCurveTo(dx+x*s,dy+y*s-100,dx+x*s+100,dy+y*s,
            dx+x*s,dy+y*s);
        }
        context.closePath();
        context.fill();
        context.stroke();
    }
</script>
</head>
<body onload="draw('canvas');">
<h1>绘制元素</h1>
<canvas id="canvas" width="400" height="300" />
</body>
</html>
```

上面函数 draw() 的函数中，首先使用语句 fillRect(0,0,400,300) 绘制了一个矩形，其大小和画布相同，其填充颜色为浅青色。然后定义几个变量，用于设定曲线的坐标位置，在 for 循环中使用 bezierCurveTo() 方法绘制贝塞尔曲线。

在 IE 中浏览的效果如图 7-4 所示，可以看到网页中显示了一个贝塞尔曲线。

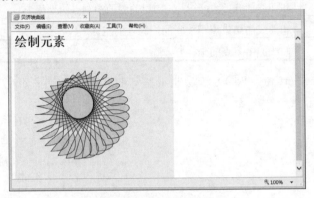

图 7-4　贝塞尔曲线

7.3　绘制渐变图形

渐变是两种或更多颜色的平滑过渡，是指在颜色集上使用逐步抽样算法，并将结果应用于描边样式和填充样式中。canvas 的绘图上下文支持两种类型的渐变：线性渐变和放射性渐变，其中放射性渐变也称为径向渐变。

7.3.1　案例5——绘制线性渐变

创建一个简单的渐变非常容易，可能比使用 Photoshop 还要快。使用渐变需要以下 3 个步骤。

step 01 创建渐变对象，代码如下。

```
var gradient=cxt.createLinearGradient(0,0,0,canvas.height);
```

step 02 为渐变对象设置颜色，指明过渡方式，代码如下。

```
gradient.addColorStop(0,'#fff');
gradient.addColorStop(1,'#000');
```

step 03 在 context 上为填充样式或者描边样式设置渐变，代码如下。

```
cxt.fillStyle=gradient;
```

要设置显示颜色，在渐变对象上使用 addColorStop() 函数即可。除了可以变换成其他颜色外，还可以为颜色设置 alpha 值(如透明)，并且 alpha 值也是可以变化的。为了达到这样的效果，需要使用颜色值的另一种表示方法，如内置 alpha 组件的 CSSrgba() 函数。

绘制线性渐变，会使用到下面几个方法，如表 7-5 所示。

表 7-5 绘制线性渐变的方法

方　法	功　能
addColorStop	函数允许指定两个参数：颜色和偏移量。颜色参数是指开发人员希望在偏移位置描边或填充时所使用的颜色。偏移量是一个 0.0～1.0 数值，代表沿着渐变线渐变的距离有多远
createLinearGradient(x0,y0,x1,y1)	沿着直线从(x0,y0)至(x1,y1)绘制渐变

【例 7.5】绘制线性渐变图形(实例文件：ch07\7.5.html)

```
<!DOCTYPE html>
<html>
<head>
<title>线性渐变</title>
</head>
<body>
<h1>绘制线性渐变</h1>
<canvas id="canvas" width="400" height="300" style="border:1px solid red"/>
<script type="text/javascript">
var c=document.getElementById("canvas");
var cxt=c.getContext("2d");
var gradient=cxt.createLinearGradient(0,0,0,canvas.height);
gradient.addColorStop(0,'#fff');
gradient.addColorStop(1,'#000');
cxt.fillStyle=gradient;
cxt.fillRect(0,0,400,400);
</script>
</body>
</html>
```

上面的代码使用 2D 环境对象产生了一个线性渐变对象，渐变的起始点是(0,0)，渐变的结束点是(0,canvas.height)，然后使用 addColorStop()函数设置渐变颜色，最后将渐变填充到上下文环境的样式中。

在 IE 中浏览的效果如图 7-5 所示，可以看到网页中创建了一个垂直方向上的渐变，从上到下颜色逐渐变深。

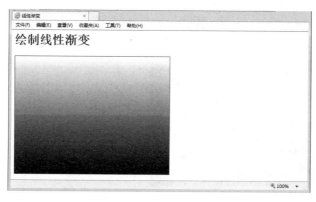

图 7-5 线性渐变

7.3.2 案例6——绘制径向渐变

除了线性渐变以外，HTML 5 Canvas API 还支持放射性渐变。所谓放射性渐变，就是颜色会介于两个指定圆间的锥形区域平滑变化。放射性渐变和线性渐变使用的颜色终止点是一样的。如果要实现放射线渐变，即径向渐变，需要使用方法 createRadialGradient()。

```
createRadialGradient(x0,y0,r0,x1,y1,r1)
```

其中前 3 个参数代表开始的圆，圆心为(x0,y0)，半径为 r0；后 3 个参数代表结束的圆，圆心为(x1,y1)，半径为 r1。

【例 7.6】绘制径向渐变图形(实例文件：ch07\7.6.html)

```
<!DOCTYPE html>
<html>
<head>
<title>径向渐变</title>
</head>
<body>
<h1>绘制径向渐变</h1>
<canvas id="canvas" width="400" height="300" style="border:1px solid red"/>
<script type="text/javascript">
var c=document.getElementById("canvas");
var cxt=c.getContext("2d");
var gradient=cxt.createRadialGradient(canvas.width/2,canvas.height/2,0,
canvas.width/2,canvas.height/2,150);
gradient.addColorStop(0,'#fff');
gradient.addColorStop(1,'#000');
cxt.fillStyle=gradient;
cxt.fillRect(0,0,400,400);
</script>
</body>
</html>
```

上面代码中，首先创建渐变对象 gradient，此处使用方法 createRadialGradient()创建了一个径向渐变，然后使用 addColorStop()添加颜色，最后将渐变填充到上下文环境中。

在 IE 中浏览的效果如图 7-6 所示，可以看到网页中从圆的中心亮点开始，向外逐步发散，形成了一个径向渐变。

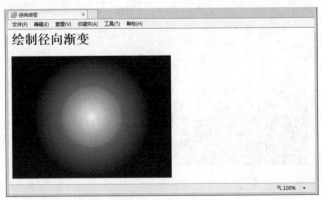

图 7-6 径向渐变

7.4 绘制变形图形

画布 canvas 不但可以使用 moveTo()等方法来移动画笔、绘制图形和线条，还可以使用变换方法来调整画笔下的画布，变换的方法包括等旋转、缩放、变形和平移等。

7.4.1 案例 7——变换原点坐标

平移(translate)，即将绘图区相对于当前画布的左上角进行平移。如果不进行变换，绘图区原点和画布原点是重叠的，绘图区相当于画图软件里的热区或当前层。如果进行变换，则坐标位置会移动到一个新位置。

如果要对图形实现平移，需要使用方法 translate(x,y)，该方法表示在平面上平移，即以原来的原点为参考，然后以偏移后的位置作为坐标原点。也就是说，如果原点本来在(100,100)，执行 translate(1,1)命令后，新的坐标原点在(101,101)，注意不是(1,1)。

【例 7.7】绘制变换原点坐标的图形(实例文件：ch07\7.7.html)

```
<!DOCTYPE html>
<html>
<head>
<title>绘制坐标变换</title>
<script>
    function draw(id)
    {
        var canvas=document.getElementById(id);
        if(canvas==null)
        return false;
        var context=canvas.getContext('2d');
        context.fillStyle="#eeeeff";
        context.fillRect(0,0,400,300);
        context.translate(200,50);
        context.fillStyle='rgba(255,0,0,0.25)';
        for(var i=0;i<50;i++){
            context.translate(25,25);
            context.fillRect(0,0,100,50);
        }
    }
</script>
</head>
<body onload="draw('canvas');">
<h1>变换原点坐标</h1>
<canvas id="canvas" width="400" height="300" />
</body>
</html>
```

在 draw()函数中，使用 fillRect()方法绘制了一个矩形，然后使用 translate()方法平移到一个新位置，并从新位置开始使用 for 循环，连续移动多次坐标原点，即多次绘制矩形。

在 IE 中浏览的效果如图 7-7 所示，可以看到网页中从坐标位置(200,50)开始绘制矩形，并且每次以指定的平移距离绘制矩形。

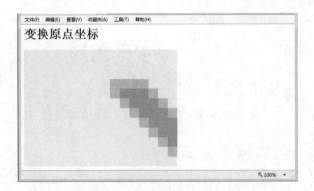

图 7-7　变换坐标原点

7.4.2　案例 8——图形缩放

对于变形图形来说，其中最常用的方式就是对图形进行缩放，即以原来的图形为参考，放大或者缩小图形，从而增加效果。

如果要实现图形缩放，需要使 scale(x,y)函数，该函数带有两个参数，分别代表在 x、y 两个方向上的值。在 canvas 显示图像的时候，每个参数向其传递在本方向轴上图像要放大(或者缩小)的量。如果 x 值为 2，就代表所绘制图像中全部元素都会变成两倍宽。如果 y 值为 0.5，则绘制出来的图像全部元素都会变成之前的一半高。

【例 7.8】缩放图形(实例文件：ch07\7.8.html)

```
<!DOCTYPE html>
<html>
<head>
<title>绘制图形缩放</title>
<script>
    function draw(id)
    {
        var canvas=document.getElementById(id);
        if(canvas==null)
        return false;
        var context=canvas.getContext('2d');
        context.fillStyle="#eeeeff";
        context.fillRect(0,0,400,300);
        context.translate(200,50);
        context.fillStyle='rgba(255,0,0,0.25)';
        for(var i=0;i<50;i++){
            context.scale(3,0.5);
            context.fillRect(0,0,100,50);
        }
    }
</script>
</head>
<body onload="draw('canvas');">
<h1>图形缩放</h1>
<canvas id="canvas" width="400" height="300" />
</body>
</html>
```

上面代码中，实现缩放操作是放在 for 循环中完成的，在此循环中，以原来的图形为参考物，使其在 X 轴方向增加 3 倍宽，y 轴方向上变为原来的一半。

在 IE 中浏览的效果如图 7-8 所示，可以看到网页中在一个指定方向绘制了多个矩形。

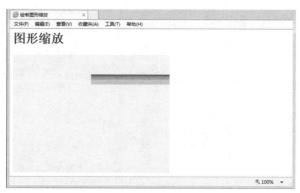

图 7-8　图形缩放

7.4.3　案例 9——旋转图形

变换操作并不限于缩放和平移，还可以使用函数 context.rotate(angle)来旋转图像，甚至可以直接修改底层变换矩阵以完成一些高级操作，如剪裁图像的绘制路径。旋转角度参数 angle 以弧度为单位。

rotate()方法默认地从左上端的(0,0)开始旋转，通过指定一个角度，改变画布坐标和 Web 浏览器中的<canvas>元素的像素之间的映射，使得任意后续绘图在画布中都显示为旋转的，但并没有旋转<canvas>元素本身。注意，这个角度是用弧度指定的。

【例 7.9】旋转图形(实例文件：ch07\7.9.html)

```
<!DOCTYPE html>
<html>
<head>
<title>绘制旋转图像</title>
<script>
    function draw(id)
    {
        var canvas=document.getElementById(id);
        if(canvas==null)
        return false;
        var context=canvas.getContext('2d');
        context.fillStyle="#eeeeff";
        context.fillRect(0,0,400,300);
        context.translate(200,50);
        context.fillStyle='rgba(255,0,0,0.25)';
        for(var i=0;i<50;i++){
            context.rotate(Math.PI/10);
            context.fillRect(0,0,100,50);
        }
    }
</script>
</head>
```

```
<body onload="draw('canvas');">
<h1>旋转图形</h1>
<canvas id="canvas" width="400" height="300" />
</body>
</html>
```

上面代码中，使用 rotate()方法在 for 循环中对多个图形进行旋转，其旋转角度相同。

在 IE 中浏览的效果如图 7-9 所示，多个矩形以中心弧度为原点进行旋转。

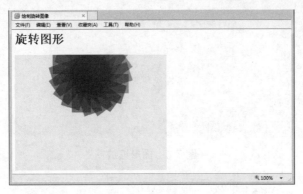

图 7-9　旋转图形

7.5　绘制其他样式的图形

使用 canvas 标记的其他属性还可以绘制其他样式的图形，如将绘制的基本形状进行组合、绘制带有阴影的图形、绘制文字等。本章节将讲述绘制这些样式图形的方法和技巧。

7.5.1　案例 10——图形组合

在前面介绍的知识里，可以将一个图形画在另一个图形之上，大多数情况下这样是不够的。例如，这样受制于图形的绘制顺序，但是可以利用 globalCompositeOperation 属性来改变这些做法，这样不仅可以在已有图形后面再画新图形，还可以用来遮盖、清除(比 clearRect() 方法强劲得多)某些区域。

其语法格式如下。

```
globalCompositeOperation = type
```

表示设置不同形状的组合类型，其中 type 表示方的图形是已经存在的 canvas 内容，其默认值为 source-over，表示在 canvas 内容上画新的形状。

属性值 type 具有 12 个含义，其具体含义如表 7-6 所示。

表 7-6　属性值 type 的含义

属 性 值	说　　明
source-over	默认设置，新图形会覆盖在原有内容之上
destination-over	会在原有内容之下绘制新图形

属 性 值	说 明
source-in	新图形仅会保留与原有内容重叠的部分，其他区域都变成透明的
destination-in	原有内容中与新图形重叠的部分会被保留，其他区域都变成透明的
source-out	只有新图形中与原有内容不重叠的部分会被绘制出来
destination-out	原有内容中与新图形不重叠的部分会被保留
source-atop	新图形中与原有内容重叠的部分会被绘制，并覆盖于原有内容之上
destination-atop	原有内容中与新内容重叠的部分会被保留，并会在原有内容之下绘制新图形
lighter	两图形中重叠部分作加色处理
darker	两图形中重叠的部分作减色处理
xor	重叠的部分会变成透明
copy	只有新图形会被保留，其他都被清除掉

【例 7.10】图形组合(实例文件：ch07\7.10.html)

```
<!DOCTYPE html>
<html>
<head>
<title>绘制图形组合</title>
<script>
function draw(id)
{
 var canvas=document.getElementById(id);
   if(canvas==null)
  return false;
  var context=canvas.getContext('2d');
  var oprtns=new Array(
       "source-atop",
       "source-in",
       "source-out",
       "source-over",
       "destination-atop",
       "destination-in",
       "destination-out",
       "destination-over",
       "lighter",
       "copy",
       "xor"
    );
    var i=10;
    context.fillStyle="blue";
    context.fillRect(10,10,60,60);
    context.globalCompositeOperation=oprtns[i];
    context.beginPath();
    context.fillStyle="red";
    context.arc(60,60,30,0,Math.PI*2,false);
    context.fill();
}
</script>
```

```
</head>
<body onload="draw('canvas');">
<h1>图形组合</h1>
<canvas id="canvas" width="400" height="300" />
</body>
</html>
```

在上面的代码中，首先创建了一个 oprtns 数组，用于存储 type 的 11 个值，然后绘制一个矩形，并使用 content 上下文对象设置图形的组合方式，最后使用 arc()方法绘制了一个圆。

在 IE 中浏览的效果如图 7-10 所示，在页面上绘制了一个矩形和圆，但矩形和圆重叠的地方以空白显示。

图 7-10　图形组合

7.5.2　案例 11——绘制带阴影的图形

在画布 canvas 上绘制带有阴影效果的图形非常简单，只需要设置几个属性即可。这几个属性分别为 shadowOffsetX、shadowOffsetY、shadowBlur 和 shadowColor。其中属性 shadowColor 表示阴影颜色，值和 CSS 颜色值一致。shadowBlur 表示设置阴影模糊程度，此值越大，阴影越模糊。shadowOffsetX 和 shadowOffsetY 属性表示阴影的 x 和 y 偏移量，单位是像素。

【例 7.11】绘制带阴影的图形(实例文件：ch07\7.11.html)

```
<!DOCTYPE html>
<html>
<head>
<title>绘制阴影效果图形</title>
</head>
<body>
    <canvas id="my canvas" width="200" height="200" style="border:1px solid
#ff0000"></canvas>
    <script type="text/javascript">
        var elem = document.getElementById("my canvas");
        if (elem && elem.getContext)  {
            var context = elem.getContext("2d");
            //shadowOffsetX 和 shadowOffsetY：阴影的 x 和 y 偏移量，单位是像素
            context.shadowOffsetX = 15;
            context.shadowOffsetY = 15;
            //shadowBlur：设置阴影模糊程度。此值越大，阴影越模糊
            //其效果和 Photoshop 的高斯模糊滤镜相同
            context.shadowBlur    = 10;
            //shadowColor：阴影颜色。其值和 CSS 颜色值一致
```

```
                //context.shadowColor   = 'rgba(255, 0, 0, 0.5)';
                //或下面的十六进制的表示方法
                context.shadowColor = '#f00';
                context.fillStyle     = '#00f';
                context.fillRect(20, 20, 150, 100);
            }
        </script>
    </body>
</html>
```

在 IE 中浏览的效果如图 7-11 所示，在页面上显示了一个蓝色矩形，其阴影为红色矩形。

图 7-11 带有阴影的图形

7.5.3 案例 12——绘制文字

用户不仅可以在画布上绘制路径对象，还可以，通过描绘文本轮廓和填充文本内容来绘制文字，同时，还可以为文字添加变换效果和样式。

文本绘制功能由两个方法组成，如表 7-7 所示。

表 7-7 绘制文字的方法

方 法	说 明
fillText(text,x,y,maxwidth)	绘制带 fillStyle 填充的文字、文本参数以及用于指定文本位置的坐标参数。maxwidth 是可选参数，用于限制字体大小，其会将文本字体强制收缩到指定尺寸
trokeText(text,x,y,maxwidth)	绘制只有 strokeStyle 边框的文字，其参数含义和上一个方法相同
measureText	该函数会返回一个度量对象，其包含了在当前 context 环境下指定文本的实际显示宽度

为了保证文本在各浏览器下都能正常显示，在绘制上下文里有以下字体属性。

- font 可以是 CSS 字体规则中的任何值，包括字体样式、字体变种、字体大小与粗细、行高和字体名称。
- textAlign 控制文本的对齐方式，类似于(但不完全相同)CSS 中的 text-align。可能的取值为 start、end、left、right、和 center。
- textBaseline 控制文本相对于起点的位置。可以取的值有 top、hanging、middle、alphabetic、ideographic 和 bottom。对于简单的英文字母，可以放心地使用 top、middle 或 bottom 作为文本基线。

【例 7.12】 绘制文字(实例文件：ch07\7.12.html)

```
<!DOCTYPE html>
<html>
  <head>
   <title>Canvas</title>
  </head>
  <body>
    <canvas id="my_canvas" width="200" height="200" style="border:1px solid
#ff0000"></canvas>
    <script type="text/javascript">
        var elem = document.getElementById("my_canvas");
        if (elem && elem.getContext) {
            var context = elem.getContext("2d");
            context.fillStyle    = '#00f';
            //font：文字字体，同 CSSfont-family 属性
            context.font = 'italic  30px 微软雅黑';     //斜体 30 像素 微软雅黑字体
            //textAlign：文字水平对齐方式。可取属性值：start, end, left,right,
            //center。默认值:start
            context.textAlign = 'left';
            //文字竖直对齐方式。可取属性值：top, hanging, middle,alphabetic,
            //ideographic, bottom。默认值: alphabetic
            context.textBaseline = 'top';
            //要输出的文字内容，文字位置坐标，第 4 个参数为可选选项——最大宽度。
            //如果需要的话，浏览器会缩减文字以适应指定宽度
            context.fillText   ('祖国生日快乐!', 0, 0,50);     //有填充
            context.font        = 'bold 30px sans-serif';
            context.strokeText('祖国生日快乐!', 0, 50,100);  //只有文字边框
        }
    </script>
 </body>
</html>
```

在 IE 中浏览的效果如图 7-12 所示，在页面上显示了一个画布边框，画布中显示了两个不同的字符串，第一个字符串以斜体显示，其颜色为蓝色；第二个字符串字体颜色为浅黑色，加粗显示。

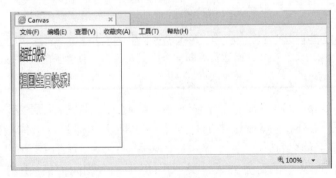

图 7-12 绘制文字

7.6 使 用 图 像

画布 canvas 有一项功能就是引入图像，可以用于图片合成或者制作背景等，但目前仅可以在图像中加入文字。PNG，GIF，JPEG 等格式的图像都可以引入到 canvas 中，而且其他的 canvas 元素也可以作为图像的来源。

7.6.1 案例 13——绘制图像

要在画布 canvas 上绘制图像，需要先有一个图片。这个图片可以是已经存在的<img>元素，或者通过 JavaScript 创建。无论采用哪种方式，都需要在绘制 canvas 之前完全加载这张图片。浏览器通常会在页面脚本执行的同时异步加载图片。如果视图在图片未完全加载之前就将其呈现到 canvas 上，那么 canvas 将不会显示任何图片。

捕获和绘制图形完全是通过 drawImage()方法完成的，其可以接收不同的 HTML 参数，具体含义如表 7-8 所示。

表 7-8 绘制图像的方法

方 法	说 明
drawImage(image,dx,dy)	接受一个图片，并将其画到 canvas 中。给出的坐标(dx,dy)代表图片的左上角。例如，坐标(0,0)将把图片画到 canvas 的左上角
drawImage(image,dx,dy,dw,dh)	接受一个图片，将其缩放为宽度 dw 和高度 dh，然后把它画到 canvas 上的(dx,dy)位置。
drawImage(image,sx,sy,sw,sh,dx,dy,dw,dh)	接受一个图片，通过参数(sx,sy,sw,sh)指定图片裁剪的范围，缩放到(dw,dh)的大小，最后把它画到 canvas 上的(dx,dy)位置

【例 7.13】绘制图像(实例文件：ch07\7.13.html)

```
<!DOCTYPE html>
<html>
<head><title>绘制图像</title></head>
<body>
<canvas id="canvas" width="300" height="200" style="border:1px solid blue">
Your browser does not support the canvas element.
</canvas>
<script type="text/javascript">
window.onload=function(){
    var ctx=document.getElementById("canvas").getContext("2d");
    var img=new Image();
    img.src="01.jpg";
    img.onload=function(){
        ctx.drawImage(img,0,0);
    }
}
</script>
</body>
</html>
```

在上面代码中，使用窗口的 onload 加载事件，即页面被加载时执行函数。在函数中，创建上下文对象 ctx，并创建 Image 对象 img；然后使用 img 对象的属性 src 设置图片来源，最后使用 drawImage 方法画出当前的图像。

在 IE 中浏览的效果如图 7-13 所示，在页面上绘制了一个图像，并在画布中显示。

图 7-13　绘制图像

7.6.2　案例 14——图像平铺

使用画布 canvas 绘制图像有很多种用处，其中一个用处就是将绘制的图像作为背景图片使用。在做背景图片时，如果显示图片的区域大小不能直接设定，通常将图片以平铺的方式显示。

HTML 5 canvas API 支持图片平铺，此时需要调用 createPattern() 函数来替代之前的 drawImage() 函数。函数 createPattern() 的语法格式如下。

```
createPattern(image,type)
```

其中 image 表示要绘制的图像，type 表示平铺的类型，其具体含义如表 7-9 所示。

表 7-9　图像平铺的类型

参 数 值	说 明
no-repeat	不平铺
repeat-x	横方向平铺
repeat-y	纵方向平铺
repeat	全方向平铺

【例 7.14】图像平铺(实例文件：ch07\7.14.html)

```
<!DOCTYPE html>
< html>
<head>
<title>绘制图像平铺</title>
</head>
<body onload="draw('canvas');">
<h1>图形平铺</h1>
<canvas id="canvas" width="400" height="300"></canvas>
<script>
    function draw(id){
```

```
        var canvas=document.getElementById(id);
        if(canvas==null){
            return false;
        }
        var context=canvas.getContext('2d');
        context.fillStyle="#eeeeff";
        context.fillRect(0,0,400,300);
        image=new Image();
        image.src="01.jpg";
        image.onload=function(){
            var ptrn=context.createPattern(image,'repeat');
            context.fillStyle=ptrn;
            context.fillRect(0,0,400,300);
        }
    }
</script>
</body>
</html>
```

上面代码中，使用 fillRect()方法创建了一个宽度为 400 像素，高度为 300 像素，左上角坐标位置为(0,0)的矩形，然后创建了一个 Image 对象，src 表示连接一个图像源，再使用createPattern()方法绘制一个图像，其方式是完全平铺，并将这个图像作为一个模式填充到矩形中。最后绘制这个矩形，此矩形大小完全覆盖原来的图形。

在 IE 中浏览的效果如图 7-14 所示，在页面上绘制了一个图像，其图像以平铺的方式充满整个矩形。

图 7-14　图像平铺

7.6.3　案例 15——图像裁剪

在处理图像时经常会遇到裁剪这种需求，即在画布上裁剪出一块区域，这块区域是在裁剪动作之前，由绘图路径设定的，可以是方形、圆形、五星形和其他任何可以绘制的轮廓形状。所以，裁剪路径其实就是绘图路径，只是这个路径不是拿来绘图的，而是设定显示区域和遮挡区域的一个分界线。

完成对图像的裁剪，可能要用到 clip()方法。Clip()方法表示给 canvas 设置一个剪辑区域，在调用 clip()方法之后的代码只对这个设定的剪辑区域有效，不会影响其他地方。这个方法在要进行局部更新时很有用。默认情况下，剪辑区域是一个左上角在(0,0)，宽和高分别等于 canvas 元素的宽和高。

【例 7.15】图像裁剪(实例文件：ch07\7.15.html)

```html
<!DOCTYPE html>
< html>
<head>
<title>绘制图像裁剪</title>
<script type="text/javascript" src="script.js"></script>
</head>
<body onload="draw('canvas');">
<h1>图像裁剪实例</h1>
<canvas id="canvas" width="400" height="300"></canvas>
<script>
    function draw(id){
        var canvas=document.getElementById(id);
        if(canvas==null){
            return false;
        }
        var context=canvas.getContext('2d');
        var gr=context.createLinearGradient(0,400,300,0);
        gr.addColorStop(0,'rgb(255,255,0)');
        gr.addColorStop(1,'rgb(0,255,255)');
        context.fillStyle=gr;
        context.fillRect(0,0,400,300);
        image=new Image();
        image.onload=function(){
            drawImg(context,image);
        };
        image.src="01.jpg";
    }
    function drawImg(context,image){
        create8StarClip(context);
        context.drawImage(image,-50,-150,300,300);
    }
    function create8StarClip(context){
        var n=0;
        var dx=100;
        var dy=0;
        var s=150;
        context.beginPath();
        context.translate(100,150);
        var x=Math.sin(0);
        var y=Math.cos(0);
        var dig=Math.PI/5*4;
        for(var i=0;i<8;i++){
            var x=Math.sin(i*dig);
            var y=Math.cos(i*dig);
            context.lineTo(dx+x*s,dy+y*s);
        }
        context.clip();
    }
```

```
</script>
</body>
</html>
```

上面代码中，创建了 3 个 JavaScript 函数，其中 create8StarClip()函数完成了多边的图形创建，其中以此图形作为裁剪的依据。drawImg()函数表示绘制一个图形，其图形带有裁剪区域。draw()函数完成对画布对象的获取，并定义一个线性渐变，然后创建了一个 Image 对象。

在 IE 中浏览的效果如图 7-15 所示，在显示页面上绘制了一个 5 边形，图像作为 5 边形的背景显示，从而实现对象图像的裁剪。

图 7-15　图像裁剪

7.6.4　案例 16——像素处理

在计算机屏幕上可以看到色彩斑斓的图像，其实这些图像都是由一个个像素点组成的。一个像素对应着内存中的一组连续的二进制位。由于是二进制位，每个位上的取值当然只能是 0 或者 1，这样，这组连续的二进制位就可以由 0 和 1 排列组合出很多种情况，而每一种排列组合就决定了这个像素的一种颜色。因此，每个像素点由 4 个字节组成。

这 4 个字节代表的含义分别是：第 1 个字节决定像素的红色值；第 2 个字节决定像素的绿色值；第 3 个字节决定像素的蓝色值；第 4 个字节决定像素的透明度值。

在画布中，可以使用 imageData 对象用来保存图像像素值，其有 width、height 和 data 这 3 个属性，其中 data 属性就是一个连续数组，图像的所有像素值其实是保存在 data 里面的。

data 属性保存像素值的方法如下。

```
imageData.data[index*4 +0]
imageData.data[index*4 +1]
imageData.data[index*4 +2]
imageData.data[index*4 +3]
```

上面取出了 data 数组中连续相邻的 4 个值，这 4 个值分别代表了图像中第 index+1 个像素的红色、绿色、蓝色和透明度值的大小。需要注意的是 index 从 0 开始，图像中总共有 width×height 个像素，数组中总共保存了 width×height×4 个数值。

画布对象有 3 个方法用来创建、读取和设置 imageData 对象，如表 7-10 所示。

表 7-10　图像像素处理的方法

方　法	说　明
createImageData(width, height)	在内存中创建一个指定大小的 imageData 对象(即像素数组)，对象中的像素点都是黑色透明的，即 rgba(0,0,0,0)
getImageData(x, y, width, height)	返回一个 imageData 对象，这个 imageData 对象中包含了指定区域的像素数组
putImageData(data, x, y)	将 imageData 对象绘制到屏幕的指定区域上

【例 7.16】图像像素处理(实例文件：ch07\7.16.html)

```
<!DOCTYPE html>
< html>
<head>
<title>图像像素处理</title>
<script type="text/javascript" src="script.js"></script>
</head>
<body onload="draw('canvas');">
<h1>像素处理示例</h1>
<canvas id="canvas" width="400" height="300"></canvas>
<script>
    function draw(id){
        var canvas=document.getElementById(id);
        if(canvas==null){
            return false;
        }
        var context=canvas.getContext('2d');
        image=new Image();
        image.src="01.jpg";
        image.onload=function(){
            context.drawImage(image,0,0);
            var imagedata=context.getImageData(0,0,image.width,image.height);
            for(var i=0,n=imagedata.data.length;i<n;i+=4){
                imagedata.data[i+0]=255-imagedata.data[i+0];
                imagedata.data[i+1]=255-imagedata.data[i+2];
                imagedata.data[i+2]=255-imagedata.data[i+1];
            }
            context.putImageData(imagedata,0,0);
        };
    }
</script>
</body>
</html>
```

在上面代码中，使用 getImageData()方法获取一个 imageData 对象，并包含相关的像素数组。在 for 循环中，对像素值重新赋值，然后使用 putImageData()方法将处理过的图像在画布上显示出来。

在 IE 中浏览的效果如图 7-16 所示，在页面上显示了一个图像，其图像明显经过像素处理，没有原来显示清晰。

图 7-16　像素处理

7.7　图形的保存与恢复

在画布对象中绘制图形或图像时，可以将这些图形或者图形的状态进行改变，即永久保存图形或图像。另外，用户还可以恢复已经保存的图形或图像。本章节将详细讲述图形的保存和恢复方法。

7.7.1　案例 17——保存与恢复状态

在画布对象中，由两个方法管理绘制状态的当前栈：save()方法把当前状态压入栈中，而restore()方法从栈顶弹出状态。绘制状态不会覆盖对画布所做的每件事情。其中 save()方法用来保存 canvas 的状态。之后，可以调用 canvas 的平移、放缩、旋转、错切、裁剪等操作。restore()方法用来恢复 canvas 之前保存的状态，防止使用 save()方法后对 canvas 执行的操作对后续的绘制有影响。save()方法和 restore()方法要配对使用(restore()方法可以比 save()方法少，但不能多)，如果 restore()方法调用次数比 save()方法多，会引发 Error。

【例 7.17】保存与恢复图像的状态(实例文件：ch07\7.17.html)

```
<!DOCTYPE html>
<html>
<head><title>保存与恢复</title></head>
<body>
<canvas id="myCanvas" width="500" height="400" style="border:1px solid
blue">
Your browser does not support the canvas element.
</canvas>
<script type="text/javascript">
var c=document.getElementById("myCanvas");
var ctx=c.getContext("2d");
ctx.fillStyle = "rgb(0,0,255)";
ctx.save();
ctx.fillRect(50,50,100,100);
ctx.fillStyle = "rgb(255,0,0)";
ctx.save();
ctx.fillRect(200,50,100,100);
ctx.restore()
ctx.fillRect(350,50,100,100);
```

```
ctx.restore();
ctx.fillRect(50, 200, 100, 100);
</script>
</body>
</html>
```

在上面代码中，绘制了 4 个矩形，在第 1 个绘制之前，定义当前矩形的显示颜色，并将此样式压入到栈中，然后创建了一个矩形。第 2 个矩形绘制之前，重新定义了矩形显示颜色，并使用 save()方法将此样式压入到栈中，然后创建了一个矩形。在第 3 个矩形绘制之前，使用 restore()方法恢复当前显示颜色，即调用栈中的最上层颜色绘制矩形。第 4 个矩形绘制之前，继续使用 restore()方法，调用最后一个栈中的元素定义矩形颜色。

在 IE 中浏览的效果如图 7-17 所示，在页面上绘制了 4 个矩形，第 1 个和第 2 个矩形显示为蓝色，第 2 个和第 3 个矩形显示为红色。

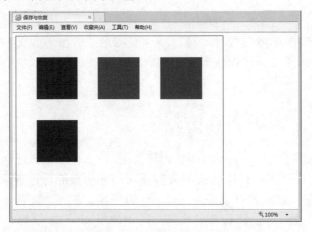

图 7-17 恢复和保存状态

7.7.2 案例 18——保存文件

当绘制出漂亮的图形时，有时需要保存这些劳动成果。这时可以将当前画布元素(而不是 2D 环境)的当前状态导出到数据 URL。导出很简单，可以利用 toDataURL()方法来完成，它可以不同的图片格式来调用。目前只有 PNG 格式才是规范定义的格式，不同浏览器还支持其他的格式。

目前 Firefox 和 Opera 浏览器只支持 PNG 格式，Safari 支持 GIF、PNG 和 JPG 格式。大多数浏览器支持读取 base64 编码内容，如一幅图像。URL 的格式如下。

```
data:image/png;base64,iVBORw0KGgoAAAANSUhEUgAAAfQAAAH0CAYAAADL1t
```

它以一个 data 开始，然后是 mine 类型，之后是编码和 base64，最后是原始数据。这些原始数据就是画布元素所要导出的内容，并且浏览器能够将数据编码为真正的资源。

【**例 7.18**】保存图像文件(实例文件：ch07\7.18.html)

```
<!DOCTYPE html>
<html>
<body>
```

```
<canvas id="myCanvas" width="500" height="500" style="border:1px solid
blue">
Your browser does not support the canvas element.
</canvas>
<script type="text/javascript">
var c=document.getElementById("myCanvas");
var cxt=c.getContext("2d");
cxt.fillStyle='rgb(0,0,255)';
cxt.fillRect(0,0,cxt.canvas.width,cxt.canvas.height);
cxt.fillStyle="rgb(0,255,0)";
cxt.fillRect(10,20,50,50);
window.location=cxt.canvas.toDataURL(' image/png ');
</script>
</body>
</html>
```

在上面代码中，使用 canvas.toDataURL 语句将当前绘制的图像保存到 URL 数据中。

在 IE 中浏览的效果如图 7-18 所示，在显示页面中无任何数据显示，并且提示无法显示该页面。此时需要注意的是鼠标指针指向的位置，即地址栏中的 URL 数据。

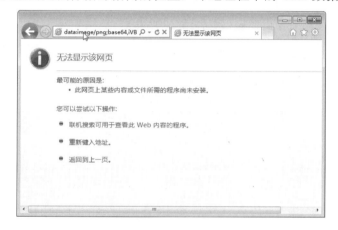

图 7-18　保存图形

7.8　综合案例 1——绘制火柴棒人物

漫画中最常见的一种图形就是火柴棒人，通过简单的几个笔画，就可以绘制一个传神的动漫人物。使用 canvas 和 JavaScript 同样可以绘制一个火柴棒人物。具体步骤如下。

step 01 分析需求。

一个火柴棒人由脸部和身躯部分组成。脸部是一个圆形，其中包括眼睛和嘴巴；身躯由几条直线组成，包括手和腿等。实际上此案例就是绘制圆形、弧度和直线的组合。实例完成后，效果如图 7-19 所示。

step 02 实现 HTML 页面，定义画布 canvas。

```
<!DOCTYPE html>
<html>
<title>绘制火柴棒人</title>
```

```
<body>
<canvas id="myCanvas" width="500" height="300" style="border:1px solid blue">
Your browser does not support the canvas element.
</canvas>
</body>
</html>
```

图 7-19　火柴棒人

在 IE 9.0 中浏览的效果如图 7-20 所示，页面显示了一个画布边框。

图 7-20　定义画布边框

step 03　实现头部轮廓绘制。

```
<script type="text/javascript">
var c=document.getElementById("myCanvas");
var cxt=c.getContext("2d");
cxt.beginPath();
cxt.arc(100,50,30,0,Math.PI*2,true);
cxt.fill();
</script>
```

这会产生一个实心的、填充的头部，即圆形。在 arc()函数中，x 和 y 的坐标为(100,50)，半径为 30 像素，另两个参数为弧度的开始和结束，第 6 个参数表示绘制弧形的方向，即顺时针和逆时针方向。

在 IE 9.0 中浏览的效果如图 7-21 所示，页面显示了一个实心圆，其颜色为黑色。

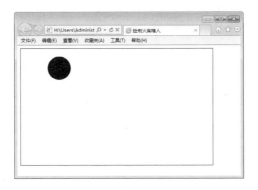

图 7-21　绘制头部轮廓

step 04　绘制笑脸，JavaScript 代码如下。

```
cxt.beginPath();
cxt.strokeStyle='#c00';
cxt.lineWidth=3;
cxt.arc(100,50,20,0,Math.PI,false);
cxt.stroke();
```

此处使用 beginPath()方法，表示重新绘制，并设定线条宽度；然后绘制了一个弧形，这个弧形是从嘴部开始的弧形。

在 IE 9.0 中浏览的效果如图 7-22 所示，页面上显示了一个漂亮的半圆式的笑脸。

图 7-22　绘制笑脸

step 05　绘制眼睛，JavaScript 代码如下。

```
cxt.beginPath();
cxt.fillStyle="#c00";
cxt.arc(90,45,3,0,Math.PI*2,true);
cxt.fill();
cxt.moveTo(113,45);
cxt.arc(110,45,3,0,Math.PI*2,true);
cxt.fill();
cxt.stroke();
```

首先创建了一个实体样式的眼睛，然后使用 moveto()方法平移后绘制右眼。在 IE 9.0 中浏览的效果如图 7-23 所示，页面中显示了一双眼睛。

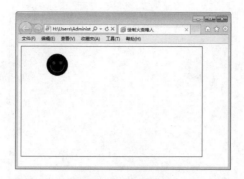

图 7-23　绘制眼睛

step 06 绘制身躯。

```
cxt.moveTo(100,80);
cxt.lineTo(100,150);
cxt.moveTo(100,100),
cxt.lineTo(60,120);
cxt.moveTo(100,100);
cxt.lineTo(140,120);
cxt.moveTo(100,150);
cxt.lineTo(80,190);
cxt.moveTo(100,150);
cxt.lineTo(140,190);
cxt.stroke();
```

上面代码以 moveTo()函数作为开始坐标，以 lineTo()函数为终点，绘制不同的直线，这些直线的坐标位置需要在不同地方汇集，两只手在坐标位置(100,100)处交叉，两只脚在坐标位置(100,150)处交叉。

在 IE 9.0 中浏览的效果如图 7-24 所示，页面中显示了一个火柴棒人，相比较图 7-23，多了一个身躯。

图 7-24　定义身躯

7.9　综合案例 2——绘制商标

绘制商标是 canvas 画布的用途之一，如可以绘制 Adidas 和 Nike 商标。Nike 的图标比 Adidas 复杂，Adidas 都是由直线组成，而 Nike 则多了曲线。实现 Nike 商标的步骤如下。

step 01 分析需求。

要绘制两条曲线，需要找到曲线的参考点(参考点决定了曲线的曲率)，这需要慢慢地移动，然后查看效果，并反复比较。quadraticCurveTo(30,79,99,78)函数有两组坐标：第一组坐标为控制点，决定曲线的曲率，第二组坐标为终点。

step 02 构建 HTML，实现 canvas 画布。

```html
<!DOCTYPE html>
<html>
<head>
<title>绘制商标</title>
</head>
<body>
<canvas id="adidas" width="375px" height="132px" style="border:1px solid
#000;"></canvas>
</body>
</html>
```

在 IE 9.0 中浏览的效果如图 7-25 所示，此时只显示一个画布边框，其内容还没有绘制。

图 7-25　定义画布边框

step 03 实现基本图形，JavaScript 代码如下。

```javascript
<script>
function drawAdidas(){
    //取得 convas 元素及其绘图上下文
    var canvas=document.getElementById('adidas');
    var context=canvas.getContext('2d');
    //保存当前绘图状态
    context.save();
    //开始绘制打钩的轮廓
    context.beginPath();
    context.moveTo(53,0);
    //绘制上半部分曲线，第一组坐标为控制点，决定曲线的曲率，第二组坐标为终点
    context.quadraticCurveTo(30,79,99,78);
    context.lineTo(371,2);
    context.lineTo(74,134);
    context.quadraticCurveTo(-55,124,53,0);
    //用红色填充
    context.fillStyle="#da251c";
    context.fill();
    //用 3 像素深红线条描边
    context.lineWidth=3;
    //连接处平滑
    context.lineJoin='round';
```

```
    context.strokeStyle="#d40000";
    context.stroke();
    //恢复原有绘图状态
    context.restore();
}
window.addEventListener("load",drawAdidas,true);
</script>
```

在 IE 9.0 中浏览的效果如图 7-26 所示，页面中显示了一个商标图案，颜色为红色。

图 7-26　绘制商标

7.10　高手甜点

甜点 1：<canvas>标记的宽度和高度，是否可以在 CSS 属性中定义？

在添加一个<canvas>标记的时候，会在<canvas>标记的属性里填写要初始化的<canvas>标记的高度和宽度，代码如下。

```
<canvas width="500" height="400">Not Supported!</canvas>
```

如果把高度和宽度写在了 CSS 里，结果发现在绘图的时候坐标获取出现差异，canvas.width 和 canvas.height 分别是 300 和 150，和预期的不一样。这是因为 canvas 要求这两个属性必须和<canvas>标记一起出现。

甜点 2：画布中 stroke 和 fill 二者的区别是什么？

HTML 5 中将图形分为两大类，第一类称作 stroke，就是轮廓、勾勒或者线条，总之，图形是由线条组成的；第二类称作 fill，就是填充区域。上下文对象中有两个绘制矩形的方法，可以让我们很好地理解这两大类图形的区别，一个是 strokeRect()方法，另一个是 fillRect()方法。

7.11　跟我练练手

练习 1：绘制基本形状。
练习 2：绘制渐变图形。
练习 3：绘制其他样式的图形。
练习 4：使用图像。
练习 5：图形的保存与恢复。

第 8 章

获取地理位置

根据访问者访问网站的方式，有多种获取地理位置的方法，本章主要介绍如何利用 Geolocation API 来获取地理位置。

学习目标(已掌握的在方框中打钩)

☐ 掌握 Geolocation API 获取地理位置的方法

☐ 掌握目前浏览器对地理定位的支持情况

☐ 掌握在网页中调用 Google 地图的方法

8.1　Geolocation API 获取地理位置

在 HTML 5 网页代码中，通过一些有用的 API，可以查找访问者当前的位置。本章节将详细学习地理定位的原理和获取地理位置的方法和技巧。

8.1.1　地理定位的原理

由于访问者浏览网站的方式不用，可以通过下列方式确定其位置。

- 如果网站浏览者使用计算机上网，通过获取浏览者的 IP 地址，从而确定其具体位置。
- 如果网站浏览者通过手机上网，通过获取浏览者的手机信号接收塔，从而确定其具体位置。
- 如果网站浏览者的设备上具有 GPS 硬件，通过获取 GPS 发出的载波信号，可以获取其具体位置。
- 如果网站浏览者通过无线上网，可以通过无线网络连接获取其具体位置。

 API 是应用程序的编程接口，是一些预先定义的函数，目的是提供应用程序与开发人员基于某软件或硬件的以访问一组例程的能力，而又无须访问源码或理解内部工作机制的细节。

8.1.2　获取定位信息的方法

在了解了地理定位的原理后，下面介绍获取定位信息的方法，根据访问者访问网站的方式，可以通过下列方法之一确定地理位置。

- 利用 IP 地址定位。
- 利用 GPS 功能定位。
- 利用 Wi-Fi 定位。
- 利用 Wi-Fi 和 GPRS 联合定位。
- 利用用户自定义定位数据定位。

使用上述的哪种方法将取决于浏览器和设备的功能，然后，浏览器确定位置并将其传输回地理位置，但需要注意的是无法保证返回的位置是设备的实际地理位置，因为这涉及个人隐私问题，并不是每个人都想与他人共享其地理位置。

8.1.3　常用地理定位方法

通过地理定位，可以确定用户的当前位置，并能获取用户地理位置的变化情况。其中，最常用的就是 API 中的 getCurrentPositon()方法。

getCurrentPositon()方法的语法格式如下。

```
void getCurrentPosition(successCallback, errorCallback, options);
```

其中 successCallback 参数是指在位置成功获取时用户想要调用的函数名称，errorCallback 参数是指在位置获取失败时用户想要调用的函数名称，options 参数指出地理定位时的属性设置。

 访问用户位置是耗时的操作，并且由于涉及个人隐私问题，还要取得用户的同意。

如果地理位置定位成功，新的 position 对象将调用 displayOnMap()函数，显示设备的当前位置。

那么 position 对象的含义是什么呢？作为地理定位的 API，position 对象包含位置确定时的时间戳(timestamp)和位置的坐标(coords)，具体语法格式如下。

```
Interface position
 {
readonly attribute Coordinates coords;
readonly attribute DOMTimeStamp timestamp;
};
```

8.1.4 案例1——判断浏览器是否支持 HTML 5 获取地理位置信息

在用户试图使用地理定位之前，应该先确保浏览器是否支持 HTML 5 获取地理位置信息。这里介绍判断的方法，具体代码如下。

```
function init()
if (navigator.geolocation) {
//获取当前地理位置信息
navigator.geolocation.getCurrentPosition(onSuccess, onError, options);
} else {
alert("你的浏览器不支持 HTML 5 来获取地理位置信息。");
}
```

该代码解释如下。

1. onSuccess()函数

该函数是获取当前位置信息成功时执行的回调函数。

在 onSuccess()回调函数中，用到了参数 position，代表一个具体的 position 对象，表示当前位置，其具有如下属性。

- latitude：当前地理位置的纬度。
- longitude：当前地理位置的经度。
- altitude：当前位置的海拔高度(不能获取时为 null)。
- accuracy：获取到的纬度和经度的精度(以米为单位)。
- altitudeAccuracy：获取到的海拔高度的经度(以米为单位)。
- heading：设备的前进方向。用面朝正北方向的顺时针旋转角度来表示(不能获取时为 null)。

- speed：设备的前进速度(以米/秒为单位，不能获取时为 null)。
- timestamp：获取地理位置信息时的时间。

2. onError()函数

该函数是获取当前位置信息失败时所执行的回调函数。

在 onError()回调函数中，用到了 error 参数，其具有如下属性。

- code：错误代码，有如下值。
  - ◆ 用户拒绝了位置服务(属性值为 1)。
  - ◆ 获取不到位置信息(属性值为 2)。
  - ◆ 获取信息超时错误(属性值为 3)。
- message：字符串，包含了具体的错误信息。

3. options 参数

options 是一些可选熟悉列表。在 options 参数中，可选属性如下。

- enableHighAccuracy：是否要求高精度的地理位置信息。
- timeout：设置超时时间(单位为毫秒)。
- maximumAge：对地理位置信息进行缓存的有效时间(单位为毫秒)。

8.1.5 案例2——指定纬度和经度坐标

对于地理定位成功后，将调用 displayOnMap()函数，语法格式如下。

```
function displayOnMap(position)
{
var latitude=position.coords.latitude;
var longitude=position.coords.longitude;
}
```

其中第 1 行函数从 position 对象获取 coordinates 对象，主要由 API 传递给程序调用。第 3 行和第 4 行中定义了两个变量，latitude 和 longitude 属性存储在定义的两个变量中。

为了在地图上显示用户的具体位置，可以利用地图网站的 API。下面以使用百度地图为例进行讲解，则需要使用 Baidu Maps JavaScript API。在使用此 API 前，需要在 HTML 5 页面中添加一个引用，具体代码如下。

```
<--baidu maps API>
<script
type="text/javascript"scr="http://api.map.baidu.com/api?key=*&v=1.0&services
=true">
</script>
```

其中*号代码注册到 key。注册 key 的方法是在 http: //openapi.baidu.com/map/index.html 网页中，注册百度地图 API，然后输入需要内置百度地图页面的 URL 地址，生成 API 密钥，然后将 key 文件复制保存。

虽然已经包含了 Baidu Maps JavaScript，但是页面中还不能显示内置的百度地图，还需要添加 HTML 语言，将地图从程序转化为对象，还需要加入以下源代码。

```
<script
type="text/javascript"scr="http://api.map.baidu.com/api?key=*&v=1.0&service
s=true">
</script>
<div style="width:600px;height:220px;border:1px solid gary;margin-
top:15px;" id="container">
</div>
<script type="text/javascript">
var map = new BMap.Map("container");
map.centerAndZoom(new BMap.Point(***,***),17);
map.addControl(new BMap.NavigationControl());
map.addControl(new BMap.ScaleControl());
map.addControl(new BMap.OverviewMapControl());
var local = new BMap.LocalSearch(map,
{
enderOptions:{map: map}
}
);
local.search("输入搜索地址");
</script>
```

上述代码分析如下。

- 其中前 2 行主要是把 Baidu Maps API 程序植入源码中。
- 第 3 行在页面中设置一个标签，包括宽度和长度，用户可以自己调整；border=1px 是定义外框的宽度为 1 个像素，solid 为实线，gray 为边框显示颜色，margin-top 为 该标签距离与上部的距离。
- 第 7 行为地图中自己位置的坐标。
- 第 8～10 行为植入地图缩放控制工具。
- 第 11～16 行为地图中自己的位置，只需在 local search 后输入自己的位置名称即可。

8.1.6 案例 3——获取当前位置的经度与纬度

如下代码为使用纬度和经度定位坐标的案例。

step 01 打开记事本文件，在其中输入如下代码。

```
<!DOCTYPE html>
<html>
<head>
<title>纬度和经度坐标</title>
<style>
body {background-color:#fff;}
</style>
</head>
<body>
<p id="geo_loc"><p>
<script>
function getElem(id) {
    return typeof id === 'string' ? document.getElementById(id) : id;
}

function show_it(lat, lon) {
```

```
    var str = '您当前的位置，纬度：' + lat + '，经度：' + lon;
    getElem('geo_loc').innerHTML = str;
}
if (navigator.geolocation) {
    navigator.geolocation.getCurrentPosition(function(position) {
        show_it(position.coords.latitude, position.coords.longitude);
    },
function(err) {
        getElem('geo_loc').innerHTML = err.code + "|" + err.message;
    });
} else {
    getElem('geo_loc').innerHTML = "您当前使用的浏览器不支持 Geolocation 服务";
}
</script>
</body>
</html>
```

step 02 使用 Opera 浏览器打开网页文件，由于使用 HTML 定位功能首先要由用户允许其位置共享才可获取地理位置信息，所以会弹出如图 8-1 所示提示框，选择【总是允许】选项，单击【确定】按钮。

图 8-1 提示框

step 03 此时将弹出地理位置共享条款对话框，选择接受条款，单击【接受】按钮，如图 8-2 所示。

图 8-2 选择接受条款

step 04 然后在页面中将显示当前页面打开时所处的地理位置，其位置为使用者的 IP 或
GPS 定位地址，如图 8-3 所示。

图 8-3　显示当前所处的地理位置

　　　　每次使用浏览器打开网页时都会提醒用户是否允许地理位置共享，为了安全性，
用户应当妥善使用地址共享功能。

8.2　浏览器对地理定位的支持情况

不同的浏览器版本对地理定位技术的支持情况是不同的，如表 8-1 所示为常见浏览器对
地理定位的支持情况。

表 8-1　常见的浏览器对地理定位支持情况

浏览器名称	支持 Web 存储技术的版本
Internet Explorer	Internet Explorer 9 及更高版本
Firefox	Firefox 3.5 及更高版本
Opera	Opera 10.6 及更高版本
Safari	Safari 5 及更高版本
Chrome	Chrome 5 及更高版本
Android	Android 2.1 及更高版本

8.3　综合案例——在网页中调用 Google 地图

本实例介绍如何在网页中调用 Google 地图，以获取当前设备物理地址的经度与纬度。具
体操作步骤如下。

step 01 调用 Google 地图，代码如下。

```
<!DOCTYPE html>
<head>
```

```
<title>获取当前位置并显示在 Google 地图上</title>
<script   type="text/javascript"   src="http://maps.google.com/maps/api/
js?sensor=false"></script>
<script type="text/javascript">
```

step 02 获取当前地理位置，代码如下。

```
navigator.geolocation.getCurrentPosition(function (position) {
var coords = position.coords;
//console.log(position);
```

step 03 设定地图参数，代码如下。

```
var latlng = new google.maps.LatLng(coords.latitude, coords.longitude);
var myOptions = {
zoom: 14,              //设定放大倍数
center: latlng,        //将地图中心点设定为指定的坐标点
mapTypeId: google.maps.MapTypeId.ROADMAP    //指定地图类型
};
```

step 04 创建地图并在页面中显示，代码如下。

```
var map = new google.maps.Map(document.getElementById("map"), myOptions);
```

step 05 在地图上创建标记，代码如下。

```
var marker = new google.maps.Marker({
position: latlng,    //将前面设定的坐标标注出来
map: map             //将该标注设置在刚才创建的 Map 中
});
```

step 06 创建窗体内的提示内容，代码如下。

```
var infoWindow = new google.maps.InfoWindow({
content: "当前位置：<br/>经度：" + latlng.lat() + "<br/>纬度：" +
latlng.lng() //提示窗体内的提示信息
});
```

step 07 打开提示窗口，代码如下。

```
infoWindow.open(map, marker);
},
```

step 08 根据需要再编写其他相关代码，如处理错误的方法和打开地图的大小等。查看
此时页面相应的 HTML 源代码如下。

```
<!DOCTYPE html>
<head>
<title>获取当前位置并显示在 Google 地图上</title>
<script   type="text/javascript"   src="http://maps.google.com/maps/api/
js?sensor=false"></script>
<script type="text/javascript">
function init() {
if (navigator.geolocation) {
//获取当前地理位置
navigator.geolocation.getCurrentPosition(function (position) {
var coords = position.coords;
```

```
//console.log(position);
//指定一个 Google 地图上的坐标点，同时指定该坐标点的横坐标和纵坐标
var latlng = new google.maps.LatLng(coords.latitude, coords.longitude);
var myOptions = {
zoom: 14,              //设定放大倍数
center: latlng,        //将地图中心点设定为指定的坐标点
mapTypeId: google.maps.MapTypeId.ROADMAP //指定地图类型
};
//创建地图，并在页面 map 中显示
var map = new google.maps.Map(document.getElementById("map"), myOptions);
//在地图上创建标记
var marker = new google.maps.Marker({
position: latlng,      //将前面设定的坐标标注出来
map: map               //将该标注设置在刚才创建的 Map 中
});
//标注提示窗口
var infoWindow = new google.maps.InfoWindow({
content: "当前位置：<br/>经度：" + latlng.lat() + "<br/>维度：" +
latlng.lng()           //提示窗体内的提示信息
});
//打开提示窗口
infoWindow.open(map, marker);
},
function (error) {
//处理错误
switch (error.code) {
case 1:
alert("位置服务被拒绝。");
break;
case 2:
alert("暂时获取不到位置信息。");
break;
case 3:
alert("获取信息超时。");
break;
default:
alert("未知错误。");
break;
}
});
} else {
alert("你的浏览器不支持 HTML 5 来获取地理位置信息。");
}
}
</script>
</head>
<body onload="init()">
<div id="map" style="width: 800px; height: 600px"></div>
</body>
</html>
```

step 09 保存网页后，即可查看最终效果，如图 8-4 所示。

图 8-4   程序运行结果

8.4   高手甜点

甜点 1：使用 HTML 5 Geolocation API 获得的用户地理位置一定精准吗？

不一定精准，因为该特性可能侵犯用户的隐私，除非用户同意，否则用户的位置信息是不可用的。

甜点 2：地理位置 API 可以在国际空间站上使用吗？可以在月球上或者其他星球上用吗？

地理位置标准是这样阐述的："地理坐标参考系的属性值来自大地测量系统(World Geodetic System (2d) [WGS84])。不支持其他参考系"。国际空间站位于地球轨道上，所以宇航员可以使用经纬度和海拔来描述其位置。但是，大地测量系统是以地球为中心的，因此也就不能使用这个系统来描述月球或者其他星球的位置了。

8.5   跟我练练手

练习 1：Geolocation API 获取地理位置。

练习 2：获取当前位置的经度与纬度。

练习 3：在网页中调用 Google 地图。

第 9 章

Web 通信新技术

　　本章主要学习 Web 通信新技术。其中包括跨文档消息传输的实现和 WebSocket 实时通信技术，通过本章的学习，可以更好地掌握跨域数据的通信技术，以及 Web 即时通信应用的实现，如 Web QQ 等。

学习目标(已掌握的在方框中打钩)

☐ 掌握跨文档消息的传输

☐ 掌握 WebSocket API 的使用

☐ 掌握编写简单 WebSocket 服务器的方法

9.1 跨文档消息传输

利用跨文档消息传输功能，可以在不同域、端口或网页文档之间进行消息的传递。本章节将详细讲述跨文档消息传输的基本知识和跨文档消息传输的方法和技巧。

9.1.1 跨文档消息传输的基本知识

利用跨文档消息传输可以实现跨域的数据推动，使服务器端不再被动地等待客户端的请求，只要客户端与服务器端建立了一次连接之后，服务器端就可以在需要的时候，主动地将数据推送到客户端，直到客户端显示关闭这个连接。

HTML 5 提供了在网页文档之间互相接收与发送消息的功能。使用这个功能，只要获取到网页所在页面对象的实例，不仅同域的 Web 网页之间可以互相通信，甚至可以实现跨域通信。

想要接收从其他文档那里发过来的消息，就必须对文档对象的 message 时间进行监视，实现代码如下。

```
window.addEventListener("message", function(){…}, false)。
```

想要发送消息，可以使用 window 对象的 postMessage()方法来实现，该方法的实现代码如下。

```
otherWindow.postMessage(message, targetOrigin)。
```

说明：postMessage 是 HTML 5 为了解决跨文档通信，特别引入的一个新的 API，目前支持这个 API 的浏览器有 IE(8.0 以上)、Firefox、 Opera、Safari 和 Chrome。

postMessage 允许页面中的多个 iframe/window 的通信，postMessage 也可以实现 AJAX 直接跨域，不通过服务器端代理。

9.1.2 案例 1——跨文档通信应用测试

下面来介绍一个跨文档通信的应用案例，其中主要使用 postMessage()方法来实现该案例。具体操作方法如下。

需要创建两个文档来实现跨文档的访问，名称分别为 9.1.html 和 9.2.html。

step 01 打开记事本文件，在其中输入以下代码，以创建用于实现信息发送的 9.1.html 文档，具体代码如下。

```
<!DOCTYPE HTML>
<html>
<head>
  <title>跨域文档通信 1</title>
  <meta charset="utf-8"/>
</head>
<script type="text/javascript">
  window.onload = function() {
```

```
      document.getElementById('title').innerHTML  =  ' 页 面 在 '  +
document.location.host + '域中,且每过1秒向9.2.html文档发送一个消息!';
//定时向另外一个不确定域的文件发送消息
setInterval(function(){
      var message = '消息发送测试!    ' + (new Date().getTime());
window.parent.frames[0].postMessage(message, '*');
},1000);
  };
</script>
<body>
<div id="title"></div>
</body>
</html>
```

step 02　保存记事本文件，然后使用浏览器打开该文件，最终效果如图 9-1 所示。

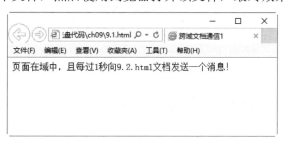

图 9-1　程序运行结果

step 03　打开记事本文件，在其中输入以下代码，以创建用于实现信息监听的 9.2.html 文档，具体代码如下。

```
<!DOCTYPE HTML>
<html>
<head>
  <title>跨域文档通信 2</title>
  <meta charset="utf-8"/>
</head>

<script type="text/javascript">
  window.onload = function() {

    document.getElementById('title').innerHTML  =  ' 页 面 在 '  +
document.location.host + '域中,且每过1秒向9.1.html文档发送一个消息! ';
    //定时向另外一个不同域的iframe发送消息
    setInterval(function(){
        var message = '消息发送测试!    ' + (new Date().getTime());
        window.parent.frames[0].postMessage(message, '*');
    },1000);

    var onmessage = function(e) {
      var data = e.data,p = document.createElement('p');
      p.innerHTML = data;
      document.getElementById('display').appendChild(p);
    };
    //监听postMessage消息事件
```

```
    if (typeof window.addEventListener != 'undefined') {
      window.addEventListener('message', onmessage, false);
    } else if (typeof window.attachEvent != 'undefined') {
      window.attachEvent('onmessage', onmessage);
    }

  };

</script>

<body>
<div id="title"></div>
<br>
<div id="display"></div>
</body>
</html>
```

step 04 在 IE 浏览器中运行 9.2.html 文件，效果如图 9-2 所示。

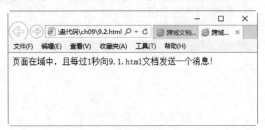

图 9-2　程序运行结果

在 9.1.html 文件中的 "window.parent.frames[0].postMessage(message, '*');" 语句中的 "*" 号表示不对访问的域进行判断。如果要加入特定域的限制，可以将代码改为 "window.parent.frames[0].postMessage(message, 'url');" 其中的 url 必须为完整的网站域名格式。而在信息监听接收方的 onmessage 中需要追加一个判断语句 "if(event.origin !== 'url') return;"。

 由于在实际通信时，应当实现双向的通信，所以在编写代码时，每一个文档中都应该具有发送信息和监听接收信息的模块。

9.2　WebSocket API 概述

HTML 5 中有一个很实用的新特性 WebSocket。浏览器通过 JavaScript 向服务器发出建立 WebSocket 连接的请求，连接建立以后，客户端和服务器端就可以通过 TCP 连接直接交换数据。本章节将详细学习 WebSocket 的使用方法和技巧。

9.2.1　什么是 WebSocket API

WebSocket API 是下一代客户端-服务器的异步通信方法。该通信取代了单个的 TCP 套接字，使用 ws 或 wss 协议，可用于任意的客户端和服务器程序。WebSocket 目前由 W3C 进行标准化，已经受到 Firefox 4、Chrome 4、Opera 10.70 以及 Safari 5 等浏览器的支持。

WebSocket API 最伟大之处在于服务器和客户端可以在给定的时间范围内的任意时刻，相互推送信息。WebSocket 并不限于以 AJAX(或 XHR)方式通信，因为 AJAX 技术需要客户端发起请求，而 WebSocket 服务器和客户端可以彼此相互推送信息；XHR 受到域的限制，而 WebSocket 允许跨域通信。

AJAX 技术很好的一点是没有设计要使用的方式。WebSocket 为指定目标创建，用于双向推送消息。

9.2.2　WebSocket 通信基础

1. 产生 WebSocket 的背景

随着即时通信系统的普及，基于 Web 的实时通信也变得普及，如新浪微博的评论、私信的通知，腾讯的 Web QQ 等，如图 9-3 所示。

图 9-3　腾讯 Web QQ 页面

在 WebSocket 出现之前，一般通过两种方式来实现 Web 实时应用：轮询机制和流技术，而其中的轮询机制又可分为普通轮询和长轮询(Coment)，分别介绍如下。

- 轮询：这是最早的一种实现实时 Web 应用的方案。客户端以一定的时间间隔向服务端发出请求，以频繁请求的方式来保持客户端和服务器端的同步。这种同步方案的缺点是，当客户端以固定频率向服务器发起请求的时候，服务器端的数据可能并没有更新，这样会带来很多无谓的网络传输，所以这是一种非常低效的实时方案。
- 长轮询：是对定时轮询的改进和提高，目的是为了降低无效的网络传输。当服务器端没有数据更新的时候，连接会保持一段时间周期直到数据或状态改变或者时间过期，通过这种机制来减少无效的客户端和服务器间的交互。当然，如果服务端的数据变更非常频繁的话，这种机制和定时轮询比较起来没有本质上的性能提高。

● 流：就是在客户端的页面，使用一个隐藏的窗口向服务端发出一个长连接的请求。服务器端接到这个请求后作出回应并不断更新连接状态以保证客户端和服务器端的连接不过期。通过这种机制可以将服务器端的信息源源不断地推向客户端。这种机制在用户体验上有一点问题，需要针对不同的浏览器设计不同的方案来改进用户体验，同时这种机制在并发比较大的情况下，对服务器端的资源是一个极大的考验。

上述 3 种方式实际看来都不是真实的实时通信技术，只是相对的模拟出来实时的效果，这种效果的实现对于编程人员来说无疑增加了复杂性，对于客户端和服务器端的实现都需要复杂的 HTTP 链接设计来模拟双向的实时通信。这种复杂的实现方法制约了应用系统的扩展性。

基于上述弊端，在 HTML 5 中增加了实现 Web 实时应用的技术 WebSocket。WebSocket 通过浏览器提供的 API 真正实现了具备像 C/S 架构下的桌面系统的实时通信能力。其原理是使用 JavaScript 调用浏览器的 API 发出一个 WebSocket 请求至服务器，经过一次握手，和服务器建立了 TCP 通信，因为其本质上是一个 TCP 连接，所以数据传输的稳定性较强且数据传输量比较小。由于 HTML 5 中 WebSocket 的实用，使其具备了 Web TCP 的称号。

2. WebSocket 技术的实现方法

WebSocket 技术本质上是一个基于 TCP 的协议技术，其建立通信链接的操作步骤如下。

`step 01` 为了建立一个 WebSocket 连接，客户端的浏览器首先要向服务器发起一个 HTTP 请求，这个请求和通常的 HTTP 请求有所差异，除了包含一般的头信息外，还有一个附加的信息 Upgrade: WebSocket，表明这是一个申请协议升级的 HTTP 请求。

`step 02` 服务器端解析这些附加的头信息，经过验证后，产生应答信息返回给客户端。

`step 03` 客户端接收返回的应答信息，建立与服务器端的 WebSocket 连接，之后双方就可以通过这个连接通道自由地传递信息，并且这个连接会持续存在，直到客户端或者服务器端的某一方主动关闭连接。

WebSocket 技术目前是属于比较新的技术，其版本更新较快，目前的最新版本基本上可以被 Chrome、FireFox、Opera 和 IE(9.0 以上)等浏览器支持。

在建立实时通信时，客户端发到服务器的内容如下。

```
GET /chat HTTP/1.1
Host: server.example.com
Upgrade: websocket
Connection: Upgrade
Sec-WebSocket-Key: dGhlIHNhbXBsZSBub25jZQ==
Origin: http://example.com
Sec-WebSocket-Protocol: chat, superchat8.Sec-WebSocket-Version: 13
```

从服务器返回到客户端的内容如下。

```
HTTP/1.1 101 Switching Protocols
Upgrade: websocket
Connection: Upgrade
Sec-WebSocket-Accept: s3pPLMBiTxaQ9kYGzzhZRbK+xOo=
Sec-WebSocket-Protocol: chat
```

说明：其中的 Upgrade:WebSocket 表示这是一个特殊的 HTTP 请求，请求的目的就是要将客户端和服务器端的通信协议从 HTTP 协议升级到 WebSocket 协议。其中客户端的 Sec-

WebSocket-Key 和服务器端的 Sec-WebSocket-Accept 就是重要的握手认证信息，实现握手后才可以进一步地进行信息的发送和接收。

9.2.3 案例 2——服务器端使用 WebSocket API

在实现 WebSocket 实时通信时，需要使客户端和服务器端建立连接，需要配置相应的内容，一般构建连接握手时，客户端的内容浏览器都可以代劳完成，主要实现的是服务器端的内容，下面来看一下 WebSocket API 的具体使用方法。

服务器端需要编程人员自己来实现，目前市场上可直接使用的开源方法比较多，主要有以下 5 种。

- Kaazing WebSocket Gateway：是一个 Java 实现的 WebSocket Server。
- mod_pywebsocket：是一个 Python 实现的 WebSocket Server。
- Netty：是一个 Java 实现的网络框架，其中包括了对 WebSocket 的支持。
- node.js：是一个 Server 端的 JavaScript 框架，提供了对 WebSocket 的支持。
- WebSocket4Net：是一个.NET 的服务器端实现。

除了使用以上开源的方法外，自己编写一个简单的服务器端也是可以的。其中服务器端需要实现握手、接收和发送 3 个内容。

下面就来详细介绍一下操作方法。

1. 握手

在实现握手时需要通过 Sec-WebSocket 信息来实现验证。使用 Sec-WebSocket-Key 和一个随机值构成一个新的 key 串，然后将新的 key 串 SHA1 编码，生成一个由多组两位十六进制数构成的加密串；最后再把加密串进行 base64 编码生成最终的 key，这个 key 就是 Sec-WebSocket- Accept。

实现 Sec-WebSocket-Key 运算的实例代码如下。

```
/// <summary>
/// 生成 Sec-WebSocket-Accept
/// </summary>
/// <param name="handShakeText">客户端握手信息</param>
/// <returns>Sec-WebSocket-Accept</returns>
private static string GetSecKeyAccetp(byte[] handShakeBytes,int bytesLength)
{
    string handShakeText = Encoding.UTF8.GetString(handShakeBytes, 0,
bytesLength);
    string key = string.Empty;
    Regex r = new Regex(@"Sec\-WebSocket\-Key:(.*?)\r\n");
    Match m = r.Match(handShakeText);
    if (m.Groups.Count != 0)
    {
key = Regex.Replace(m.Value, @"Sec\-WebSocket\-Key:(.*?)\r\n", "$1").Trim();
    }
    byte[] encryptionString = SHA1.Create().ComputeHash
(Encoding.ASCII.GetBytes(key + "258EAFA5-E914-47DA-95CA-C5AB0DC85B11"));
    return Convert.ToBase64String(encryptionString);
}
```

2. 接收

如果握手成功，将会触发客户端的 onopen 事件，进而解析接收的客户端信息。在进行数据信息解析时，会将数据以字节和比特的方式拆分，并按照以下规则进行解析。

(1) 第 1byte

- 1bit：frame-fin，x0 表示该 message 后续还有 frame；x1 表示是 message 的最后一个 frame。
- 3bit：分别是 frame-rsv1、frame-rsv2 和 frame-rsv3，通常都是 x0。
- 4bit：frame-opcode，x0 表示是延续 frame；x1 表示文本 frame；x2 表示二进制 frame；x3~x7 保留给非控制 frame；x8 表示关闭连接；x9 表示 ping；xA 表示 pong；xB-F 保留给控制 frame。

(2) 第 2byte

- 1bit: Mask，1 表示该 frame 包含掩码；0，表示无掩码。
- 7bit、7bit+2byte、7bit+8byte：7bit 取整数值，若在 0~145 之间，则是负载数据长度；若是 146，表示后两个 byte 取无符号 16 位整数值，是负载长度；147 表示后 8 个 byte，取 64 位无符号整数值，是负载长度。

(3) 第 3~6byte

这里假定负载长度在 0~145 之间，并且 Mask 为 1，则这 4 个 byte 是掩码。

(4) 第 7~end byte

长度是上面取出的负载长度，包括扩展数据和应用数据两部分，通常没有扩展数据；若 Mask 为 1，则此数据需要解码，解码规则为 1~4byte 掩码循环和数据 byte 做异或操作。

实现数据解析的代码如下。

```
/// <summary>
/// 解析客户端数据包
/// </summary>
/// <param name="recBytes">服务器接收的数据包</param>
/// <param name="recByteLength">有效数据长度</param>
/// <returns></returns>
private static string AnalyticData(byte[] recBytes, int recByteLength)
{
    if (recByteLength < 2) { return string.Empty; }
    bool fin = (recBytes[0] & 0x80) == 0x80; // 1bit, 1 表示最后一帧
    if (!fin){
return string.Empty;// 超过一帧暂不处理
    }
    bool mask_flag = (recBytes[1] & 0x80) == 0x80; // 是否包含掩码
    if (!mask_flag){
return string.Empty;                            // 不包含掩码的暂不处理
    }
    int payload_len = recBytes[1] & 0x7F;           // 数据长度
    byte[] masks = new byte[4];
    byte[] payload_data;
    if (payload_len == 146){
Array.Copy(recBytes, 4, masks, 0, 4);
payload_len = (UInt16)(recBytes[2] << 8 | recBytes[3]);
```

```
payload_data = new byte[payload_len];
Array.Copy(recBytes, 8, payload_data, 0, payload_len);
    }else if (payload_len == 147){
Array.Copy(recBytes, 10, masks, 0, 4);
byte[] uInt64Bytes = new byte[8];
for (int i = 0; i < 8; i++){
    uInt64Bytes[i] = recBytes[9 - i];
}
UInt64 len = BitConverter.ToUInt64(uInt64Bytes, 0);
payload_data = new byte[len];
for (UInt64 i = 0; i < len; i++){
    payload_data[i] = recBytes[i + 14];
}
    }else{
Array.Copy(recBytes, 2, masks, 0, 4);
payload_data = new byte[payload_len];
Array.Copy(recBytes, 6, payload_data, 0, payload_len);
    }
    for (var i = 0; i < payload_len; i++){
payload_data[i] = (byte)(payload_data[i] ^ masks[i % 4]);
    }
    return Encoding.UTF8.GetString(payload_data);56.}
```

3. 发送数据

服务器端接收并解析了客户端发来的信息后，要返回回应信息，服务器发送的数据以 0x81 开头，紧接发送内容的长度，最后是内容的 byte 数组。

实现数据发送的代码如下。

```
/// <summary>
/// 打包服务器数据
/// </summary>
/// <param name="message">数据</param>
/// <returns>数据包</returns>
private static byte[] PackData(string message)
{
    byte[] contentBytes = null;
    byte[] temp = Encoding.UTF8.GetBytes(message);
    if (temp.Length < 146){
contentBytes = new byte[temp.Length + 2];
contentBytes[0] = 0x81;
contentBytes[1] = (byte)temp.Length;
Array.Copy(temp, 0, contentBytes, 2, temp.Length);
    }else if (temp.Length < 0xFFFF){
contentBytes = new byte[temp.Length + 4];
contentBytes[0] = 0x81;
contentBytes[1] = 146;
contentBytes[2] = (byte)(temp.Length & 0xFF);
contentBytes[3] = (byte)(temp.Length >> 8 & 0xFF);
Array.Copy(temp, 0, contentBytes, 4, temp.Length);
    }else{
// 暂不处理超长内容
    }
    return contentBytes;
}
```

9.2.4 案例3——客户机端使用 WebSocket API

一般浏览器提供的 API 就可以直接用来实现客户端的握手操作了，在应用时直接使用 JavaScript 来调用即可。

客户端调用浏览器 API，实现握手操作的 JavaScript 代码如下。

```
var wsServer = 'ws://localhost:8888/Demo';    //服务器地址
var websocket = new WebSocket(wsServer);       //创建 WebSocket 对象
websocket.send("hello");                       //向服务器发送消息
alert(websocket.readyState);                   //查看 WebSocket 当前状态
websocket.onopen = function (evt) {            //已经建立连接
};
websocket.onclose = function (evt) {          //已经关闭连接
};
websocket.onmessage = function (evt) {        //收到服务器消息，使用 evt.data 提取
};
websocket.onerror = function (evt) {          //产生异常
};
```

9.3 综合案例——编写简单的 WebSocket 服务器

在 9.2 节中介绍了 WebSocket API 的原理及基本使用方法，提到在实现通信时关键要配置的是 WebSocket 服务器，下面就来介绍一个简单的 WebSocket 服务器编写方法。

为了实现操作，这里配合编写一个客户端文件，以测试服务器的实现效果。

step 01 首先编写客户端文件，其文件代码如下。

```
<html>
<head>
     <meta charset="UTF-8">
   <title>WebSocket test</title>
   <script src="jquery-min.js" type="text/javascript"></script>
   <script type="text/javascript">
     var ws;
     function ToggleConnectionClicked() {
        try {
        ws = new WebSocket("ws://192.168.1.101:1818/chat");//连接服务器
           ws.onopen = function(event){alert("已经与服务器建立了连接\r\n
当前连接状态: "+this.readyState);};
           ws.onmessage = function(event){alert("接收到服务器发送的数据:
\r\n"+event.data);};
           ws.onclose = function(event){alert("已经与服务器断开连接\r\n
当前连接状态: "+this.readyState);};
           ws.onerror = function(event){alert("WebSocket 异常! ");};
           } catch (ex) {
        alert(ex.message);
           }
     };
```

```
        function SendData() {
           try{
           ws.send("jane");
           }catch(ex){
           alert(ex.message);
           }
        };
           function seestate(){
           alert(ws.readyState);
           }
    </script>
</head>
<body>
  <button id='ToggleConnection' type="button" onclick=
'ToggleConnectionClicked();'>与服务器建立连接</button><br /><br />
    <button id='ToggleConnection' type="button" onclick='SendData();'>发
送信息：我的名字是jane</button><br /><br />
    <button id='ToggleConnection' type="button" onclick='seestate();'>查
看当前状态</button><br /><br />
</body>
</html>
```

程序运行效果如图 9-4 所示。

图 9-4　程序运行结果

　其中 ws.onopen、ws.onmessage、ws.onclose 和 ws.onerror 对应了 4 种状态的提示信息。在连接服务器时，需要在代码中指定服务器的连接地址，测试时将 IP 地址改为本机 IP 即可。

step 02　服务器程序可以使用.NET 等实现编辑，编辑后服务器端的主程序代码如下。

```
using System;
using System.Net;
using System.Net.Sockets;
using System.Security.Cryptography;
using System.Text;
using System.Text.RegularExpressions;
namespace WebSocket
{
    class Program
```

```
    {
        static void Main(string[] args)
        {
            int port = 2828;
            byte[] buffer = new byte[1024];
            IPEndPoint localEP = new IPEndPoint(IPAddress.Any, port);
            Socket  listener  =  new  Socket(localEP.Address.AddressFamily,
SocketType.Stream,ProtocolType.Tcp);
            try{
                listener.Bind(localEP);
                listener.Listen(10);
                Console.WriteLine("等待客户端连接…");
                Socket sc = listener.Accept();//接收一个连接
                Console.WriteLine("接收到了客户端: "+
                    sc.RemoteEndPoint.ToString()+"连接…");
                //握手
                int length = sc.Receive(buffer);//接收客户端握手信息
                sc.Send(PackHandShakeData(GetSecKeyAccetp(buffer,length)));
                Console.WriteLine("已经发送握手协议了…");
                //接收客户端数据
                Console.WriteLine("等待客户端数据…");
                length = sc.Receive(buffer);//接收客户端信息
                string clientMsg=AnalyticData(buffer, length);
                Console.WriteLine("接收到客户端数据: " + clientMsg);
                //发送数据
                string sendMsg = "您好, " + clientMsg;
                Console.WriteLine("发送数据: ""+sendMsg+"" 至客户端…");
                sc.Send(PackData(sendMsg));
                Console.WriteLine("演示 Over!");
            }
            catch (Exception e)
            {
                Console.WriteLine(e.ToString());
            }
        }
…
…
…

    /// <summary>
    /// 打包服务器数据
    /// </summary>
    /// <param name="message">数据</param>
    /// <returns>数据包</returns>
    private static byte[] PackData(string message)
    {
        byte[] contentBytes = null;
        byte[] temp = Encoding.UTF8.GetBytes(message);
        if (temp.Length < 146){
            contentBytes = new byte[temp.Length + 2];
            contentBytes[0] = 0x81;
            contentBytes[1] = (byte)temp.Length;
           Array.Copy(temp, 0, contentBytes, 2, temp.Length);
        }else if (temp.Length < 0xFFFF){
            contentBytes = new byte[temp.Length + 4];
            contentBytes[0] = 0x81;
```

```
        contentBytes[1] = 146;
        contentBytes[2] = (byte)(temp.Length & 0xFF);
        contentBytes[3] = (byte)(temp.Length >> 8 & 0xFF);
        Array.Copy(temp, 0, contentBytes, 4, temp.Length);
    }else{
        // 暂不处理超长内容
    }
    return contentBytes;
    }
  }
}
```

由于代码内容较多，中间部分内容省略，编辑后保存服务器文件目录。

step 03 测试服务器和客户端的连接通信，首先打开服务器，运行随书光盘 ch09\9.3\WebSocket-Server\WebSocket\obj\x86\Debug\WebSocket.exe 文件，提示等待客户端连接，效果 9-5 所示。

step 04 运行客户端文件(ch09\9.3\WebSocket-Client\index.html)，效果如图 9-6 所示。

图 9-5　等待客户端连接

图 9-6　程序运行结果

step 05 单击【与服务器链接】按钮，服务器端显示已经建立连接，客户端提示连接建立，且状态为 1，效果如图 9-7 所示。

图 9-7　程序运行结果

step 06 单击【发送消息】按钮，自服务器端返回信息，提示"您好，jane"，如图 9-8 所示。

图9-8　程序运行结果

9.4　高手甜点

甜点1：WebSocket 将会替代什么？

WebSocket 可以替代 Long Polling(PHP 服务端推送技术)。客户端发送一个请求到服务器，现在，服务器端并不会响应还没准备好的数据，它会保持连接的打开状态直到最新的数据准备发送就绪，之后客户端收到数据，然后发送另一个请求。Long-Polling 的好处在于减少任一连接的延迟，当一个连接已经打开时就不需要创建另一个新的连接。但是 Long-Polling 并不是什么"花哨"技术，其仍有可能发生请求暂停，因此会需要建立新的连接。

甜点2：WebSocket 的优势在哪里？

它可以实现真正的实时数据通信。众所周知，B/S 模式下应用的是 HTTP 协议，是无状态的，所以不能保持持续地连接。数据交换是通过客户端提交一个 Request 到服务器端，然后服务器端返回一个 Response 到客户端来实现的。而 WebSocket 则通过 HTTP 协议的初始握手阶段然后升级到 WebSocket 协议以支持实时数据通信。

WebSocket 可以支持服务器主动向客户端推送数据。一旦服务器和客户端通过 WebSocket 建立起连接，服务器便可以主动向客户端推送数据，而不像普通的 Web 传输方式需要先由客户端发送 Request 才能返回数据，从而增强了服务器的能力。

WebSocket 协议设计了更为轻量级的 Header，除了首次建立连接的时候需要发送头部和普通 Web 连接类似的数据之外，建立 WebSocket 连接后，相互沟通的 Header 会非常简洁，大大减少了冗余的数据传输。

WebSocket 提供了更为强大的通信能力和更为简洁的数据传输平台，能更方便地完成 Web 开发中的双向通信功能。

9.5　跟我练练手

练习1：跨文档消息传输。
练习2：编写简单的 WebSocket 服务器。

第 10 章

构建离线的 Web 应用

网页离线应用程序是实现离线 Web 应用的重要技术，目前已有的离线 Web 应用程序很多。通过本章的学习，读者能够掌握 HTML 5 离线应用程序的基础知识，了解离线应用程序的实现方法。

学习目标(已掌握的在方框中打钩)

- ☐ 了解 HTML 5 离线 Web 的应用概述
- ☐ 掌握使用 HTML 5 离线 Web 应用 API 的方法
- ☐ 掌握使用 HTML 5 离线 Web 应用构建应用的方法
- ☐ 掌握离线定位跟踪的方法

10.1 HTML 5 离线 Web 应用概述

在 HTML 5 中，新增了本地缓存，也就是 HTML 离线 Web 应用，主要是通过应用程序缓存整个离线网站的 HTML、CSS、JavaScript、网站图像和资源。当服务器没有和 Internet 建立连接的时候，也可以利用本地缓存中的资源文件来正常运行 Web 应用程序。

另外，如果网站发生了变化，应用程序缓存将重新加载变化的数据文件。

浏览器网页缓存与本地缓存的主要区别如下。

● 浏览器网页缓存主要是为了加快网页加载的速度，所以会对每一个打开的网页都进行缓存操作，而本地缓存是为整个 Web 应用程序服务的，只缓存那些指定缓存的网页。

● 在网络连接的情况下，浏览器网页缓存一个页面的所有文件，但是一旦离线，用户单击链接时，将会得到一个错误消息。而本地缓存在离线时，仍然可以正常访问。

● 对于网页浏览者而言，浏览器网页缓存了哪些内容和资源，这些内容是否安全可靠等都不知道；而本地缓存的页面是编程人员指定的内容，所以在安全方面相对可靠了许多。

10.2 使用 HTML 5 离线 Web 应用 API

离线 Web 应用较为普遍，下面来详细介绍离线 Web 应用的构成与实现方法。

10.2.1 案例 1——检查浏览器的支持情况

不同的浏览器版本对 Web 离线应用技术的支持情况是不同的，如表 10-1 所示为常见浏览器对 Web 离线应用的支持情况。

表 10-1　浏览器对 Web 离线应用的支持情况表

浏览器名称	支持 Web 存储技术的版本情况
Internet Explorer	Internet Explorer 9 及更低版本目前尚不支持
Firefox	Firefox 3.5 及更高版本
Opera	Opera 10.6 及更高版本
Safari	Safari 4 及更高版本
Chrome	Chrome 5 及更高版本
Android	Android 2.0 及更高版本

使用离线 Web 应用 API 前最好先检查浏览器是否支持。检查浏览器是否支持的代码如下。

```
if(windows.applicationcache){
//浏览器支持离线应用}
```

10.2.2　案例2——搭建简单的离线应用程序

为了使一个包含 HTML 文档、CSS 样式表和 JavaScript 脚本文件的单页面应用程序支持离线应用，需要在 HTML 5 元素中加入 manifest 特性。具体实现代码如下。

```
<!doctype html>
<html manifest="123.manifest">

</html>
```

执行以上代码可以提供一个存储的缓存空间，但是还不能完成离线应用程序的使用，需要指明哪些资源可以享用这些缓存空间，即需要提供一个缓冲清单文件。具体实现代码如下。

```
CHCHE MANIFEST
index.html
123.js
123.css
123.gif
```

以上代码中指明了 4 种类型的资源对象文件构成缓冲清单。

10.2.3　案例3——支持离线行为

要支持离线行为，首先要能够判断网络连接状态，在 HTML 5 中引入了一些判断应用程序网络连接是否正常的新的事件。对应应用程序的在线状态和离线状态会有不同的行为模式。

用于实现在线状态监测的是 window.navigator 对象的属性。其中的 navigator.online 属性是一个标明浏览器是否处于在线状态的布尔属性，当 online 值为 true 时，并不能保证 Web 应用程序在用户的机器上一定能访问到相应的服务器，而当其值为 false 时，不管浏览器是否真正联网，应用程序都不会尝试进行网络连接。

监测页面状态是在线还是离线的具体代码如下。

```
//页面加载的时候，设置状态为 online 或 offline
Function loaddemo(){
  If (navigator.online) {
    Log("online");
} else {
  Log("offline");
}
}
//添加事件监听器，在线状态发生变化时，触发相应动作
Window.addeventlistener("online",function€{
}, true);

Window.addeventlistener("offline",function(e) {
  Log("offline");
},true);
```

 上述代码可以在 Internet Explorer 浏览器中使用。

10.2.4 案例4——Manifest 文件

那么客户端的浏览器是如何知道应该缓存哪些文件呢?这就需要依靠 manifest 文件来管理。manifest 文件是一个简单的文本文件,在该文件中以清单的形式列举了需要被缓存或不需要被缓存的资源文件的文件名称,以及这些资源文件的访问路径。

manifest 文件把指定的资源文件类型分为 3 类,分别是 CACHE、NETWORK 和 FALLBACK。这 3 类的含义分别如下。

- CACHE 类别:该类别指定需要被缓存在本地的资源文件。这里需要特别注意的是:如果为某个页面指定需要本地缓存的资源文件时,不需要把这个页面本身指定在 CACHE 类型中,因为如果一个页面具有 manifest 文件,浏览器会自动对这个页面进行本地缓存。

- NETWORK 类别:该类别为不进行本地缓存的资源文件,这些资源文件只有当客户端与服务器端建立连接的时候才能访问。

- FALLBACK 类别:该类别中指定两个资源文件,其中一个资源文件为能够在线访问时使用的资源文件,另一个资源文件为不能在线访问时使用的备用资源文件。

以下是一个简单的 manifest 文件的内容。

```
CACHE MANIFEST
#文件的开头必须是CACHE MANIFEST
CACHE:
10.1.html
myphoto.jpg
10.php
NETWORK:
http://www.baidu.com/xxx
feifei.php
FALLBACK:
online.js locale.js
```

上述代码含义分析如下。

- 指定资源文件,文件路径可以是相对路径,也可以是绝对路径。指定时每个资源文件为独立的一行。

- 第一行必须是 CACHE MANIFEST,此行的作用告诉浏览器需要对本地缓存中的资源文件进行具体设置。

- 每一个类型都是必须出现,而且同一个类别可以重复出现。如果文件开头没有指定类别而直接书写资源文件的时候,浏览器把这些资源文件视为 CACHE 类别。

- 在 manifest 文件中,注释行以 "#" 开始,主要用于进行一些必要的说明或解释。

为单个网页添加 manifest 文件时,需要在 Web 应用程序页面上的 HTML 元素的 manifest 属性中,指定 manifest 文件的 URL 地址。具体代码如下。

```
<html manifest="123.manifest">
</html>
```

添加上述代码后，浏览器就能够正常地阅读该文本文件。

 提示　　用户可以为每一个页面单独指定一个 manifest 文件，也可以对整个 Web 应用程序指定一个总的 manifest 文件。

上述操作完成后，即可实现资源文件缓存到本地。当要对本地缓存区的内容进行修改时，只需要修改 manifest 文件。文件被修改后，浏览器可以自动检查 manifest 文件，并自动更新本地缓存区中的内容。

10.2.5　案例 5——Application Cache API

传统的 Web 程序中浏览器也会对资源文件进行 Cache，但并不是很可靠，有时起不到预期的效果。而 HTML 5 中的 Application Cache 支持离线资源的访问，为离线 Web 应用的开发提供了可能。

使用 Application Cache API 的好处有以下几点。

● 用户可以在离线时继续使用。

● 缓存到本地，节省带宽，加速用户体验的反馈。

● 减轻服务器的负载。

ApplicationCache API 是一个操作应用缓存的接口，是 Windows 对象的直接子对象 window.applicationcache。window.applicationcache 对象可触发一系列与缓存状态相关的事件，具体事件如表 10-2 所示。

表 10-2　window.applicationcache 对象事件表

事　件	接　口	触发条件	后续事件
checking	Event	用户代理检查更新或者在第一次尝试下载 manifest 文件的时候，本事件往往是事件队列中第一个被触发的	noupdate, downloading, obsolete, error
noupdate	Event	检测出 manifest 文件没有更新	无
downloading	Event	用户代理发现更新并且正在获取资源，或者第一次下载 manifest 文件列表中列举的资源	progress, error, cached, updateready
progress	Progress Event	用户代理正在下载资源 manifest 文件中需要缓存的资源	progress, error, cached, updateready
cached	Event	manifest 中列举的资源已经下载完成，并且已经缓存	无
updateready	Event	manifest 中列举的文件已经重新下载并更新成功，接下来 JavaScript 可以使用 swapCache()方法更新到应用程序中	无
obsolete	Event	manifest 的请求出现 404 或者 410 错误，应用程序缓存被取消	无

此外，没有可用更新或者发生错误时，还有一些表示更新状态的事件如下。

```
Onerror
Onnoupdate
Onprogress
```

该对象有一个数值型属性 window.applicationcache.status，代表了缓存的状态。缓存状态共有 6 种，如表 10-3 所示。

表 10-3　缓存的状态表

数值型属性	缓存状态	含　义
0	UNCACHED	未缓存
1	IDLE	空闲
2	CHECKING	检查中
3	DOWNLOADING	下载中
4	UPDATEREADY	更新就绪
5	OBSOLETE	过期

window.applicationcache 有 3 个方法，如表 10-4 所示。

表 10-4　window.applicationcache 方法表

方　法　名	描　　述
update()	发起应用程序缓存下载进程
abort()	取消正在进行的缓存下载
swapcache()	切换成本地最新的缓存环境

说明：调用 update()方法会请求浏览器更新缓存，包括检查新版本的 manifest 文件并下载必要的新资源。如果没有缓存或者缓存已过期，则会抛出错误。

10.3　使用 HTML 5 离线 Web 应用构建应用

下面结合上述内容的学习来构建一个离线 Web 应用程序，具体内容如下。

10.3.1　案例6——创建记录资源的 manifest 文件

首先要创建一个缓冲清单文件 123.manifest，文件中列出了应用程序需要缓存的资源。具体实现代码如下。

```
CACHE MANIFEST
# javascript
./offline.js
#./123.js
./log.js
```

```
#stylesheets
./CSS.css

#images
```

10.3.2　案例 7——创建构成界面的 HTML 和 CSS

下面来实现网页结构，其中需要指明程序中用到的 JavaScript 文件和 CSS 文件，并且还要调用 manifest 文件。具体实现代码如下。

```
<!DOCTYPE html >
<html lang="en" manifest="123.manifest">
<head>
<title>创建构成界面的 HTML 和 CSS</title>
<script src="log.js"></script>
<script src="offline.js"></script>
<script src="123.js"></script>
<link rel="stylesheet" href="CSS.css" />
</head>

<body>
    <header>
    <h1>Web 离线应用</h1>
    </header>
    <section>
    <article>
       <button id="installbutton">check for updates</button>
       <h3>log</h3>
       <div id="info">
       </div>
       </article>
    </section>
</body>
</html>
```

 注意　上述代码中有两点需要注意，其一，因为使用了 manifest 特性，所以 HTML 元素不能省略(为了使代码简洁，HTML 5 中允许省略不必要的 HTML 元素)；其二，代码中引入了按钮，其功能是允许用户手动安装 Web 应用程序，以支持离线情况。

10.3.3　案例 8——创建离线的 JavaScript

在网页设计中经常会用到 JavaScript 文件，该文件通过<script>标签引入网页。在执行离线 Web 应用时，这些 JavaScript 文件也会一并存储到缓存中。

```
<offline.js>
/*
 *记录 window.applicationcache 触发的每一个事件
 */

window.applicationcache.onchecking =
```

```
function(e) {
    log("checking for application update");
    }
window.applicationcache.onupdateready =
function(e) {
    log("application update ready");
    }
window.applicationcache.onobsolete =
function(e) {
    log("application obsolete");
    }
window.applicationcache.onnoupdate =
function(e) {
    log("no application update found");
    }
window.applicationcache.oncached =
function(e) {
    log("application cached");
    }
window.applicationcache.ondownloading =
function(e) {
    log("downloading application update");
    }
window.applicationcache.onerror =
function(e) {
    log("online");
    }, true);
/*
 *将 applicationcache 状态代码转换成消息
 */
 showcachestatus = function(n) {
    statusmessages = ["uncached","idle","checking","downloading","update
ready","obsolete"];
    return statusmessages[n];
}
install = function(){
    log("checking for updates");
    try {
    window.applicationcache.update();
    } catch (e) {
        applicationcache.onerror();
    }
  }
onload = function(e) {
    //检测所需功能的浏览器支持情况
    if(!window.applicationcache) {
    log("HTML 5 offline applications are not supported in your browser.");
        return;
    }
    if(!window.localstorage) {
    log("HTML 5 local storage not supported in your browser.");
        return;
    }
    if(!navigator.geolocation) {
```

```
    log("HTML 5 geolocation is not supported in your browser.");
      return;
    }
    log("initial cache status: " +
showcachestatus(window.applicationcache.status));
    document.getelementbyid("installbutton").onclick = checkfor;
}

<log.js>
log = function() {
    var p = document.createelement("p");
    var message = array.prototype.join.call(arguments," ");
    p.innerhtml = message
    document.getelementbyid("info").appendchild(p);
}
```

10.3.4　案例 9——检查 applicationCache 的支持情况

applicationCache 对象并非所有浏览器都可以支持，所以在编辑时需要加入浏览器支持性检测功能，并提醒浏览者页面无法访问是浏览器兼容问题。具体实现代码如下。

```
onload = function(e) {
  // 检测所需功能的浏览器支持情况
  if (!window.applicationcache) {
   log("您的浏览器不支持 HTML 5 Offline Applications ");
   return;
  }
  if (!window.localStorage) {
   log("您的浏览器不支持 HTML 5 Local Storage  ");
   return;
  }
if (!window.WebSocket) {
   log("您的浏览器不支持 HTML 5 WebSocket ");
   return;
  }
if (!navigator.geolocation) {
   log("您的浏览器不支持 HTML 5 Geolocation ");
   return;
  }
   log("lnitial cache status:" +
showCachestatus(window.applicationcache.status));
  document.getelementbyld("installbutton").onclick = install;
}
```

10.3.5　案例 10——为 Update 按钮添加处理函数

下面来设置 Update 按钮的行为函数，该函数功能为执行更新应用缓存。具体实现代码如下。

```
Install = function() {
    Log("checking for updates");
```

```
    Try {
        Window.applicationcache.update();
    } catch (e) {
        Applicationcache.onerror():
    }
}
```

说明：单击按钮后将检查缓存区，并更新需要更新的缓存资源。当所有可用更新都下载完毕之后，将向用户界面返回一条应用程序安装成功的提示信息，接下来用户就可以在离线模式下运行了。

10.3.6　案例 11——添加 storage 功能代码

当应用程序处于离线状态时，需要将数据更新写入本地存储，本实例使用 storage 实现该功能，因为当上传请求失败后可以通过 storage 得到恢复。如果应用程序遇到某种原因导致的网络错误，或者应用程序被关闭的时候，数据会被存储以便下次再进行传输。

实现 storage 功能的具体代码如下。

```
Var storelocation =function(latitude, longitude){
//加载 localstorage 的位置列表
Var locations = json.pares(localstorage.locations || "[]");
//添加地理位置数据
Locations.push({"latitude" : latitude, "longitude" : longitude});
//保存新的位置列表
Localstorage。 Locations = json.stringify(locations);
```

由于 localstorage 可以将数据存储在本地浏览器中，特别适用于具有离线功能的应用程序，所以本实例中使用其来保存坐标。本地存储中的缓存数据在网络连接恢复正常后，应用程序会自动与远程服务器进行数据同步。

10.3.7　案例 12——添加离线事件处理程序

对于离线 Web 应用程序，在使用时要结合当前状态执行特定的事件处理程序，本实例中的离线事件处理程序设计如下。

（1）　如果应用程序在线，事件处理函数会存储并上传当前坐标。

（2）　如果应用程序离线，事件处理函数只存储不上传。

（3）　当应用程序重新连接到网络后，事件处理函数会在 UI 上显示在线状态，并在后台上传之前存储的所有数据。

具体实现代码如下。

```
Window.addeventlistener("online", function(e){
    Log("online");
}, true);
Window.addeventlistener("offline", function(e) {
    Log("offline");
}, true);
```

如果网络连接状态在应用程序没有真正运行的时候可能会发生改变。例如，用户关闭了浏览器，刷新页面或跳转到了其他网站。为了应对这些情况，离线应用程序在每次页面加载时都会检查与服务器的连接状况。如果连接正常，会尝试与远程服务器同步数据。

```
If(navigator.online){
  Uploadlocations();
}
```

最后，在 IE 浏览器中预览效果如图 10-1 所示。

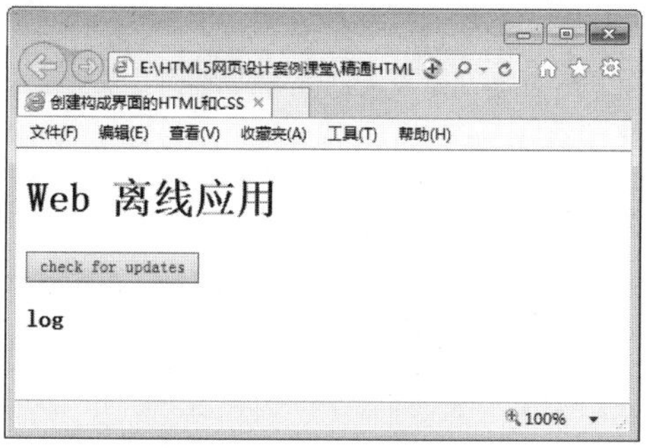

图 10-1　程序运行结果

10.4　高 手 甜 点

甜点 1：不同的浏览器可以读取同一个 Web 中存储的数据吗？

在 Web 存储时，不同的浏览器将存储在不同的 Web 存储库中。例如，如果用户使用的是 IE 浏览器，那么 Web 存储工作时，所有数据将存储在 IE 的 Web 存储库中，如果用户再次使用 Firefox 浏览器访问该站点，将不能读取 IE 浏览器存储的数据，可见每个浏览器的存储是分开并独立工作的。

甜点 2：离线存储站点时是否需要浏览者同意？

和地理定位类似，在网站使用 manifest 文件时，浏览器会提供一个权限提示，提示用户是否将离线设为可用，但并不是每一个浏览器都支持这样的操作。

10.5　跟我练练手

练习 1：使用 HTML 5 离线 Web 应用 API。
练习 2：使用 HTML 5 离线 Web 应用构建应用。
练习 3：使用 HTML 5 的离线定位跟踪技术。

第 2 篇

CSS 3 美化网页

➥ 第 11 章　CSS 3 概述与基本语法
➥ 第 12 章　使用 CSS 3 美化网页字体与段落
➥ 第 13 章　使用 CSS 3 美化表格和表单样式
➥ 第 14 章　美化图片、背景和边框

第 11 章

CSS 3 概述与基本语法

一个美观大方简约的页面以及高访问量的网站，是网页设计者的追求。然而，仅通过 HTML 5 实现是非常困难的，HTML 语言仅仅定义了网页结构，对于文本样式却没有过多涉及。因而就需要一种技术对页面布局、字体、颜色、背景和其他图文效果的实现提供更加精确的控制，这种技术就是 CSS 3。

学习目标(已掌握的在方框中打钩)

☐ 了解什么是 CSS 3

☐ 掌握编辑和浏览的方法

☐ 掌握在 HTML 5 中使用 CSS 3 的方法

☐ 掌握使用 CSS 3 标签选择器的方法

☐ 掌握选择器声明的方法

☐ 掌握制作炫彩网站 LOGO 的方法

☐ 掌握制作学习信息统计表的方法

11.1　CSS 3 概述

使用 CSS 3 最大的优势是，在后期维护中如果一些外观样式需要修改，只需要修改相应的代码即可。本节重点学习 CSS3 的基本概念。

11.1.1　CSS 3 功能

随着 Internet 不断发展，对页面效果诉求越来越强烈，只依赖 HTML 这种结构化标记实现样式，已经不能满足网页设计者的需要。其表现有下面几个方面。

- 维护困难，为了修改某个特殊标记格式，需要花费很多时间，尤其对整个网站而言，后期修改和维护成本较高。
- 标记不足，HTML 本身的标记十分少，很多标记都是为网页内容服务，而关于内容样式标记，如文字间距、段落缩进很难在 HTML 中找到。
- 网页过于臃肿，由于没有统一对各种风格样式进行控制，HTML 页面往往体积过大，占用了很多宝贵的宽度。
- 定位困难，在整体布局页面时，HTML 对于各个模块的位置调整显得捉襟见肘，过多的<table>标记将会导致页面的复杂和后期维护的困难。

在这种情况下，就需要寻找一种可以将结构化标记与丰富的页面表现相结合的技术。CSS 样式技术就产生了。

CSS(Cascading Style Sheet)，称为层叠样式表，也可以称为 CSS 样式表或样式表，其文件扩展名为.css。CSS 是用于增强或控制网页样式，并允许将样式信息与网页内容分离的一种标记性语言。

引用样式表的目的是将"网页结构代码"和"网页样式风格代码"分离开，从而使网页设计者可以对网页布局进行更多的控制。利用样式表，可以将整个站点上所有网页都指向某个 CSS 文件，设计者只需要修改 CSS 文件中的某一行，整个网页上对应的样式都会随之发生改变。

11.1.2　浏览器与 CSS 3

CSS 3 制定完成之后，具有了很多新功能，即新样式。但这些新样式在浏览器中不能获得完全支持。主要在于各个浏览器对 CSS 3 的很多细节处理上存在差异，例如，一种标记的某个属性，一种浏览器支持而另外一种浏览器不支持，或者两者浏览器都支持，但其显示效果不一样。

各主流浏览器，为了自己产品的利益和推广，定义了很多私有属性，以便加强页面显示样式和效果，导致现在每个浏览器都存在大量的私有属性。虽然使用私有属性可以快速构建效果，但对网页设计者是一个很大的麻烦，设计一个页面，就需要考虑在不同浏览器上显示的效果，一不注意就会导致同一个页面在不同浏览器上的显示效果不一致，甚至有的浏览器的不同版本之间，也具有不同的属性。

如果所有浏览器都支持 CSS 3 样式，那么网页设计者只需要使用一种统一标记，就会在不同的浏览器上，显示统一的样式效果。

当 CSS 3 被所有浏览器接受和支持的时候，整个网页设计将会变得非常容易，其布局更加合理，样式更加美观，到那个时候，整个 Web 页面显示会焕然一新。虽然现在 CSS 3 还没有完全普及，各个浏览器对 CSS 3 支持还处于发展阶段，但 CSS 3 是一个新的，具有发展潜力很高的技术，在样式修饰方面，是其他技术无可替代的。此时学习 CSS 3 技术，这样才能保证技术不落伍。

11.1.3 CSS 3 基础语法

CSS 3 样式表是由若干条样式规则组成，这些样式规则可以应用到不同的元素或文档来定义它们显示的外观。每一条样式规则由 3 部分构成：选择符(selector)、属性(properties)和属性值(value)，基本格式如下。

```
selector{property: value}
```

- selector 选择符可以采用多种形式，可以为文档中的 HTML 标记，例如<body>、<table>、<p>等，但是也可以是 XML 文档中的标记。
- property 属性则是选择符指定的标记所包含的属性。
- value 指定了属性的值。如果定义选择符的多个属性，则属性和属性值为一组，组与组之间用分号(;)隔开，基本格式如下。

```
selector{property1: value1; property2: value2;…… }
```

下面就给出一条样式规则，如下所示。

```
p{color:red}
```

该样式规则是选择符 p，为段落标记<p>提供样式，color 为指定文字的颜色属性，red 为属性值。此样式表示标记<p>指定的段落文字为红色。

如果要为段落设置多种样式，则可以使用下列语句。

```
p{font-family:"隶书"; color:red; font-size:40px; font-weight:bold}
```

11.1.4 CSS 3 常用单位

CSS 3 当中常用的单位包括颜色单位与长度单位两种，利用这些单位可以完成网页元素的搭配与网页布局的设定，如网页图片颜色的搭配、网页表格长度的设定等。

1. 颜色单位

通常使用颜色设定字体以及背景的颜色显示，在 CSS 3 中颜色设置的方法很多，有命名颜色、RGB 颜色、十六进制颜色、网络安全色，相比较于以前版本，CSS 3 新增了 HSL 色彩模式、HSLA 色彩模式、RGBA 色彩模式。

(1) 命名颜色

CSS 3 中可以直接用英文单词命名与之相应的颜色，这种方法的优点是简单、直接、容易掌握。此处预设了 16 种颜色以及这 16 种颜色的衍生色，这 16 种颜色是 CSS 3 规范推荐的，而且一些主流的浏览器都能够识别它们，如表 11-1 所示。

表 11-1　CSS 推荐颜色

颜　色	名　称	颜　色	名　称
aqua	水绿	black	黑
blue	蓝	fuchsia	紫红
gray	灰	green	绿
lime	浅绿	maroon	褐
navy	深蓝	olive	橄榄
purple	紫	red	红
silver	银	teal	深青
white	白	yellow	黄

这些颜色最初来源于基本的 Windows VGA 颜色，而且浏览器还可以识别这些颜色。例如，在 CSS 定义字体颜色时，便可以直接使用这些颜色的名称。

```
p{color:red}
```

直接使用颜色的名称简单、直接而且不容易忘记。但是，除了这 16 种颜色外，还可以使用其他 CSS 预定义的颜色。多数浏览器大约能够识别 140 多种颜色名，其中包括这 16 种颜色，如，orange、PaleGreen 等。

　在不同的浏览器中，命名颜色种类也是不同的，即使使用了相同的颜色名，它们的颜色也有可能存在差异，所以，虽然每种浏览器都命名了大量的颜色，但是这些颜色大多数在其他浏览器上却是不能识别的，而真正通用的标准颜色只有 16 种。

(2) RGB 颜色

如果要使用十进制表示颜色，则需要使用 RGB 颜色。十进制表示颜色，最大值为 255，最小值为 0。要使用 RGB 颜色，必须使用 rgb(R,G,B)，其中 R、G、B 分别表示红、绿、蓝的十进制值，通过这 3 个值的变化结合，便可以形成不同的颜色。例如，rgb(255,0,0)表示红色，rgb(0,255,0)表示绿色，rgb(0,0,255)则表示蓝色。黑色表示为 rgb(0,0,0)，则白色可以表示为 rgb(255,255,255)。

RGB 设置方法一般分为两种：百分比设置和直接用数值设置，如将 p 标记设置颜色，有以下两种方法。

```
p{color:rgb(123,0,25)}
p{color:rgb(45%,0%,25%)}
```

这两种方法里，都是用 3 个值表示"红""绿"和"蓝"3 种颜色。这 3 种基本色的取值范围都是 0～255。通过定义这 3 种基本色分量，可以定义出各种各样的颜色。

(3) 十六进制颜色

当然，除了 CSS 预定义的颜色外，设计者为了使页面色彩更加丰富，可以使用十六进制的颜色和 RGB 颜色。十六进制颜色的基本格式为#RRGGBB，其中 R 表示红色，G 表示绿色，B 表示蓝色。而 RR、GG、BB 最大值为 FF，表示十进制中的 255，最小值为 00，表示十进制中的 0。例如，#FF0000 表示红色，#00FF00 表示绿色，#0000FF 表示蓝色。#000000 表示黑色，那么白色的表示就是#FFFFFF，而其他颜色分别是通过这 3 种基本色的结合而形成的。例如，#FFFF00 表示黄色，#FF00FF 表示紫红色。

对于浏览器不能识别的颜色名称，就可以使用需要颜色的十六进制值或 RGB 值。如表 11-2 所示，列出了几种常见的预定义颜色值的十六进制值和 RGB 值。

表 11-2　颜色对照表

颜　色　名	十六进制值	RGB 值
红色	#FF0000	rgb(255,0,0)
橙色	#FF6600	rgb(255,102,0)
黄色	#FFFF00	rgb(255,255,0)
绿色	#00FF00	rgb(0,255,0)
蓝色	#0000FF	rgb(0,0,255)
紫色	#800080	rgb(128,0,128)
紫红色	#FF00FF	rgb(255,0,255)
水绿色	#00FFFF	rgb(0,255,255)
灰色	#808080	rgb(128,128,128)
褐色	#800000	rgb(128,0,0)
橄榄色	#808000	rgb(128,128,0)
深蓝色	#000080	rgb(0,0,128)
银色	#C0C0C0	rgb(192,192,192)
深青色	#008080	rgb(0,128,128)
白色	#FFFFFF	rgb(255,255,255)
黑色	#000000	rgb(0,0,0)

(4)　HSL 色彩模式

CSS 3 新增加了 HSL 颜色表现方式。HSL 色彩模式是工业界的一种颜色标准，通过对色调(H)、饱和度(S)、亮度(L)3 个颜色通道的改变，以及它们相互之间的叠加来获得各种颜色。这个标准几乎包括了人类视力可以感知的所有颜色，在屏幕上可以重现 16777216 种颜色，是目前运用最广的颜色系统之一。

在 CSS 3 中，HSL 色彩模式的表示语法如下。

```
hsl(<length> , <percentage> , <percentage>)
```

hsl()函数的 3 个参数如表 11-3 所示。

表 11-3　hsl()函数属性说明表

属性名称	说　　明
length	表示色调(Hue)。Hue 衍生于色盘，取值可以为任意数值，其中 0(或 360，或-360)表示红色，60 表示黄色，120 表示绿色，180 表示青色，240 表示蓝色，300 表示洋红，当然可以设置其他数值来确定不同的颜色
percentage	表示饱和度(Saturation)，表示该色彩被使用了多少，即颜色的深浅程度和鲜艳程度。取值为 0%到 100%之间的值，其中 0%表示灰度，即没有使用该颜色；100%的饱和度最高，即颜色最鲜艳
percentage	表示亮度(Lightness)。取值为 0%到 100%之间的值，其中 0%最暗，显示为黑色，50%表示均值，100%最亮，显示为白色

其使用示例如下。

```
p{color:hsl(0,80%,80%);}
p{color:hsl(80,80%,80%);}
```

(5)　HSLA 色彩模式

HSLA 也是 CSS 3 新增的颜色模式，HSLA 色彩模式是 HSL 色彩模式的扩展，在色相、饱和度、亮度 3 要素的基础上增加了不透明度参数。使用 HSLA 色彩模式，设计师能够更灵活地设计不同的透明效果。其语法格式如下。

```
hsla(<length> , <percentage> , <percentage> , <opacity>)
```

其中前 3 个参数与 hsl()函数的参数意义和用法相同，第 4 个参数<opacity>表示不透明度，取值在 0~1 之间。使用示例如下。

```
p{color:hsla(0,80%,80%,0.9);}
```

(6)　RGBA 色彩模式

RGBA 也是 CSS 3 新增的颜色模式，RGBA 色彩模式是 RGB 色彩模式的扩展，在红、绿、蓝 3 原色的基础上增加了不透明度参数。其语法格式如下。

```
rgba(r, g , b , <opacity>)
```

其中 r、g、b 分别表示红色、绿色和蓝色 3 种原色所占的比重。r、g、b 的值可以是正整数或者百分数，正整数值的取值范围为 0~255，百分数值的取值范围为 0.0%~100.0%，超出范围的数值将被截至其最接近的取值极限。注意，并非所有浏览器都支持使用百分数值。第 4 个参数<opacity>表示不透明度，取值在 0~1 之间。使用示例如下。

```
p{color:rgba(0,23,123,0.9);}
```

(7)　网络安全色

网络安全色由 216 种颜色组成，被认为在任何操作系统和浏览器中都是相对稳定的，也就是说显示的颜色是相同的，因此这 216 种颜色被称为"网络安全色"。这 216 种颜色都是由红、绿、蓝 3 种基本色从 0、51、102、153、204、255 这 6 个数值中取值，组成的 6×6×6 种颜色。

2. 长度单位

为保证页面元素能够在浏览器中完全显示，又要布局合理，就需要设定元素间的间距，及元素本身的边界等，这都离不开长度单位的使用。在 CSS 3 中，长度单位可以被分为两类：绝对单位和相对单位。

(1) 绝对单位

绝对单位用于设定绝对位置，主要有下列 5 种绝对单位。

- 英寸(in)：英寸对于中国设计而言使用比较少，主要是国外常用的量度单位。1 英寸等于 2.54 厘米，而 1 厘米等于 0.394 英寸。
- 厘米(cm)：厘米是常用的长度单位，可以用来设定距离比较大的页面元素框。
- 毫米(mm)：毫米可以用来比较精确地设定页面元素的距离或大小。10 毫米等于 1 厘米。
- 磅(pt)：一般用来设定文字的大小，是标准的印刷量度，广泛应用于打印机、文字程序等。72 磅等于 1 英寸，也就是说等于 2.54 厘米。另外，英寸、厘米和毫米也可以用来设定文字的大小。
- pica(pc)：是另一种印刷量度。1pica 等于 12 磅，该单位不经常使用。

(2) 相对单位

相对单位是指在量度时需要参照其他页面元素的单位值。使用相对单位所量度的实际距离可能会随着这些单位值的改变而改变。CSS 3 提供了 3 种相对单位：em、ex 和 px。

- em：在 CSS 3 中，em 用于给定字体的 font-size 值，例如，一个元素字体大小为 12pt，那么 1em 就是 12pt，如果该元素字体大小改为 15pt，则 1em 就是 15pt。简单来说，无论字体大小是多少，1em 总是字体的大小值。em 的值总是随着字体大小的变化而变化的。

例如，分别设定页面元素 h1、h2 和 p 的字体大小为 20pt、15pt 和 10pt，各元素的左边距为 1em，样式规则如下。

```
h1{font-size:20pt}
h2{font-size:15pt}
p{font-size:10pt}
h1,h2,p{margin-left:1em}
```

对于 h1，1em 等于 20pt；对于 h2，1em 等于 15pt；对于 p，1em 等于 10pt，所以 em 的值会随着相应元素字体大小的变化而变化的。

另外，em 值有时还相对于其上级元素的字体大小。例如，上级元素字体大小为 20pt，设定其子元素字体大小为 0.5em，则子元素显示出的字体大小则为 10pt。

- ex：是以给定字体的小写字母 x 高度作为基准，对于不同的字体来说，小写字母 x 的高度是不同的，所以 ex 单位的基准也不同。
- px：也叫像素，这是目前来说使用最广泛的一种单位，1 像素也就是屏幕上的一个小方格，这个通常是看不出来的。由于显示器大小有多种不同，因此每个小方格的大小是有所差异的，所以像素单位的标准也不一样。在 CSS 3 的规范中是假设 90px=1 英寸，但是在通常的情况下，浏览器都会使用显示器的像素值来作为标准。

11.2 编辑和浏览 CSS 3

CSS 3 文件是纯文本格式文件，在编辑 CSS 3 时，就有了多种选择，可以使用一些简单的纯文本编辑工具，如记事本等，同样可以选择专业的 CSS 3 编辑工具，如 Dreamweaver 等。记事本编辑工具适合于初学者，不适合大项目编辑，但专业工具软件通常占有空间较大，打开不太方便。

11.2.1 案例 1——手工编写 CSS 3

使用记事本编写 CSS 3，和使用记事本编写 HTML 文档基本一样。首先需要打开一个记事本，然后在里面输入相应的 CSS 3 代码即可。具体步骤如下。

step 01 打开记事本，输入 HTML 代码，如图 11-1 所示。

step 02 添加 CSS 代码，修饰 HTML 元素。在<head>标记中间，添加 CSS 样式代码，如图 11-2 所示。从窗口中可以看出，在<head>标记中间，添加了一个<style>标记，即 CSS 样式标记。在<style>标记中间，对 p 样式进行了设定，设置段落居中显示并且颜色为红色。

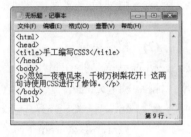

图 11-1 记事本开发 HTML

step 03 运行网页文件。网页编辑完成后，使用 IE 9.0 打开，如图 11-3 所示，可以看到段落在页面中间以红色字体显示。

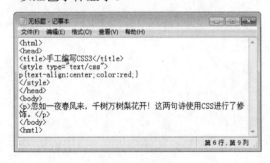

图 11-2 添加样式

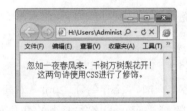

图 11-3 CSS 样式显示窗口

11.2.2 案例 2——Dreamweaver 编写 CSS

除了使用记事本手工编写 CSS 代码外，还可以使用专用的 CSS 编辑器，如 Dreamweaver 的 CSS 编辑器和 Visual Studio 的 CSS 编辑器，这些编辑器有语法着色，带输入提示，甚至有自动创建 CSS 的功能，因此深受开发人员喜爱。

使用 Dreamweaver 创建 CSS 步骤如下。

step 01 创建 HTML 文档。使用 Dreamweaver 创建 HTML 文档，此处创建了一个名称为

11.2.html 的文档，如图 11-4 所示。

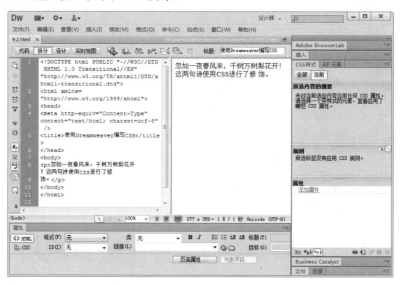

图 11-4 网页显示窗口

step 02 添加 CSS 样式。在设计模式中，选中"忽如一夜春风来……"段落后，右击并在弹出的快捷菜单中选择【CSS 样式】➤【新建】命令，弹出【新建 CSS 规则】对话框，在【为 CSS 规则选择上下文选择器类型】下拉列表框中，选择【标签(重新定义 HTML 元素)】选项，如图 11-5 所示。

step 03 选择完成后，单击【确定】按钮，打开【p 的 CSS 规则定义】对话框，在其中设置相关的类型，如图 11-6 所示。

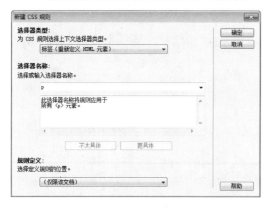

图 11-5 【新建 CSS 规则】对话框

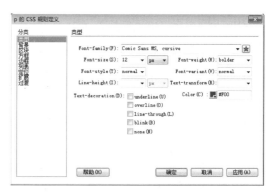

图 11-6 【p 的 CSS 规则定义】对话框

step 04 单击【确定】按钮，即可完成 p 样式的设置。设置完成，HTML 文档内容发生变化，如图 11-7 所示。从代码模式窗口中可以看到，在<head>标记中，增加了一个<style>标记，用来放置 CSS 样式，其样式用来修饰段落 p。

step 05 运行 HTML 文档。在 IE 9.0 浏览器中预览该网页，其显示结果如图 11-8 所示，字体颜色设置为浅红色，大小为 12px，字体较粗。

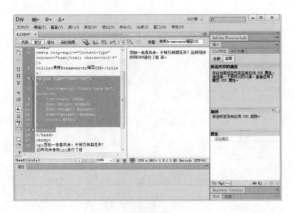

图 11-7　设置完成显示　　　　　　　　图 11-8　CSS 样式显示

11.3　在 HTML 5 中使用 CSS 3 的方法

CSS 3 样式表能很好地控制页面显示，以达到分离网页内容和样式代码的效果。CSS 3 样式表控制 HTML 5 页面达到好的样式效果，其方式通常包括行内样式、内嵌样式、链接样式和导入样式。

11.3.1　案例 3——行内样式

行内样式是所有样式中比较简单、直观的方法，就是直接把 CSS 代码添加到 HTML 5 的标记中，即作为 HTML 5 标记的属性标记存在。通过这种方法，可以很简单地对某个元素单独定义样式。

使用行内样式方法是直接在 HTML 5 标记中使用 style 属性，该属性的内容就是 CSS 3 的属性和值，例如：

```
<p style="color:red">段落样式</p>
```

【例 11.3】(实例文件：ch11\11.3.html)

```
<!DOCTYPE html>
<html>
<head>
<title>行内样式</title>
</head>
<body>
<p style="color:red;font-size:20px;text-decoration:underline;text-
align:center">此段落使用行内样式修饰</p>
<p style="color:blue;font-style:italic">正文内容</p>
</body>
</html>
```

在 IE 浏览器中浏览效果如图 11-9 所示，两个<p>标记中都使用了 style 属性，并且设置了 CSS 样式，各个样式之间互不影响，分别显示自己的样式效果。第 1 个段落设置红色字体，居中显示，带有下划线；第二个段落蓝色字体，以斜体显示。

图 11-9　行内样式显示

　　尽管行内样式简单，但这种方法不常使用，因为这样添加无法完全发挥样式表"内容结构和样式控制代码"分离的优势。而且这种方式也不利于样式的重用，如果需要为每一个标记都设置 style 属性，则后期维护成本高，网页容易"过胖"，因此不推荐使用。

11.3.2　案例4——内嵌样式

内嵌样式就是将 CSS 样式代码添加到\<head\>与\</head\>标记之间，并且用\<style\>和\</style\>标记进行声明。这种写法虽然没有完全实现页面内容和样式控制代码完全分离，但可以设置一些比较简单的样式，并统一页面样式。其语法格式如下。

```
<head>
  <style type="text/css" >
  p
  {
    color:red;
    font-size:12px;
  }
  </style>
</head>
```

　　有些较低版本的浏览器不能识别\<style\>标记，因而不能正确地将样式应用到页面显示上，而是直接将标记中的内容以文本的形式显示。为了解决此类问题，可以使用 HMTL 注释将标记中的内容隐藏。如果浏览器能够识别\<style\>标记，则该标记内被注释的 CSS 样式定义代码依旧能够发挥作用。

```
<head>
  <style type="text/css" >
  <!--
  p
  {
    color:red;
    font-size:12px;
  }
  -->
  </style>
</head>
```

【**例 11.4**】(实例文件:ch11\11.4.html)

```
<!DOCTYPE html>
<html>
<head>
<title>内嵌样式</title>
<style type="text/css">
p{
        color:orange;
        text-align:center;
        font-weight:bolder;
        font-size:25px;
}
</style>
</head><body>
<p>此段落使用内嵌样式修饰</p>
<p>正文内容</p>
</body>
</html>
```

在 IE 9.0 中浏览效果如图 11-10 所示,两个<p>标记中都被 CSS 样式修饰,其样式保持一致,段落居中、加粗并以橙色字体显示。

在上面例子中,所有 CSS 编码都在<style>标记中,方便了后期维护,页面相比较于行内样式大大"瘦身"了。但如果一个网站拥有很多页面,对于不同页面<p>标记都希望采用同样风格时,内嵌方式就显得有点麻烦,因此该种方法只适用于特殊页面设置单独的样式风格。

图 11-10　内嵌样式显示

11.3.3　案例 5——链接样式

链接样式是 CSS 中使用频率最高,也是最实用的方法。它很好地将"页面内容"和"样式风格代码"分离成两个文件或多个文件,实现了页面框架 HTML 5 代码和 CSS 3 代码的完整分离,使前期制作和后期维护都十分方便。

链接样式是指在外部定义 CSS 样式表并形成以.css 为扩展名的文件,然后在页面中通过<link>链接标记链接到页面中,而且该链接语句必须放在页面的<head>标记区,如下所示。

```
<link rel="stylesheet" type="text/css" href="1.css" />
```

- rel 指定链接到样式表，其值为 stylesheet。
- type 表示样式表类型为 CSS 样式表。
- href 指定了 CSS 样式表所在位置，此处表示当前路径下名称为 1.css 文件。

这里使用的是相对路径。如果 HTML 文档与 CSS 样式表没有在同一路径下，则需要指定样式表的绝对路径或引用位置。

【例 11.5】 (实例文件：ch11\11.5.html)

```
<!DOCTYPE html>
<html>
<head>
<title>链接样式</title>
<link rel="stylesheet" type="text/css" href="11.5.css" />
</head><body>
<h1>CSS 3 的学习</h1>
<p>此段落使用链接样式修饰</p>
</body>
</html>
```

【例 11.5】 (实例文件：ch11\11.5.css)

```
h1{text-align:center;}
p{font-weight:29px;text-align:center;font-style:italic;}
```

在 IE 浏览器中浏览效果如图 11-11 所示，标题和段落以不同样式显示，标题居中显示，段落以斜体居中显示。

链接样式最大的优势就是将 CSS 3 代码和 HTML 5 代码完全分离，并且同一个 CSS 文件能被不同的 HTML 所链接使用。

图 11-11　链接样式显示

 提示　　在设计整个网站时，可以将所有页面链接同一个 CSS 文件，使用相同的样式风格。如果整个网站需要修改样式，只修改 CSS 文件即可。

11.3.4　案例 6——导入样式

导入样式和链接样式基本相同，都是创建一个单独的 CSS 文件，然后再引入到 HTML 5 文件中，但是语法和运作方式有差别。采用导入样式的样式表，在 HTML 5 文件初始化时，会被导入到 HTML 5 文件内，作为文件的一部分，类似于内嵌效果。而链接样式是在 HTML 标记需要样式风格时才以链接方式引入。

导入外部样式表是指在内部样式表的<style>标记中，使用@import 导入一个外部样式表，例如：

```
<head>
  <style type="text/css" >
  <!--
  @import "1.css"
  --> </style>
</head>
```

导入外部样式表相当于将样式表导入到内部样式表中，其方式更有优势。导入外部样式表必须在样式表的开始部分、其他内部样式表上面。

【例 11.6】(实例文件：ch11\11.6.html)

```
<!DOCTYPE html>
<html>
<head>
<title>导入样式</title>
<style>
@import "11.6.css"
</style>
</head>
<body>
<h1>CSS 学习</h1>
<p>此段落使用导入样式修饰</p>
</body>
</html>
```

【例 11.6】(实例文件：ch11\11.6.css)

```
h1{text-align:center;color:#0000ff}
p{font-weight:bolder;text-decoration:underline;font-size:20px;}
```

在 Firefox 5.0 中浏览效果如图 11-12 所示，标题和段落以不同样式显示，标题居中显示颜色为蓝色，段落以大小 20px 并加粗显示。

图 11-12　导入样式显示

导入样式与链接样式相比，最大的优点就是可以一次导入多个 CSS 文件，语法格式如下。

```
<style>
@import "11.6.css"
@import "test.css"
</style>
```

11.3.5　案例 7——优先级问题

如果同一个页面，采用了多种 CSS 使用方式，如使用行内样式、链接样式和内嵌样式。如果这几种样式，共同作用于同一个标记，就会出现优先级问题，即究竟哪种样式设置有效果？例如，内嵌设置字体为宋体，链接样式设置为红色，那么二者会同时生效，如都设置字体颜色，情况就会复杂。

1. 行内样式和内嵌样式比较

例如，有这样一种情况：

```
<style>
.p{color:red}
</style>
<p style = " color:blue ">段落应用样式</p>
```

在样式定义中，段落标记<p>匹配了两种样式规则，一种使用内嵌样式定义颜色为红色，一种使用 p 行内样式定义颜色为蓝色，而在页面代码中，该标记使用了类选择符。但是，标记内容最终会以哪一种样式显示呢？

【例 11.7】(实例文件：ch11\11.7.html)

```
<!DOCTYPE html>
<html>
<head>
<title>优先级比较</title>
<style>
.p{color:red}
</style>
</head>
<body>
<p style = " color:blue ">优先级测试</p>
</body>
</html>
```

在 IE 浏览器中浏览效果如图 11-13 所示，段落以蓝色字体显示，可以知道行内优先级大于内嵌优先级。

图 11-13　优先级显示

2. 内嵌样式和链接样式比较

以相同的例子测试内嵌样式和链接样式优先级，将设置颜色样式代码单独放在一个 CSS 文件中，使用链接样式引入。

【例 11.8】(实例文件：ch11\11.8.html)

```
<!DOCTYPE html>
<html>
<head>
<title>优先级比较</title>
<link href="11.8.css" type="text/css" rel="stylesheet">
<style>p{color:red}
</style></head>
<body>
<p>优先级测试</p>
</body>
</html>
```

【例 11.8】(实例文件：ch11\11.8.css)

```
p{color:yellow}
```

在 IE 浏览器中浏览效果如图 11-14 所示，段落以红色字体显示。

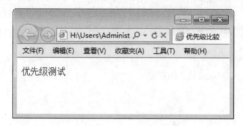

图 11-14　优先级测试

从上面代码中可以看出，内嵌样式和链接样式同时对段落 p 修饰，段落显示红色字体。可以知道，内嵌样式优先级大于链接样式。

3. 链接样式和导入样式

现在进行链接样式和导入样式测试，分别创建两个 CSS 文件，一个作为链接，一个作为导入。

【例 11.9】(实例文件：ch11\11.9.html)

```
<!DOCTYPE html>
<html>
<head>
<title>优先级比较</title>
<style>
@import "11.9 2.css"
</style>
<link href="11.9 1.css" type="text/css" rel="stylesheet">
</head><body>
<p>优先级测试</p>
</body>
</html>
```

【例 11.9】(实例文件：ch11\11.9_1.css)

```
p{color:green}
```

【例 11.9】(实例文件：ch11\11.9_2.css)

```
p{color:purple}
```

在 IE 浏览器中浏览效果如图 11-15 所示，段落以绿色显示。从结果中可以看出，此时链接样式优先级大于导入样式优先级。

图 11-15　优先级比较

11.4　CSS 3 的常用选择器

选择器(selector)也被称为选择符，所有 HTML 5 语言中的标记都是通过不同的 CSS 3 选择器进行控制的。选择器不只是 HTML 5 文档中的元素标记，还可以是类、ID 或是元素的某种状态。根据 CSS 选择符用途可以把选择器分为标签选择器、类选择器、全局选择器、ID 选择器和伪类选择器等。

11.4.1　案例 8——标签选择器

HTML 5 文档是由多个不同标记组成，而 CSS 3 选择器就是声明哪些标记采用样式。例如，p 选择器，就是用于声明页面中所有<p>标记的样式风格。同样也可以通过 h1 选择器来声明页面中所有<h1>标记的 CSS 风格。

标签选择器最基本的形式如下。

```
tagName{property:value}
```

提示

其中 tagName 表示标记名称，如 p、h1 等 HTML 标记；property 表示 CSS 3 属性；value 表示 CSS 3 属性值。

【**例 11.10**】(实例文件：ch11\11.10.html)

```
<!DOCTYPE html>
<html>
<head>
<title>标签选择器</title>
<style>
p{color:blue;font-size:20px;}
</style>
</head>
<body>
```

```
<p>此处使用标签选择器控制段落样式</p>
</body>
</html>
```

在 IE 浏览器中浏览效果如图 11-16 所示，段落以蓝色字体显示，大小为 20px。

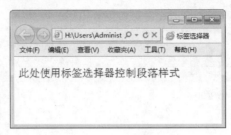

图 11-16　标签选择器显示

如果在后期维护中，需要调整段落颜色，只需要修改 color 属性值即可。

　　CSS 3 语言对于所有属性和值都有相对严格要求，如果声明的属性在 CSS 3 规范中没有，或者某个属性值不符合属性要求，都不能使 CSS 语句生效。

11.4.2　案例 9——类选择器

在一个页面中，使用标签选择器，会控制该页面中所有此标记显示样式。如果需要为此类标记中的其中一个标记重新设定，此时仅使用标签选择器是不能达到效果的，还需要使用类(class)选择器。

类选择器用来为一系列标记定义相同的呈现方式，常用语法格式如下。

```
. classValue {property:value}
```

classValue 是选择器的名称，具体名称由 CSS 定义者自己命名。

【例 11.11】(实例文件：ch11\11.11.html)

```
<!DOCTYPE html>
<html>
<head><title>类选择器</title>
<style>
.aa{
    color:blue;
    font-size:20px;
}
.bb{
    color:red;
    font-size:22px;
}
</style></head><body>
<h3 class=bb>学习类选择器</h3>
<p class="aa">此处使用类选择器 aa 控制段落样式</p>
<p class="bb">此处使用类选择器 bb 控制段落样式</p>
</body>
</html>
```

在 IE 浏览器中浏览效果如图 11-17 所示，第一个段落以蓝色字体显示，大小为 20px，第二个段落以红色字体显示，大小为 22px，标题同样以红色字体显示，大小为 22px。

图 11-17　类选择器显示

11.4.3　案例 10——ID 选择器

ID 选择器和类选择器相似，都是针对特定属性的属性值进行匹配。ID 选择器定义的是某一个特定的 HTML 元素，一个网页文件中只能有一个元素使用某一 ID 的属性值。

定义 ID 选择器的基本语法格式如下。

```
#idValue{property:value}
```

在上述语法格式中，idValue 是选择器名称，可以由 CSS 定义者自己命名。

【例 11.12】(实例文件：ch11\11.12.html)

```
<!DOCTYPE html>
<html>
<head>
<title>ID 选择器</title>
<style>
#fontstyle{
   color:blue;
   font-weight:bold;
}
#textstyle{
    color:red;
    font-size:22px;
}
</style>
</head>
<body>
<h3 id=textstyle>学习 ID 选择器</h3>
<p id=textstyle>此处使用 ID 选择器 aa 控制段落样式</p>
<p id=fontstyle>此处使用 ID 选择器 bb 控制段落样式</p>
</body>
</html>
```

在 IE 浏览器中浏览效果如图 11-18 所示，第一个段落以红色字体显示，大小为 22px，第二个段落以红色字体显示，大小为 22px，标题同样以蓝色字体显示，大小为 20px。

图 11-18　ID 选择器显示

11.4.4　案例 11——全局选择器

如果想要一个页面中所有的\<html\>标记使用同一种样式，可以使用全局选择器。全局选择器，顾名思义就是对所有 HTML 元素起作用。语法格式如下。

```
*{property:value}
```

其中"*"表示对所有元素起作用，property 表示 CSS 3 属性名称，value 表示属性值。使用示例如下。

```
*{margin:0; padding:0;}
```

【例 11.13】 (实例文件：ch11\11.13.html)

```
<!DOCTYPE html>
<html>
<head><title>全局选择器</title>
<style>
*{
  color:red;
  font-size:30px
}
</style></head>
<body>
<p>使用全局选择器修饰</p>
<p>第一段</p>
<h1>第一段标题</h1>
</body>
</html>
```

在 IE 浏览器中浏览效果如图 11-19 所示，两个段落和标题都是以红色字体显示，大小为 30px。

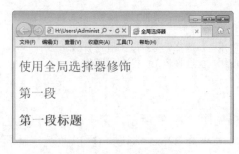

图 11-19　全局选择器

11.4.5　案例 12——组合选择器

将多种选择器进行搭配，可以构成一种复合选择器，也称为组合选择器。组合选择器只是一种组合形式，并不算是一种真正的选择器，但在实际中经常使用。使用示例如下。

```
.orderlist li {xxxx}
.tableset td {}
```

在使用的时候一般用在重复出现并且样式相同的一些标签里，如 li 列表、td 单元格和 dd 自定义列表等。

```
h1.red {color: red}
<h1 class="red"></h1>
```

【例 11.14】(实例文件：ch11\11.14.html)

```
<!DOCTYPE html>
<html>
<head>
<title>组合选择器</title>
<style>
p{
  color:red
}
p .firstPar{
  color:blue
}
.firstPar{
  color:green
}
</style></head><body>
<p>这是普通段落</p>
<p class="firstPar">此处使用组合选择器</p>
<h1 class="firstPar">我是一个标题</h1>
</body>
</html>
```

在 IE 浏览器中浏览效果如图 11-20 所示，第一个段落颜色为红色，采用的 p 标签选择器，第二个段落显示的是蓝色，采用的是 p 和类选择器二者组合的选择器，标题 H1 以绿色字体显示，采用的是类选择器。

图 11-20　组合选择器显示

11.4.6 案例13——继承选择器

继承选择器的规则是，子标记在没有定义的情况下所有的样式是继承父标记的，当子标记重复定义了父标记已经定义过的声明时，子标记就执行后面的声明；与父标记不冲突的地方仍然沿用父标记的声明。CSS 的继承是指子孙元素继承祖先元素的某些属性。使用示例如下。

```
<div class="test">
<span><img src="xxx" alt="示例图片"/></span>
</div>
```

对于上面层而言，如果其修饰样式为下面代码：

```
.test span img {border:1px blue solid;}
```

则表示该选择器先找到 class 为 test 的标记，再从其子标记里查找<span>标记，再从<span>的子标记中找到 img 标记。也可以采用下面的形式：

```
div span img {border:1px blue solid;}
```

可以看出其规律是从左往右，依次细化，最后锁定要控制的标记。

【例 11.15】(实例文件：ch11\11.15.html)

```
<!DOCTYPE html>
<html>
<head>
<title>继承选择器</title>
<style type="text/css">
h1{color:red; text-decoration:underline;}
h1 strong{color:#004400; font-size:40px;}
</style>
</head>
<body>
<h1>测试 CSS 的<strong>继承</strong>效果</h1>
<h1>此处使用继承<font>选择器</font>了么？</h1>
</body>
</html>
```

在 IE 浏览器中浏览效果如图 11-21 所示，第一个段落颜色为红色，但是"继承"两个字使用绿色显示，并且大小为 40px，除了这两个设置外，其他的 CSS 样式都是继承父标记<h1>的样式，如下划线设置。第二个标题中，虽然使用了<font>标记修饰选择器，但其样式都是继承于父类标记<h1>。

图 11-21 继承选择器

11.4.7　案例 14——伪类选择器

伪类选择器也是选择器的一种，伪类选择符定义的样式最常应用在标记<a>上，表示链接 4 种不同的状态：未访问链接(link)、已访问链接(visited)、激活链接(active)和鼠标停留在链接上(hover)。

标记<a>可以只具有一种状态(:link)，或者同时具有 2 种或者 3 种状态。例如，任何一个有 HREF 属性的 a 标签，在未有任何操作时都已经具备了 :link 的条件，也就是满足了有链接属性这个条件；如果是访问过的 a 标记，同时会具备 :link :visited 两种状态。把鼠标指针移到访问过的 a 标记上时，a 标记就同时具备了 :link :visited :hover 3 种状态。

使用示例如下。

```
a:link{color:#FF0000; text-decoration:none}
a:visited{color:#00FF00; text-decoration:none}
a:hover{color:#0000FF; text-decoration:underline}
a:active{color:#FF00FF; text-decoration:underline}
```

上面的样式表示该链接未访问时颜色为红色且无下划线，访问后是绿色且无下划线，激活链接时为蓝色且有下划线，鼠标指针放在链接上时为紫色且有下划线。

【例 11.16】(实例文件：ch11\11.16.html)

```
<!DOCTYPE html>
<html>
<head>
<title>伪类</title>
<style>
a:link {color: red}          /* 未访问的链接 */
a:visited {color: green}     /* 已访问的链接 */
a:hover {color:blue}         /* 鼠标指针移动到链接上 */
a:active {color: orange}     /* 选定的链接 */
</style>
</head>
<body>
<a href="">链接到本页</a>
<a href="http://www.sohu.com">搜狐</a>
</body>
</html>
```

在 IE 浏览器中浏览效果如图 11-22 所示，可以看到有两个超链接，第一个超链接是鼠标停留在上方时，显示颜色为蓝色，另一个是访问过后，显示颜色为绿色。

图 11-22　伪类显示

11.5　选择器声明

使用 CSS 3 选择器可用控制 HTML 5 标记样式，其中每个选择器属性可以一次声明多个，即创建多个 CSS 属性修饰 HTML 标记，实际上也可以将选择器声明多个，并且任何形式的选择器(如标记选择器、class 类别选择器、ID 选择器等)都是合法的。

11.5.1　案例 15——集体声明

在一个页面中，有时需要不同种类标记样式保持一致，例如需要\<p\>标记和\<h1\>标记的字体保持一致，此时可以将\<p\>标记和\<h1\>标记共同使用类选择器，除了这个方法之外，还可以使用集体声明方法。集体声明就是在声明各种 CSS 选择器时，如果某些选择器的风格是完全相同的，或者部分相同，可以将风格相同的 CSS 选择器同时声明。

【例 11.17】(实例文件：ch11\11.17.html)

```
<!DOCTYPE html>
<html>
<head>
<title>集体声明</title>
<style type="text/css">
 h1,h2,p{
 color:red;
font-size:20px;
font-weight:bolder;
}
</style></head><body>
<h1>此处使用集体声明</h1>
<h2>此处使用集体声明</h2>
<p>此处使用集体声明</p>
</body>
</html>
```

在 IE 浏览器中浏览效果如图 11-23 示，网页上标题 1、标题 2 和段落都以红色字体加粗显示，并且大小为 20px。

图 11-23　集体声明显示

11.5.2　案例 16——多重嵌套声明

在 CSS 3 控制 HTML 5 标记样式时，还可以使用层层递进的方式，即嵌套方式，对指定位置的 HTML 标记进行修饰，例如,当<p>与</p>之间包含<a></a>标记时，就可以使用这种方式对 HMTL 标记进行修饰。

【例 11.18】(实例文件：ch11\11.18.html)

```
<!DOCTYPE html>
<html>
<head>
<title>多重嵌套声明</title>
<style>
p{font-size:20px;}
p a{color:red;font-size:30px;font-weight:bolder;}
</style></head><body>
<p>这是一个多重嵌套<a href="">测试</a></p>
</body>
</html>
```

在 IE 浏览器中浏览效果如图 11-24 示，在段落中，超链接显示红色字体，大小为 30px，其原因是使用了嵌套声明。

图 11-24　多重嵌套声明

11.6　综合实例 1——制作炫彩网站 LOGO

使用 CSS，可以给网页中的文字设置不同的字体样式，下面就来制作一个网站的文字 LOGO。具体步骤如下。

step 01 分析需求。

本实例要求简单，使用标记<h1>创建一个标题文字，然后使用 CSS 样式对标题文字进行修饰，可以从颜色、尺寸、字体、背景、边框等方面入手。实例完成后，其效果如图 11-25 所示。

step 02 构建 HTML 页面。

创建 HTML 页面，完成基本框架并创建标题，其代码如下。

```
<html>
<head>
<title>炫彩 Logo</title>
</head>
<body>
<body>
<h1>
```

```
<span class=c1>缤</span>
<span class=c2>纷</span>
<span class=c3>夏</span>
<span class=c4>衣</span></h1>
</body>
</html>
```

在 IE 浏览器中浏览效果如图 11-26 所示，可以看到标题 h1 在网页显示中没有任何修饰。

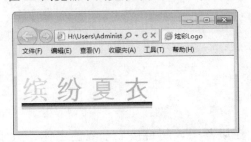

图 11-25　五彩标题显示

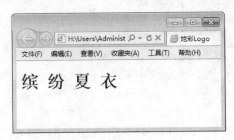

图 11-26　标题显示

step 03　使用内嵌样式。

如果要对 h1 标题进行修饰，需要添加 CSS 样式，此处使用内嵌样式，在<head>标记中添加 CSS 样式，其代码如下。

```
<style>
h1 {}
</style>
```

在 IE 浏览器中浏览效果如图 11-27 所示，可以看到此时 h1 标题没有任何变化，只是在代码中引入了<style>标记。

step 04　改变颜色、字体和尺寸。

添加 CSS 代码，改变标题样式，其样式在颜色、字体和尺寸方面进行设置，其代码如下。

```
h1 {
font-family: Arial, sans-serif;
font-size: 50px;
color: #369;
}
```

在 IE 浏览器中浏览效果如图 11-28 所示，字体大小为 24 像素，颜色为浅蓝色，字体为 Arial 体。

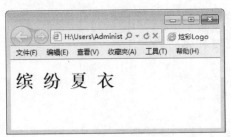

图 11-27　引入 style 标记

图 11-28　添加文本修饰标记

step 05 加入灰色底线。

为 h1 标题加入底线，其代码如下。

```
padding-bottom: 4px;
border-bottom: 2px solid #ccc;
```

在 IE 浏览器中浏览效果如图 11-29 所示，可以看到"缤纷夏衣"文字下面，添加了一个边框，边框和文字距离是 4 像素。

step 06 增加背景图。

使用 CSS 样式为标记\<h1>添加背景图片，其代码如下。

```
background: url(01.jpg) repeat-x bottom;
```

在 IE 浏览器中浏览效果如图 11-30 所示，可以看到在"缤纷夏衣"文字下面，添加了一个背景图片，图片在水平(X)轴方向进行平铺。

图 11-29　添加边框样式

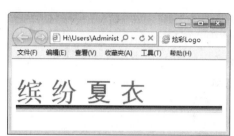

图 11-30　添加背景

step 07 定义标题宽度。

使用 CSS 属性，将标题变小，使其正好符合 4 个字体的宽度，其代码如下。

```
width:250px;
```

在 IE 浏览器中浏览效果如图 11-31 所示，可以看到"缤纷夏衣"文字下面的背景图缩短了，正好和字体宽度相同。

step 08 定义字体颜色。

在 CSS 样式中，为每个字定义颜色，其代码如下。

```
.c1{
    color:  #B3EE3A;
}
.c2{
    color:#71C671;
}
.c3{
    color:  #00F5FF;
}
.c4{
    color:#00EE00;
}
```

在 IE 浏览器中浏览效果如图 11-32 所示，每个字体显示了不同的颜色。

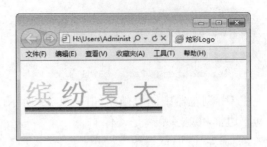

图 11-31　定义宽度　　　　　　　　　图 11-32　定义字体颜色

11.7　综合案例2——制作学生信息统计表

本实例介绍前面在 HTML 5 中使用 CSS 3 方法中的优先级问题，并来制作一个学生统计表。具体操作步骤如下。

step 01 打开记事本，在其中输入如下代码。

```
<!DOCTYPE HTML>
<html>
<head>
<title>学生信息统计表</title>
<style type="text/css">
<!--
    #dataTb
    {
      font-family:宋体, sans-serif;
      font-size:20px;
      background-color:#66CCCC;
    border-top:1px solid #000000;
    border-left:1px solid #FF00BB;
    border-bottom:1px solid #FF0000;
    border-right:1px solid #FF0000;
    }
    table
    {
      font-family:楷体_GB2312, sans-serif;
      font-size:20px;
      background-color:#EEEEEF;
    border-top:1px solid #FFFF00;
    border-left:1px solid #FFFF00;
    border-bottom:1px solid #FFFF00;
    border-right:1px solid #FFFF00;
    }
        .tbStyle
    {
      font-family:隶书, sans-serif;
      font-size:16px;
      background-color:#EEEEEF;
    border-top:1px solid #000FFF;
    border-left:1px solid #FF0000;
```

```
    border-bottom:1px solid #0000FF;
    border-right:1px solid #000000;
    }
//-->
</style>
</head>
<body>
  <form name="frmCSS" method="post" action="#">
    <table   width="400"   align="center"   border="1"   cellspacing="0"
id="dataTb" class= "tbStyle">
      <tr>
          <th>学号</th>
          <th>姓名</th>
          <th>班级</th>
      </tr>
      <tr>
          <td>001</td>
          <td>张三</td>
          <td>信科 0401</td>
                        </tr>
      <tr>
          <td>002</td>
          <td>李四</td>
          <td>电科 0402</td>
                    </tr>
      <tr>
          <td>003</td>
          <td>王五</td>
          <td>计科 0405</td>

      </tr>
    </table>
  </form>
</body>
</html>
```

step 02 保存网页，在 IE 浏览器中预览效果如图 11-33 所示。

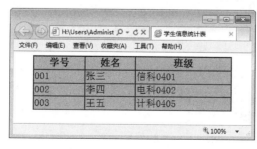

图 11-33　最终效果

11.8 高手甜点

甜点 1：使用 CSS 定义字体时，在不同浏览器中显示的字体大小不一样？

例如，使用 font-size:14px 定义的宋体文字，在 IE 下实际高是 16px，下空白是 3px，Firefox 浏览器下实际高是 17px、上空 1px、下空 3px。其解决办法是在文字定义时设定 line-height，并确保所有文字都有默认的 line-height 值。

甜点 2：CSS 在网页制作中一般有 4 种方式的用法，那么具体在使用时该采用哪种用法？

当有多个网页要用到的 CSS，采用外连 CSS 文件的方式，这样网页的代码将大大减少，并且修改起来非常方便；只在单个网页中使用的 CSS，采用文档头部方式；只有在一个网页，一、两个地方才用到的 CSS，采用行内插入方式。

甜点 3：CSS 的行内样式、内嵌样式和链接样式可以在一个网页中混用吗？

3 种用法可以混用，且不会造成混乱，这就是它为什么称之为"层叠样式表"的原因。浏览器在显示网页时是这样处理的：先检查有没有行内插入式 CSS，如有就执行，针对本句的其他 CSS 就不去管了；其次检查内嵌方式的 CSS，如有就执行；在前两者都没有的情况下再检查外连文件方式的 CSS。因此可看出，3 种 CSS 的执行优先级是：先行内样式，然后是内嵌样式，最后是链接样式。

甜点 4：如何下载网页中的 CSS 文件？

选择网页上的【查看】➢【源文件】命令，如果有 CSS，可以直接复制下来，如果没有，可以找找有没有类似下面这种链接的代码。

```
<link href="/index.css" rel="stylesheet" type="text/css">
```

例如，上面的这个 CSS 文件，就可以打开网址后面直接加"/index.css"，然后按 Enter 键即可。

11.9 跟我练练手

练习 1：使用两种方法编写 CCS 样式表。
练习 2：练习使用 CSS 常用选择器。
练习 3：练习声明选择器。
练习 4：制作一个包含炫彩网站 Logo 的例子。
练习 5：制作一个学生信息统计表页面的例子。

第 12 章

使用 CSS 3 美化网页字体与段落

　　常见的网站、博客是使用文字或图片来阐述自己的观点，其中文字是传递信息的主要手段。而美观大方的网站或者博客，需要使用 CSS 样式进行修饰。设置文本样式是 CSS 技术的基本功能，通过 CSS 文本标记语言，可以设置文本的样式和粗细等。

学习目标(已掌握的在方框中打钩)

☐ 掌握美化网页文字的方法
☐ 掌握设置文本高级样式的方法
☐ 掌握美化文本段落的方法
☐ 掌握设置网页标题的方法
☐ 掌握制作新闻页面的方法

12.1 美化网页文字

在 HTML 中，CSS 字体属性用于定义文字的字体、大小、粗细的表现等。常见的字体属性包括字体、字号、字体风格、字体颜色等。

12.1.1 案例1——设置文字的字体

font-family 属性用于指定文字字体类型，如宋体、黑体、隶书、Times New Roman 等，即在网页中，展示字体不同的形状。具体的语法如下。

```
{font-family : name}
{font-family : cursive | fantasy | monospace | serif | sans-serif}
```

从语法格式上可以看出，font-family 有两种声明方式。第一种方式，使用 name 字体名称，按优先顺序排列，以逗号隔开，如果字体名称包含空格，则应使用引号括起，在 CSS 3 中，比较常用的是第一种声明方式。第二种声明方式使用所列出的字体序列名称。如果使用 fantasy 序列，将提供默认字体序列。

【例 12.1】(实例文件：ch12\12.1.html)

```
<!DOCTYPE html>
<html>
<style type=text/css>
p{font-family:黑体}
</style>
<body>
<p align=center>天行健，君子应自强不息。</p>
</body>
</html>
```

在 IE 浏览器中浏览效果如图 12-1 所示，可以看到文字居中并以黑体显示。

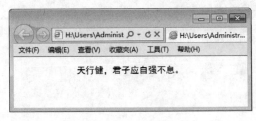

图 12-1 字型显示

 在设计页面时，一定要考虑字体的显示问题，为了保证页面达到预计的效果，最好提供多种字体类型，而且最好以最基本的字体类型作为最后一个。

其样式设置如下。

```
p
{
```

```
font-family:华文彩云,黑体,宋体
}
```

 注意 当 font-family 属性值中的字体类型由多个字符串和空格组成时，如 Times New Roman，那么，该值就需要使用双引号引起来。

```
p
{
  font-family: "Times New Roman"
}
```

12.1.2 案例 2——设置文字的字号

在 CSS 3 新规定中，通常使用 font-size 设置文字大小。语法格式如下。

```
{font-size : 数值| inherit | xx-small | x-small | small | medium | large |
x-large | xx-large | larger | smaller | length}
```

其中，通过数值来定义字体大小，如用 font-size:10px 的方式定义字体大小为 12 个像素。此外，还可以通过 medium 之类的参数定义字体的大小，其参数含义如表 12-1 所示。

表 12-1   font-size 参数列表

参 数	说 明
xx-small	绝对字体尺寸。根据对象字体进行调整。最小
x-small	绝对字体尺寸。根据对象字体进行调整。较小
small	绝对字体尺寸。根据对象字体进行调整。小
medium	默认值。绝对字体尺寸。根据对象字体进行调整。正常
large	绝对字体尺寸。根据对象字体进行调整。大
x-large	绝对字体尺寸。根据对象字体进行调整。较大
xx-large	绝对字体尺寸。根据对象字体进行调整。最大
larger	相对字体尺寸。相对于父对象中的字体尺寸进行相对增大。使用成比例的 em 单位计算
smaller	相对字体尺寸。相对于父对象中的字体尺寸进行相对减小。使用成比例的 em 单位计算
length	百分数或由浮点数字和单位标识符组成的长度值，不可为负值。其百分比取值是基于父对象中的字体尺寸

【例 12.2】(实例文件：ch12\12.2.html)

```
<!DOCTYPE html>
<html>
<body>
<div style="font-size:10pt">上级标记大小
  <p style="font-size:small">小</p>
  <p style="font-size:larger">大</p>
    <p style="font-size:x-small">小</p>
  <p style="font-size:x-larger">大</p>
```

```
    <p style="font-size:50%">子标记</p>
    <p style="font-size:25pt">子标记</p>
</div>
</body>
</html>
```

在 IE 浏览器中浏览效果如图 12-2 所示，可以看到网页中的文字被设置成不同的大小，其设置方式采用了绝对数值、关键字和百分比等形式。

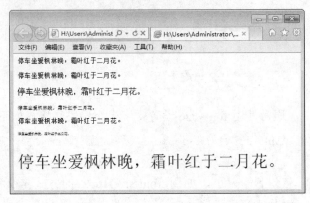

图 12-2　字体大小显示

在上面例子中，font-size 字体大小为 50%时，其比较对象是上一级标签中的 10pt。

同样，还可以使用 inherit 值，直接继承上级标记的字体大小，例如：

```
<div style="font-size:50pt">上级标记
  <p style="font-size: inherit ">继承</p>
</div>
```

12.1.3　案例 3——设置字体风格

font-style 通常用来定义字体风格，即字体的显示样式。在 CSS 3 新规定中，语法格式如下。

```
font-style : normal | italic | oblique |inherit
```

其属性值有 4 个，具体含义如表 12-2 所示。

表 12-2　font-style 参数表

属 性 值	含　义
normal	默认值。浏览器显示一个标准的字体样式
italic	浏览器会显示一个斜体的字体样式
oblique	将没有斜体变量的特殊字体，浏览器会显示一个倾斜的字体样式
inherit	规定应该从父元素继承字体样式

【例 12.3】(实例文件：ch12\12.3.html)

```
<!DOCTYPE html>
<html>
```

```
<body>
  <p style="font-style:italic">梅花香自苦寒来</p>
  <p style="font-style:normal">梅花香自苦寒来</p>
  <p style="font-style:oblique">梅花香自苦寒来</p>
</body>
</html>
```

在 IE 浏览器中浏览效果如图 12-3 所示，可以看到文字分别显示为不同的样式，如斜体。

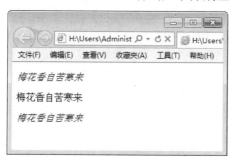

图 12-3　字体风格显示

12.1.4　案例 4——设置加粗字体

通过 CSS 3 中的 font-weight 属性可以定义字体的粗细程度，其语法格式如下。

```
{font-weight:100-900|bold|bolder|lighter|normal;}
```

font-weight 属性有 13 个有效值，分别是 bold、bolder、lighter、normal、100~900。如果没有设置该属性，则使用其默认值 normal。属性值设置为 100~900，值越大，加粗的程度就越高。具体含义如表 12-3 所示。

表 12-3　font-weight 属性表

值	描　述
bold	定义粗体字体
bolder	定义更粗的字体，相对值
lighter	定义更细的字体，相对值
normal	默认，标准字体

浏览器默认的字体粗细是 400，另外也可以通过参数 lighter 和 bolder 使字体在原有基础上显得更细或更粗。

【例 12.4】(实例文件：ch12\12.4.html)

```
<!DOCTYPE html>
<html>
<body>
  <p style="font-weight:bold">梅花香自苦寒来(bold)</p>
  <p style="font-weight:bolder">梅花香自苦寒来(bolder)</p>
  <p style="font-weight:lighter">梅花香自苦寒来(lighter)</p>
  <p style="font-weight:normal">梅花香自苦寒来(normal)</p>
```

```
    <p style="font-weight:100">梅花香自苦寒来(100)</p>
    <p style="font-weight:400">梅花香自苦寒来(400)</p>
    <p style="font-weight:900">梅花香自苦寒来(900)</p>
</body>
</html>
```

在 IE 浏览器中浏览效果如图 12-4 所示，可以看到文字以不同方式加粗，其中使用了关键字加粗和数值加粗。

图 12-4　字体粗细显示

12.1.5　案例5——将小写字母转为大写字母

font-variant 属性设置大写字母的字体显示文本，这意味着所有的小写字母均会被转换为大写，但是所有使用大写字体的字母与其余文本相比，其字体尺寸更小。在 CSS 3 中，其语法格式如下。

```
font-variant : normal | small-caps |inherit
```

font-variant 有 3 个属性值，分别是 normal、inherit 和 small-caps。具体含义如表 12-4 所示。

表 12-4　font-variant 属性表

属 性 值	说　　明
normal	默认值。浏览器会显示一个标准的字体
small-caps	浏览器会显示小型大写字母的字体
inherit	规定应该从父元素继承 font-variant 属性的值

【**例 12.5**】(实例文件：ch12\12.5.html)

```
<!DOCTYPE html>
<html>
<body>
<p style="font-variant:normal">Happy BirthDay to You</p>
<p style="font-variant:small-caps">Happy BirthDay to You</p>
</body>
</html>
```

在 IE 浏览器中浏览效果如图 12-5 所示，可以看到字母以大写形式显示。

图 12-5　字母大小写转换

通过图 12-5 中对两个属性值产生的效果进行比较可以看到，设置为 normal 属性值的文本以正常文本显示，而设置为 small-caps 属性值的文本中有稍大的大写字母，也有小的大写字母，也就是说，使用了 small-caps 属性值的段落文本全部变成了大写，只是大写字母的尺寸不同。

12.1.6　案例 6——设置字体的复合属性

在设计网页时，为了使网页布局合理且文本规范，对字体设计需要使用多种属性，如定义字体粗细并定义字体大小。但是，多个属性分别书写相对比较麻烦，在 CSS 3 样式表中提供了 font 属性就解决了这一问题。

font 属性可以一次性地使用多个属性的属性值定义文本字体。语法格式如下。

```
{font:font-style font-variant font-weight font-size font-family}
```

font 属性中的属性排列顺序是 font-style、font-variant、font-weight、font-size 和 font-family，各属性的属性值之间使用空格隔开，如果 font-family 属性要定义多个属性值，则需使用逗号(,)隔开。

　　　　属性排列中，font-style、font-variant 和 font-weight 这 3 个属性值是可以自由调换的。而 font-size 和 font-family 则必须按照固定的顺序出现，而且必须都出现在 font 属性中。如果这两者的顺序不对或缺少一个，那么，整条样式规则可能就会被忽略。

【例 12.6】(实例文件：ch12\12.6.html)

```
<!DOCTYPE html>
<html>
<style type=text/css>
p{
    font:normal small-caps bolder 20pt "Cambria","Times New Roman",宋体
}
</style>
<body>
<p>
众里寻他千百度，蓦然回首，那人却在灯火阑珊处。
</p>
</body>
</html>
```

在 IE 浏览器中浏览效果如图 12-6 所示，可以看到文字被设置成宋体并加粗。

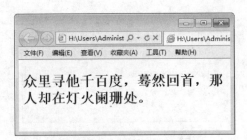

图 12-6 复合属性 font 显示

12.1.7 案例7——设置字体颜色

在 CSS 3 样式中，通常使用 color 属性来设置颜色。属性值通常使用下面方式设定，如表 12-5 所示。

表 12-5 color 属性值

属 性 值	说　明
color_name	规定颜色值为颜色名称的颜色(例如 red)
hex_number	规定颜色值为十六进制值的颜色(例如#ff0000)
rgb_number	规定颜色值为 rgb 代码的颜色(例如 rgb(255,0,0))
inherit	规定应该从父元素继承颜色
hsl_number	规定颜色值为 HSL 代码的颜色(例如 hsl(0,75%,50%))，此为 CSS 3 新增加的颜色表现方式
hsla_number	规定颜色只为 HSLA 代码的颜色(如 hsla(120,50%,50%,1))，此为 CSS 3 新增加的颜色表现方式
rgba_number	规定颜色值为 RGBA 代码的颜色(如 rgba(125,10,45,0.5))，此为 CSS 3 新增加的颜色表现方式

【例 12.7】(实例文件：ch12\12.7.html)

```
<!DOCTYPE html>
<html>
<head>
<style type="text/css">
body {color:red}
h1 {color:#00ff00}
p.ex {color:rgb(0,0,255)}
p.hs{color:hsl(0,75%,50%)}
p.ha{color:hsla(120,50%,50%,1)}
p.ra{color:rgba(125,10,45,0.5)}
</style>
</head>
<body>
<h1>《青玉案 元夕》</h1>
<p>众里寻他千百度，蓦然回首，那人却在灯火阑珊处。
</p>
<p class="ex">众里寻他千百度，蓦然回首，那人却在灯火阑珊处。(该段落定义了
class="ex"。该段落中的文本是蓝色的。)</p>
```

```
<p class="hs">众里寻他千百度，蓦然回首，那人却在灯火阑珊处。(此处使用了 CSS 3 中的新增
加的 HSL 函数，构建颜色。)</p>
<p class="ha">众里寻他千百度，蓦然回首，那人却在灯火阑珊处。(此处使用了 CSS 3 中的新增
加的 HSLA 函数，构建颜色。)</p>
<p class="ra">众里寻他千百度，蓦然回首，那人却在灯火阑珊处。(此处使用了 CSS 3 中的新增
加的 RGBA 函数，构建颜色。)</p>
</body>
</html>
```

在 IE 浏览器中浏览效果如图 12-7 所示，可以看到文字以不同颜色显示，并采用了不同的颜色取值方式。

图 12-7　color 属性显示

12.2　设置文本的高级样式

对于一些特殊要求的文本，如文字存在阴影，字体种类发生变化，如果再使用上面所介绍的 CSS 样式进行定义，其结果就不会得到正确显示，这时就需要一些特定的 CSS 标记来完成这些要求。

12.2.1　案例 8——设置文本阴影效果

在显示字体时，有时根据需求，需要给出文字的阴影效果，以增强网页整体的吸引力，并且为文字阴影添加颜色。这时就需要用到 CSS 3 样式中的 text-shadow 属性，实际上，在 CSS 2.1 中，W3C 就已经定义了 text-shadow 属性，但在 CSS 3 中又进行了重新定义，并增加了不透明度效果。语法格式如下。

```
{text-shadow : none | <length> none | [<shadow>, ] * <opacity> 或 none |
<color> [, <color> ]* }
```

属性值如表 12-6 所示。

表 12-6　text-shadow 属性值

属 性 值	说　明
<color>	指定颜色
<length>	由浮点数字和单位标识符组成的长度值。可为负值。指定阴影的水平延伸距离

续表

属 性 值	说 明
<opacity>	由浮点数字和单位标识符组成的长度值。不可为负值。 指定模糊效果的作用距离。如果仅需要模糊效果，将前两个 length 全部设定为 0

text-shadow 属性有 4 个属性值，最后两个是可选的，第 1 个属性值表示阴影的水平位移，可取正负值，第 2 个属性值表示阴影垂直位移，可取正负值，第 3 个属性值表示阴影模糊半径，该值可选；第 4 个属性值表示阴影颜色值，该值可选，如下所示。

```
text-shadow:阴影水平偏移值(可取正负值);  阴影垂直偏移值(可取正负值);阴影模糊值;阴影颜色
```

【例 12.8】(实例文件：ch12\12.8.html)

```
<!DOCTYPE html>
<html>
<body>
<p align=center style="text-shadow:0.1em 2px 6px blue;font-size:80px;">这是
TextShadow 的阴影效果</p>
</body>
</html>
```

在 Firefox 10.0 中浏览效果如图 12-8 所示，可以看到文字居中并带有阴影显示。

图 12-8　阴影显示结果图

通过上面的实例可以看出，阴影偏移由两个 length 值指定到文本的距离。第一个长度值指定到文本右边的水平距离，负值会把阴影放置在文本左边。第二个长度值指定到文本下边的垂直距离，负值会把阴影放置在文本上方。在阴影偏移之后，可以指定一个模糊半径。

12.2.2　案例 9——设置文本溢出效果

text-overflow 属性用来定义当文本溢出时是否显示省略标记，即定义省略文本的显示方式，并不具备其他的样式属性定义。要实现溢出时产生省略号的效果还必须定义：强制文本在一行内显示(white-space:nowrap)及溢出内容为隐藏(overflow:hidden)，只有这样才能实现溢出文本显示省略号的效果。text-overflow 语法如下。

```
text-overflow : clip | ellipsis
```

其属性值含义如表 12-7 所示。

表 12-7 text-overflow 属性表

属 性 值	说 明
clip	不显示省略标记(...)，而是简单的裁切条
ellipsis	当对象内文本溢出时显示省略标记(...)

【例 12.9】(实例文件：ch12\12.9.html)

```html
<!DOCTYPE html>
<html>
<body>
<style type="text/css">
  .test_demo_clip{text-overflow:clip; overflow:hidden; white-space:nowrap;
width:200px; background:#ccc;}
  .test_demo_ellipsis{text-overflow:ellipsis; overflow:hidden; white-
space:nowrap; width:200px;
background:#ccc;}
</style>
<h2>text-overflow : clip </h2>
  <div class="test_demo_clip">
  不显示省略标记，而是简单的裁切条
</div>
<h2>text-overflow : ellipsis </h2>
  <div class="test_demo_ellipsis">
  显示省略标记，不是简单的裁切条
</div>
</body>
</html>
```

在 Firefox 10.0 中浏览效果如图 12-9 所示，可以看到文字在指定位置被裁切，但 ellipsis 属性没有被执行。在 IE 浏览器中浏览效果也如图 12-9 所示，可以看到 ellipsis 属性以省略号形式出现。

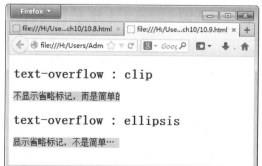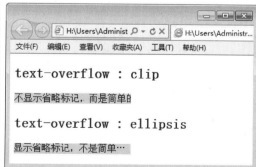

图 12-9 文本省略处理

12.2.3 案例10——设置文本的控制换行

当在一个指定区域显示一整行文字时，如果文字在一行内显示不完时，需要进行换行。如果不进行换行，则会超出指定区域范围，此时可以采用 CSS 3 中新增加的 word-wrap 文本样式来控制文本换行。

word-wrap 语法格式如下。

```
word-wrap : normal | break-word
```

其属性值含义比较简单，如表 12-8 所示。

表 12-8　word-wrap 属性表

属 性 值	说　明
normal	控制连续文本换行
break-word	内容将在边界内换行。如果需要，词内换行(word-break)也会发生

【例 12.10】(实例文件：ch12\12.10.html)

```
<!DOCTYPE html>
<html >
<body>
<style type="text/css">
    div{ width:300px;word-wrap:break-word;border:1px solid #999999;}
</style>
<div>wordwrapbreakwordwordwrapbreakwordwordwrapbreakwordwordwrapbreakword</
div><br>
        <div>全中文的情况，全中文的情况，全中文的情况全中文的情况全中文的情况
</div><br>
        <div>This is all English,This is all English,This is all
English,This is all English,</div>
</body>
</html>
```

在 IE 浏览器中浏览效果如图 12-10 所示，可以看到文字在指定位置被控制换行。

图 12-10　文本强制换行

可以看出，word-wrap 属性可以控制换行，当属性取值 break-word 时，将强制换行，中文文本没有任何问题，英文语句也没有任何问题。但是对于长串的英文就不起作用，也就是

说，break-word 属性控制是否断词，而不是断字符。

12.2.4　案例 11——保持字体尺寸不变

有时候在同一行的文字，由于所采用字体种类不一样或者修饰样式不一样，而导致其字体尺寸即显示大小不一样，整行文字看起来就显得杂乱。此时需要 CSS 3 的属性标签 font-size-adjust 处理。

font-size-adjust 用来定义整个字体序列中，所有字体的大小是否保持同一个尺寸。语法格式如下。

```
font-size-adjust : none | number
```

其属性值含义如表 12-9 所示。

表 12-9　font-size-adjust 属性表

属 性 值	说 明
none	默认值。允许字体序列中每一字体遵守它的自己的尺寸
number	为字体序列中所有字体强迫指定同一尺寸

【例 12.11】(实例文件：ch12\12.11 html)

```
<!DOCTYPE html>
<html>
 <style>
  .big { font-family: sans-serif; font-size: 40pt; }
  .a { font-family: sans-serif; font-size: 15pt; font-size-adjust: 1; }
   .b { font-family: sans-serif; font-size: 30pt; font-size-adjust: 0.5; }
 </style>
 <body>
 <p class="big"><span class="b">厚德载物</span></p>
 <p class="big"><span class="a">厚德载物</span></p>
</body>
</html>
```

在 IE 浏览器中浏览效果如图 12-11 所示，可以看到同一行的字体大小相同。

图 12-11　尺寸一致显示

12.3　美化网页中的段落

网页中有文字，而用来表达同一个意思的多个文字组合，可以称为段落。段落是文章的基本单位，同样也是网页的基本单位。段落的放置与效果的显示会直接影响到页面的布局及风格。CSS 样式表提供了文本属性来实现对页面中段落文本的控制。

12.3.1　案例 12——设置单词之间的间隔

单词之间的间隔如果设置合理，会给整个网页布局节省空间，二者可以给人赏心悦目的感觉，提高阅读效果。在 CSS 中，可以使用 word-spacing 属性直接定义指定区域或者段落中字符之间的间隔。

word-spacing 属性用于设定词与词之间的间距，即增加或者减少词与词之间的间隔。语法格式如下。

```
word-spacing : normal | length
```

其中，属性值 normal 和 length 含义如表 12-10 所示。

表 12-10　单词间隔属性表

属 性 值	说　明
normal	默认，定义单词之间的标准间隔
length	定义单词之间的固定宽带，可以接受正值或负值

【例 12.12】(实例文件：ch12\12.12.html)

```
<!DOCTYPE html>
<html>
<body>
<p style="word-spacing:normal">Welcome to my home</p>
<p style="word-spacing:15px">Welcome to my home</p>
<p style="word-spacing:15px">欢迎来到我家</p>
</body>
</html>
```

在 IE 浏览器中浏览效果如图 12-12 所示，可以看到段落中的单词以不同的间隔显示。

图 12-12　设定词间隔显示

注意

从上面显示结果可以看出，word-spacing 属性不能用于设定文字之间的间隔。

12.3.2 案例 13——设置字符之间的间隔

在一个网页中，词与词之间可以通过 word-spacing 进行设置，那么字符之间使用什么设置呢？在 CSS 3 中，可以通过 letter-spacing 来设置字符文本之间的距离，即在文本字符之间插入多少空间，并且允许使用负值，这样会使字母之间更加紧凑。语法格式如下。

```
letter-spacing : normal | length
```

其属性值含义如表 12-11 所示。

表 12-11　字符间隔属性表

属 性 值	说 明
normal	默认间隔，即以字符之间的标准间隔进行显示
length	由浮点数字和单位标识符组成的长度值，允许为负值

【例 12.13】(实例文件：ch12\12.13.html)

```
<!DOCTYPE html>
<html>
<body>
<p style=" letter-spacing:normal">Welcome to my home</p>
<p style=" letter-spacing:5px">Welcome to my home</p>
<p style="letter-spacing:1ex">这里的字间距是 1ex</p>
<p style="letter-spacing:-1ex">这里的字间距是-1ex</p>
<p style="letter-spacing:1em">这里的字间距是 1em</p>
</body>
</html>
```

在 IE 浏览器中浏览效果如图 12-13 所示，可以看到文字的间距大小不同。

图 12-13　字间距效果

注意

从上述代码中可以看出，通过 letter-spacing 定义了多个字间距的效果，需要特别注意，当设置的字间距是-1ex 时，文字就会粘到一块。

12.3.3　案例14——设置文字的修饰效果

在 CSS 3 中，text-decoration 属性是文本修饰属性，该属性可以为页面提供多种文本的修饰效果，例如，下划线、删除线、闪烁等。

text-decoration 属性语法格式如下。

```
text-decoration:none||underline||blink||overline||line-through
```

其属性值含义如表 12-12 所示。

表 12-12　text-decoration 属性值

属 性 值	描 述
none	默认值，对文本不进行任何修饰
underline	下划线
overline	上划线
line-through	删除线
blink	闪烁

【例 12.14】(实例文件：ch12\12.14.html)

```
<!DOCTYPE html>
<html>
<body>
  <p style="text-decoration:none">明明知道相思苦，偏偏对你牵肠挂肚！</p>
  <p style="text-decoration:underline">明明知道相思苦，偏偏对你牵肠挂肚！</p>
  <p style="text-decoration:overline">明明知道相思苦，偏偏对你牵肠挂肚！</p>
  <p style="text-decoration:line-through">明明知道相思苦，偏偏对你牵肠挂肚！</p>
  <p style="text-decoration:blink">明明知道相思苦，偏偏对你牵肠挂肚！</p>
</body>
</html>
```

打开 IE 9.0，显示效果如图 12-14 所示。可以看到段落中出现了下划线、上划线和删除线等。

图 12-14　文本修饰显示

　这里需要注意的是：blink 闪烁效果只有 Mozilla 和 Netscape 浏览器支持，而 IE 和其他浏览器(如 Opera)都不支持该效果。

12.3.4 案例 15——设置垂直对齐方式

在 CSS 中，可以直接使用 vertical-align 属性设定垂直对齐方式。该属性定义行内元素的基线相对于该元素所在行的基线的垂直对齐，允许指定负长度值和百分比值，这会使元素降低而不是升高。在表单元格中，属性会设置单元格框中的单元格内容的对齐方式。

vertical-align 属性语法格式如下。

```
{vertical-align:属性值}
```

vertical-align 属性值有 8 个预设值可使用，也可以使用百分比。这 8 个预设值如表 12-13 所示。

表 12-13　vertical-align 属性值

属 性 值	说　　明
baseline	默认。元素放置在父元素的基线上
sub	垂直对齐文本的下标
super	垂直对齐文本的上标
top	将元素的顶端与行中最高元素的顶端对齐
text-top	将元素的顶端与父元素字体的顶端对齐
middle	将此元素放置在父元素的中部
bottom	将元素的顶端与行中最低的元素的顶端对齐
text-bottom	将元素的底端与父元素字体的底端对齐

【例 12.15】(实例文件：ch12\12.15.html)

```
<!DOCTYPE html>
<html>
<body>
<p>
    世界杯<b style=" font-size:8pt;vertical-align:super">2014</b>！
    中国队<b style="font-size: 8pt;vertical-align: sub">[注]</b>！
    加油！<img src="1.gif" style="vertical-align: baseline">
</p>
<p><img src="2.gif" style="vertical-align:middle"/>
    世界杯！中国队！加油！<img src="1.gif" style="vertical-align:top">
</p>
<hr/>
<p ><img src="2.gif" style="vertical-align:middle"/>
    世界杯！中国队！加油！<img src="1.gif" style="vertical-align:text-top">
</p>
<p><img src="2.gif" style="vertical-align:middle"/>
    世界杯！中国队！加油！<img src="1.gif" style="vertical-align:bottom">
</p>
<hr/>
<p ><img src="2.gif" style="vertical-align:middle"/>
    世界杯！中国队！加油！<img src="1.gif" style="vertical-align:text-bottom">
```

```
</p>
<p>
    世界杯<b style=" font-size:8pt;vertical-align:100%">2008</b>!
    中国队<b style="font-size: 8pt;vertical-align: -100%">[注]</b>!
    加油! <img src="1.gif" style="vertical-align: baseline">
</p>
</body>
</html>
```

在 IE 浏览器中浏览效果如图 12-15 所示，可以看到文字在垂直方向以不同的对齐方式显示。

图 12-15　垂直对齐显示

从实例中可以看出，上下标在页面中的数学运算或注释标号使用的比较多。顶端对齐有两种参照方式，一种是参照整个文本块，一种是参照文本。底部对齐同顶端对齐方式相同，分别参照文本块和文本块中包含的文本。

提示　vertical-align 属性值还能使用百分比来设定垂直高度，该高度具有相对性，是基于行高的值来计算的，而且百分比值还能使用正负号表示，正百分比使文本上升，负百分比使文本下降。

12.3.5　案例 16——转换文本的大小写

根据需要，将小写字母转换为大写字母，或者将大写字母转换为小写，在文本编辑中都是很常见的。在 CSS 样式中，text-transform 属性可用于设定文本字体的大小写转换。text-transform 属性语法格式如下。

```
text-transform : none | capitalize | uppercase | lowercase
```

其属性值含义如表 12-14 所示。

因为文本转换属性仅作用于字母型文本，相对来说比较简单。

表 12-14   text-transform 的属性值

属 性 值	说 明
none	无转换发生
capitalize	将每个单词的第一个字母转换成大写，其余无转换发生
uppercase	转换成大写
lowercase	转换成小写

【例 12.16】(实例文件：ch12\12.16.html)

```
<!DOCTYPE html>
<html>
<body style="font-size:15pt; font-weight:bold">
  <p style="text-transform:none">welcome to home</p>
  <p style="text-transform:capitalize">welcome to home</p>
  <p style="text-transform:lowercase">WELCOME TO HOME</p>
  <p style="text-transform:uppercase">welcome to home</p>
</body>
</html>
```

在 IE 浏览器中浏览效果如图 12-16 所示，可以看到字母以大写字母显示。

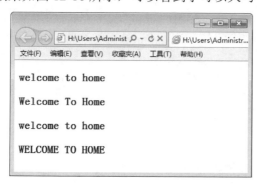

图 12-16   大小写字母转换显示

12.3.6   案例 17——设置文本的水平对齐方式

一般情况下，居中对齐适用于标题类文本，其他对齐方式可以根据页面布局来选择使用。根据需要，可以设置多种对齐方式，如水平方向上的居中、左对齐、右对齐或者两端对齐等。在 CSS 中，可以通过 text-align 属性进行设置。

text-align 属性用于定义对象文本的对齐方式，与 CSS 2.1 相比，CSS 3 增加了 start、end 和 string 属性值。text-align 语法格式如下。

```
{ text-align: sTextAlign }
```

其属性值含义如表 12-15 所示。

在新增加的属性值中，start 和 end 属性值主要是针对行内元素的，即在包含元素的头部或尾部显示；而<string>属性值主要用于表格单元格中，将根据某个指定的字符对齐。

表 12-15　text-align 属性表

属 性 值	说　明
start	文本向行的开始边缘对齐
end	文本向行的结束边缘对齐
left	文本向行的左边缘对齐。在垂直方向的文本中，文本在 left-to-right 模式下向开始边缘对齐
right	文本向行的右边缘对齐。在垂直方向的文本中，文本在 left-to-right 模式下向结束边缘对齐
center	文本在行内居中对齐
justify	文本根据 text-justify 的属性设置方法分散对齐，即两端对齐，均匀分布
match-parent	继承父元素的对齐方式，但有个例外：继承的 start 或者 end 值是根据父元素的 direction 值进行计算的，因此计算的结果可能是 left 或者 right
<string>	string 是一个单个的字符，否则就忽略此设置，按指定的字符进行对齐。此属性可以与其他关键字同时使用，如果没有设置字符，则默认值是 end 方式
inherit	继承父元素的对齐方式

【例 12.17】(实例文件：ch12\12.17.html)

```
<!DOCTYPE html>
<html>
<body>
<h1 style="text-align:center">登幽州台歌</h1>
<h3 style="text-align:left">选自：</h3>
<h3 style="text-align:right">
  <img src="1.gif" />
  唐诗三百首</h3>
<p style="text-align:justify">
  前不见古人
  后不见来者
  (这是一个测试，这是一个测试，这是一个测试，)
</p>
<p style="text-align:strat">念天地之悠悠</p>
<p style="text-align:end">独怆然而涕下</p>
</body>
</html>
```

在 IE 浏览器中浏览效果如图 12-17 所示，可以看到文字在水平方向上以不同的对齐方式显示。

注意　text-align 属性只能用于文本块，而不能直接应用到图像标记<img>。如果要使图像同文本一样应用对齐方式，那么就必须将图像包含在文本块中。如例 12.17 中，由于向右对齐方式作用于<h3>标记定义的文本块，图像包含在文本块中，所以图像能够同文本一样向右对齐。

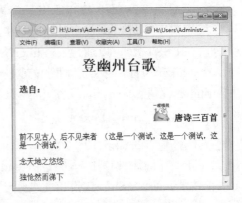

图 12-17　对齐效果

提示　　CSS 只能定义两端对齐方式，并按要求显示，但对于具体的两端对齐文本如何分配字体空间，以实现文本左右两边均对齐，CSS 并不规定，需要设计者自行定义。

12.3.7　案例 18——设置文本的缩进效果

在普通段落中，通常首行缩进两个字符，用来表示这是一个段落的开始。同样，在网页的文本编辑中，可以通过指定属性来控制文本缩进。CSS 的 text-indent 属性就用来设定文本块中首行的缩进。

text-indent 属性的语法格式如下。

```
text-indent : length
```

其中，length 属性值表示有百分比数字或有由浮点数字和单位标识符组成的长度值，允许为负值。可以这样认为，text-indent 属性可以定义两种缩进方式，一种是直接定义缩进的长度，另一种是定义缩进百分比。使用该属性，HTML 任何标记都可以让首行以给定的长度或百分比缩进。

【**例 12.18**】(实例文件：ch12\12.18.html)

```
<!DOCTYPE html>
<html>
<body>
<p style="text-indent:10mm">
    此处直接定义长度，直接缩进。
</p>
<p style="text-indent:10%">
   此处使用百分比，进行缩进。
</p>
</body>
</html>
```

在 IE 浏览器中浏览效果如图 12-18 所示，可以看到文字以首行缩进方式显示。

如果上级标记定义了 text-indent 属性，那么子标记可以继承其上级标记的缩进长度。

图 12-18　缩进显示

12.3.8　案例 19——设置文本的行高

在 CSS 中，line-height 属性用来设置行间距，即行高。语法格式如下。

```
line-height : normal | length
```

其属性值的具体含义如表 12-16 所示。

表 12-16　行高属性值

属 性 值	说　明
normal	默认行高，即网页文本的标准行高
length	百分比数字或由浮点数字和单位标识符组成的长度值，允许为负值。其百分比取值是基于字体的高度尺寸

【例 12.19】(实例文件：ch12\12.19.html)

```
<!DOCTYPE html>
<html>
<body>
  <div style="text-indent:10mm;">
    <p style="line-height:50px">
        世界杯(World Cup,FIFA World Cup)，国际足联世界杯，世界足球锦标赛)是世界上最
高水平的足球比赛，与奥运会、F1 并称为全球三大顶级赛事。
    </p>    <p style="line-height:50%">
        世界杯(World Cup,FIFA World Cup)，国际足联世界杯，世界足球锦标赛)是世界上最高
水平的足球比赛，与奥运会、F1 并称为全球三大顶级赛事。
    </p>
  </div>
</body>
</html>
```

在 IE 浏览器中浏览效果如图 12-19 所示，可以看到有段文字重叠在一起，即行高设置较小。

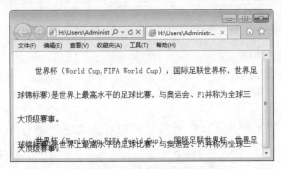

图 12-19　设定文本行高显示

12.3.9　案例 20——文本的空白处理

在 CSS 中，white-space 属性用于设置对象内空格字符的处理方式。与 CSS 2.1 相比，CSS 3 新增了两个属性值。white-space 属性对文本的显示有着重要的影响，在标记上应用 white-space 属性，可以影响浏览器对字符串或文本间空白的处理方式。

white-space 属性语法格式如下。

```
white-space :normal | pre | nowrap | pre-wrap | pre-line
```

其属性值含义如表 12-17 所示。

表 12-17　空白属性表

属 性 值	说　　明
normal	默认。空白会被浏览器忽略
pre	空白会被浏览器保留。其行为方式类似 HTML 中的 <pre> 标签
nowrap	文本不会换行，文本会在同一行上继续，直到遇到 标签为止
pre-wrap	保留空白符序列，但是进行正常换行
pre-line	合并空白符序列，但是保留换行符
inherit	规定应该从父元素继承 white-space 属性的值

【例 12.20】(实例文件：ch12\12.20.html)

```
<!DOCTYPE html>
<html>
<body>
  <h1 style="color:red; text-align:center;white-space:pre">蜂蜜的功效与作用! </h1>
  <div >
    <p style="white-space:nowrap;text-indent:10mm">
        蜂蜜，是昆虫蜜蜂从开花植物的花中采得的花蜜在蜂巢中酿制的蜜。<br>
蜂蜜的成分除了葡萄糖、果糖之外还含有各种维生素、矿物质和氨基酸。1千克的蜂蜜含有 2940 卡的
热量。蜂蜜是糖的过饱和溶液，低温时会产生结晶，生成结晶的是葡萄糖，不产生结晶的部分主要是果糖。
    </p>
    <p style="white-space:pre-wrap;text-indent:10mm">
        蜂蜜的成分除了葡萄糖、果糖之外还含有各种维生素、矿物质和氨基酸。
        1千克的蜂蜜含有 2940 卡的热量。<br/>
        蜂蜜是糖的过饱和溶液，低温时会产生结晶，生成结晶的是葡萄糖，不产生结晶的部分主要是果糖。
    </p>
    <p style="white-space:pre-line;text-indent:10mm">
            蜂蜜的成分除了葡萄糖、果糖之外还含有各种维生素、矿物质和氨基酸。
        1千克的蜂蜜含有 2940 卡的热量。<br/>
        蜂蜜是糖的过饱和溶液，低温时会产生结晶，生成结晶的是葡萄糖，不产生结晶的部分主要是果糖。

    </p>
  </div>
</body>
</html>
```

在 IE 浏览器中浏览效果如图 12-20 所示，可以看到文字空白处理的不同方式。

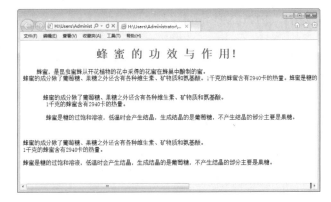

图 12-20　空白处理显示

12.3.10　案例21——文本的反排

在网页文本编辑中，通常英语文档的基本方向是从左至右。如果文档中某一段的多个部分包含从右至左阅读的语言，则该语言的方向将正确地显示为从右至左。此时可以通过 CSS 提供的两个属性 unicode-bidi 和 direction 解决文本反排的问题。

unicode-bidi 属性语法格式如下。

```
unicode-bidi : normal | bidi-override | embed
```

其属性值含义如表 12-18 所示。

表 12-18　unicode-bidi 属性表

属 性 值	说 明
normal	默认值。元素不会打开一个额外的嵌入级别。对于内联元素，隐式地重新排序将跨元素边界而起作用
bidi-override	与 embed 值相同，但这一点除外：在元素内，重新排序依照 direction 属性严格按顺序进行。此值替代隐式双向算法
embed	元素将打开一个额外的嵌入级别。direction 属性的值指定嵌入级别。重新排序在元素内是隐式进行的

direction 属性用于设定文本流的方向，其语法格式如下。

```
direction : ltr | rtl | inherit
```

其属性值含义如表 12-19 所示。

表 12-19　direction 属性值

属 性 值	说 明
ltr	文本流从左到右
rtl	文本流从右到左
inherit	文本流的值不可继承

【例 12.21】(实例文件：ch12\12.21.html)

```
<!DOCTYPE html>
<html>
<head>
<style type="text/css">
a {color:#000;}
</style>
</head>
<body>
<h3>文本的反排</h3>
<div style=" direction:rtl; unicode-bidi:bidi-override; text-align:left">秋
风吹不尽，总是玉关情。
</div>
```

```
</body>
</html>
```

在 IE 浏览器中浏览效果如图 12-21 所示，可以看到文字以反转形式显示。

图 12-21　文本反转显示

12.4　综合案例 1——设置网页标题

本节创建一个网站的网页标题，主要利用文字和段落方面的 CSS 属性。具体的操作步骤如下。

step 01 分析需求。

本综合实例的要求如下，要求在网页的最上方显示出标题，标题下方是正文，其中正文部分是文字段落部分。在设计这个网页标题时，需要将网页标题加粗，并将网页居中显示，用大号字体显示标题，以和下面正文区分。上述要求使用 CSS 样式属性实现。实例效果如图 12-22 所示。

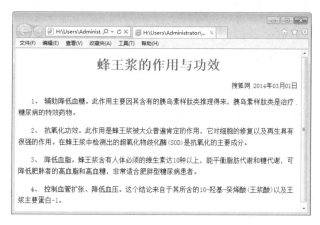

图 12-22　网页标题显示

step 02 分析布局并构建 HTML。

首先需要创建一个 HTML 页面，并用 DIV 将页面划分为两个层，一个是网页标题层，一个是正文部分。

step 03 导入 CSS 文件。

在 HTML 页面，将 CSS 文件使用 link 方式，导入到 HTML 页面中。该 CSS 页面定义了这个页面的所有样式，其导入代码如下。

```
<link href="index.css" rel="stylesheet" type="text/css" />
```

step 04 完成标题样式设置。

首先设置标题的 HTML 代码，此处使用 DIV 构建，其代码如下。

```
<div>
    <h1>蜂王浆的作用与功效</h1>
 <div class="ar">搜狐网    2014 年 03 月 01 日<span ></span></div>
 </div>
```

step 05 使用 CSS 代码对其进行修饰，其代码如下。

```
h1{text-align:center;color:red}
.ar{text-align:right;font-size:15px;}
.lr{text-align:left;font-size:15px;color:}
```

step 06 开发正文部分代码和样式。

首先使用 HTML 代码完成网页正文部分，此处使用 DIV 构建，其代码如下。

```
    <div >
     <P >
1．辅助降低血糖。此作用主要因其含有的胰岛素样肽类推理得来，胰岛素样肽类是治疗糖尿病的
特效药物。
</P >
<P >
2．抗氧化功效。此作用是蜂王浆被大众普遍肯定的作用，对细胞的修复以及再生具有很强的作
用。在蜂王浆中检测出的超氧化物歧化酶(SOD)是抗氧化的主要成分。
</P >
<P >
3．降低血脂。蜂王浆含有人体必须的维生素达 10 种以上，能平衡脂肪代谢和糖代谢，可降低肥
胖者的高血脂和高血糖，非常适合肥胖型糖尿病患者。
</P >
<P >
4．控制血管扩张、降低血压。这个结论来自于其所含的 12-羟基-癸烯酸(王浆酸)以及王浆主要
蛋白-1。</P>
</div>
```

step 07 使用 CSS 代码进行修饰，其代码如下。

```
p{text-indent:8mm;line-height:7mm;}
```

12.5　综合案例 2——制作新闻页面

本实例来制作一个新闻页面，具体的操作步骤如下。

step 01 打开记事本，在其中输入如下代码。

```
<!DOCTYPE html>
<html>
<head>
<title>新闻页面</title>
<style type="text/css">
<!--
h1{font-family:黑体;
```

```
text-decoration:underline overline;
text-align:center;
    }
p{ font-family: Arial, "Times New Roman";
   font-size:20px;
   margin:5px 0px;
   text-align:justify;
    }
#p1{
    font-style:italic;
    text-transform:capitalize;
    word-spacing:15px;
    letter-spacing:-1px;
       text-indent:2em;
    }
#p2{
    text-transform:lowercase;
    text-indent:2em;
    line-height:2;
    }
#firstLetter{
    font-size:3em;
    float:left;
    }
h1{
    background:#678;
    color:white;
    }
-->
</style>
</head>
<body>
<h1>英国现两个多世纪来最多雨冬天</h1>
<p id="p1">在 3 月的第一天，阳光"重返"英国大地，也预示着春天的到来。</p>
<p id="p2">英国气象局发言人表示："今天的阳光很充足，这才像春天的感觉。这是春天的一
个非常好的开局。"前几天英国气象局发布的数据显示，刚刚过去的这个冬天是过去近 250 年来
最多雨的冬天。</p>
</body>
</html>
```

step 02 保存网页，在 IE 浏览器中预览效果如图 12-23 所示。

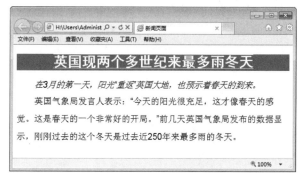

图 12-23　浏览效果

12.6 高手甜点

甜点 1：字体为什么在其他计算机上不显示？

楷体很漂亮，草书也不逊色于宋体，但不是所有人的计算机上都安装有这些字体，所以在设计网页时，不要为了追求漂亮美观而采用一些比较新奇的字体。有时这样往往反而达不到效果。用最基本的字体，是最好的选择。

不要使用难于阅读的花哨字体。当然，某些字体可以让网站精彩纷呈，但是它们容易阅读吗？网页的主要目的是传递信息并供读者阅读，应该使读者阅读过程舒服些。另外，也不要用小字体，虽然 Firefox 浏览器有放大功能，但如果必须放大才能看清一个网站的话，相信读者以后再也不会去访问它了。

甜点 2：网页中的空白处理吗？

注意不留空白。不要用图像、文本和不必要的动画 GIF 来充斥网页，即使有足够的空间，在设计时也应该避免使用。

甜点 3：文字和图片导航速度谁快？

应使用文字做导航栏。文字导航不仅速度快，而且更稳定。例如，有些用户上网时会关闭图片。在处理文本时，不要在普通文本上添加下划线或者颜色。除非特别需要，否则不要为普通文字添加下划线。就像用户需要识别哪些能点击一样，读者不应当将本不能点击的文字误认为能够点击。

12.7 跟我练练手

练习 1：制作一个使用 CSS 3 美化网页文字的例子。

练习 2：制作一个包括文本阴影、溢出和保持字体尺寸不变的例子。

练习 3：制作一个美化网页段落的例子。

练习 4：制作一个包含五彩标题的例子。

练习 5：制作一个新闻页面的例子。

第 13 章

使用 CSS 3 美化
表格和表单样式

　　表格和表单是网页中常见的元素，表格通常用来显示二维关系数据和排版，从而达到页面整齐和美观的效果。而表单是作为客户端和服务器交流的窗口，可以获取客户端信息，并反馈服务器端信息。本章将介绍如何使用 CSS 3 来美化表格和表单。

学习目标(已掌握的在方框中打钩)

☐ 掌握美化表格的方法

☐ 掌握美化表单元素的方法

☐ 掌握制作用户登录页面的方法

☐ 掌握制作用户注册页面的方法

13.1 美化表格样式

在传统网页设计中，表格一直占有比较重要的地位，使用表格排版网页，可以使网页更美观，条理更清晰，更易于维护和更新。

13.1.1 案例1——设置表格边框样式

在显示表格数据时，通常都带有表格边框，用来界定不同单元格的数据。当 table 表格的描述标记 border 值大于 0 时，显示边框，如果 border 值为 0，则不显示边框。边框显示之后，可以使用 CSS 3 的 border-collapse 属性对边框进行修饰。语法格式如下。

```
border-collapse : separate | collapse
```

其中 separate 是默认值，表示边框会被分开，不会忽略 border-spacing 和 empty-cells 属性；而 collapse 属性表示边框会合并为一个单一的边框，会忽略 border-spacing 和 empty-cells 属性。

【例 13.1】(实例文件：ch13\13.1.html)

```
<!DOCTYPE html>
<html>
<head>
<title>家庭季度支出表</title>
<style>
<!--
.tabelist{
    border:1px solid #429fff;    /* 表格边框 */
    font-family:"楷体";
    border-collapse:collapse;     /* 边框重叠 */
}
.tabelist caption{
    padding-top:3px;
    padding-bottom:2px;
    font-weight:bolder;
    font-size:15px;
    font-family:"幼圆";
    border:2px solid #429fff;    /* 表格标题边框 */
}
.tabelist th{
    font-weight:bold;
    text-align:center;
}
.tabelist td{
    border:1px solid #429fff;    /* 单元格边框 */
    text-align:right;
    padding:4px;
}
-->
</style>
```

```
    </head>
<body>
<table class="tabelist">
    <caption class="tabelist">
    2016 季度 07-09
    </caption>
    <tr>
     <th>月份</th>
        <th>07 月</th>
        <th >08 月</th>
        <th>09 月</th>
    </tr>
    <tr>
        <td>收入</td>
        <td>8000</td>
        <td>9000</td>
        <td>7500</td>
    </tr>
    <tr>
        <td>吃饭</td>
        <td>600</td>
        <td>570</td>
        <td>650</td>
    </tr>
    <tr>
        <td>购物</td>
        <td>1000</td>
        <td>800</td>
        <td>900</td>
    </tr>
    <tr>
        <td>买衣服</td>
        <td>300</td>
        <td>500</td>
        <td>200</td>
    </tr>
    <tr>
        <td>看电影</td>
        <td>85</td>
        <td>100</td>
        <td>120</td>
    </tr>
    <tr>
        <td>买书</td>
        <td>120</td>
        <td>67</td>
        <td>90</td>
    </tr>
</table>
</body>
</html>
```

在 IE 9.0 中浏览效果如图 13-1 所示，可以看到表格带有边框显示，其边框宽为 1 像素，直线显示，并且边框进行合并。表格标题"2016 季度 07-09"也带有边框显示，字体大小为150 个像素，字形是幼圆并加粗显示。表格中每个单元格都以 1 像素、直线的方式显示边框，并将显示对象右对齐。

图 13-1　表格样式修饰

13.1.2　案例 2——设置表格边框宽度

在 CSS 3 中，用户可以使用 border-width 属性来设置表格边框宽度，从而美化边框宽度。如果需要单独设置某一个边框宽度，可以使用 border-width 的衍生属性设置，如 border-top-width 和 border-left-width 等。

【例 13.2】(实例文件：ch13\13.2.html)

```
<!DOCTYPE html>
<html>
<head>
<title>表格边框宽度</title>
<style>
    table{
        text-align:center;
    width:500px;
    border-width:6px;
    border-style:double;
    color:blue;
        }
                td{
                    border-width:3px;
                    border-style:dashed;
                }
</style>
</head>
<body>
<table border=1 cellspacing="3" cellpadding="0">
  <tr>
    <td>姓名</td>
    <td class=tds>性别</td>
    <td>年龄</td>
  </tr>
  <tr>
```

```
    <td>张三</td>
    <td>男</td>
    <td>31</td>
  </tr>
  <tr>
    <td>李四 </td>
    <td>男</td>
    <td>18</td>
  </tr>
</table>
</body>
</html>
```

在 IE 9.0 中浏览效果如图 13-2 所示，可以看到表格带有边框，宽度为 6 像素，双线式示，表格中的字体颜色为蓝色。单元格边框宽度为 3 像素，显示样式是破折线式。

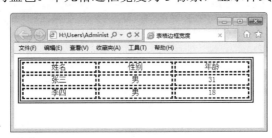

图 13-2　设置表格宽度

13.1.3　案例 3——设置表格边框颜色

表格颜色设置非常简单，通常使用 CSS 3 属性 color 设置表格中的文本颜色，使用 background-color 设置表格背景色。如果为了突出表格中的某一个单元格，还可以使用 background-color 设置某一个单元格颜色。

【例 13.3】(实例文件：ch13\13.3.html)

```
<!DOCTYPE html>
<html>
<head>
<title>设置表格边框颜色</title>
<style>
    *{
    padding:0px;
    margin:0px;
    }
    body{
    font-family:"黑体";
    font-size:20px;
        }
    table{
        background-color:yellow;
        text-align:center;
     width:500px;
    border:1px solid green;
```

```
        }
    td{
    border:1px solid green;
        height:30px;
        line-height:30px;
        }
            .tds{
            background-color:blue;
            }
</style>
</head>
<body>
<table  cellspacing="3" cellpadding="0">
  <tr>
    <td>姓名</td>
    <td class=tds>性别</td>
    <td>年龄</td>
  </tr>
  <tr>
    <td>张三</td>
    <td>男</td>
    <td>32</td>
  </tr>
  <tr>
    <td>小丽</td>
    <td>女</td>
    <td>28</td>
  </tr>
</table>
</body>
</html>
```

在 IE 9.0 中浏览效果如图 13-3 所示，可以看到表格带有边框，边框样式显示为绿色，表格背景色为黄色，其中一个单元格的背景色为蓝色。

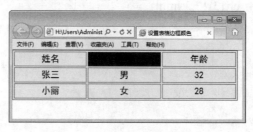

图 13-3　设置边框背景色

13.2　美化表单样式

表单可以用来向 Web 服务器发送数据，特别是经常被用在主页页面——用户输入信息然后发送到服务器中，实际用在 HTML 中的标记有 form、input、textarea、select 和 option。

13.2.1 案例 4——美化表单中的元素

在网页中，表单元素的背景色默认都是白色的，这样的背景色不能美化网页，所以可以使用颜色属性定义表单元素的背景色。定义表单元素背景色可以使用 background-color 属性定义，这样可以使表单元素不那么单调。使用示例如下。

```
input{
    background-color: #ADD8E6;
}
```

上面代码设置了 input 表单元素背景色，都是统一的颜色。

【例 13.4】(实例文件：ch13\13.4.html)

```
<!DOCTYPE html>
<HTML>
<head>
<style>
<!--
input{                          /* 所有 input 标记 */
    color: #cad9ea;
}
input.txt{                      /* 文本框单独设置 */
    border: 1px inset #cad9ea;
    background-color: #ADD8E6;
}
input.btn{                      /* 按钮单独设置 */
    color: #00008B;
    background-color: #ADD8E6;
    border: 1px outset #cad9ea;
    padding: 1px 2px 1px 2px;
}
select{
    width: 80px;
    color: #00008B;
    background-color: #ADD8E6;
    border: 1px solid #cad9ea;
}
textarea{
    width: 200px;
    height: 40px;
    color: #00008B;
    background-color: #ADD8E6;
    border: 1px inset #cad9ea;
}
-->
</style>
</head>
<BODY>
<h3>注册页面</h3>
<table border="1" width="45%">
<form method="post">
<tr><td width="30%">昵称:</td><td><input  class=txt>1—20 个字符<div id="qq">
```

```
</div></td></tr>
<tr><td>密码:</td><td><input type="password" >长度为 6～16 位</td></tr>
<tr><td>确认密码:</td><td><input type="password" ></td></tr>
<tr><td>真实姓名: </td><td><input name="username1"></td></tr>
<tr><td>性别:</td><td><select><option>男</option><option>女
</option></select></td></tr>
<tr><td>E-mail 地址:</td><td><input value="sohu@sohu.com"></td></tr>
<tr><td>备注:</td><td><textarea cols=35 rows=10></textarea></td></tr>
<tr><td><input type="button" value="提交" class=btn /></td><td><input
type="reset" value="重填"/></td></tr>
</form>
</table>
</BODY>
</HTML>
```

在 IE 9.0 中浏览效果如图 13-4 所示，可以看到表单中【昵称】文本框、【性别】下拉列表框和【备注】文本框中都显示了指定的背景颜色。

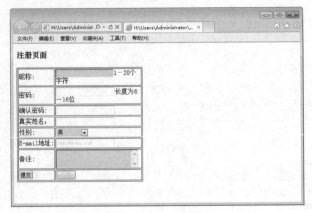

图 13-4　美化表单元素

在上面的代码中，首先使用<input>标记选择符定义了 input 表单元素的字体输入颜色，然后分别定义了两个类 txt 和 btn，txt 用来修饰文本框样式，btn 用来修饰按钮样式，最后分别定义了 select 和 textarea 的样式，其样式定义主要涉及边框和背景色。

13.2.2　案例5——美化提交按钮

通过对表单元素背景色的设置，可以在一定程度上起到美化提交按钮的效果，例如，可以使用 background-color 属性，将其值设置为 transparent(透明色)，就是最常见的一种美化提交按钮的方式。使用示例如下。

```
background-color:transparent;        /* 背景色透明 */
```

【例 13.5】(实例文件：ch13\13.5.html)

```
<!DOCTYPE html>
<html>
<head>
<title>美化提交按钮</title>
```

```
<style>
<!--
form{
    margin:0px;
padding:0px;
font-size:14px;
}
input{
     font-size:14px;
    font-family:"幼圆";
}
.t{
    border-bottom:1px solid #005aa7;     /* 下划线效果 */
    color:#005aa7;
    border-top:0px; border-left:0px;
    border-right:0px;
    background-color:transparent;        /* 背景色透明 */
}
.n{
    background-color:transparent;        /* 背景色透明 */
    border:0px;                          /* 边框取消 */
}
-->
</style>
   </head>
<body>
<center>
<h1>签名页</h1>
<form method="post">
    值班主任：<input  id="name" class="t">
    <input type="submit" value="提交上一级签名>>" class="n">
</form>
</center>
</body>
</html>
```

在 IE 9.0 中浏览效果如图 13-5 所示，可以看到文本框只剩下一个下边框显示，其他边框被去掉了，提交按钮只剩下文字显示了，而且常见的矩形形式被去掉了。

图 13-5 表单元素边框设置

13.2.3 案例 6——美化下拉菜单

在网页设计中，有时为了突出效果，会对文字进行加粗、添加颜色等设定。同样也可以对表单元素中的文字进行这样的修饰。使用 CSS 3 的 font 相关属性就可以美化下拉菜单中的文字。例如，font-size，font-weight 等，对于颜色设置可以采用 color 和 background-color 属性设置等。

【**例 13.6**】(实例文件：ch13\13.6.html)

```
<!DOCTYPE html>
<html>
<head>
<title>美化下拉菜单</title>
<style>
<!--
.blue{
    background-color:#7598FB;
    color: #000000;
            font-size:15px;
            font-weight:bolder;
            font-family:"幼圆";
}
.red{
    background-color:#E20A0A;
    color: #ffffff;
            font-size:15px;
            font-weight:bolder;
            font-family:"幼圆";
}
.yellow{
    background-color:#FFFF6F;
    color: #000000;
            font-size:15px;
            font-weight:bolder;
            font-family:"幼圆";
}
.orange{
    background-color:orange;
    color:#000000;
            font-size:15px;
            font-weight:bolder;
            font-family:"幼圆";
}
-->
</style>
   </head>
<body>
<form method="post">
    <p><label for="color">选择暴雪预警信号级别:</label>
    <select name="color" id="color">
        <option value="">请选择</option>
        <option value="blue" class="blue">暴雪蓝色预警信号</option>
        <option value="yellow" class="yellow">暴雪黄色预警信号</option>
        <option value="orange" class="orange">暴雪橙色预警信号</option>
                        <option value="red" class="red">暴雪红色预警信号
</option>
    </select></p>
```

```
        <p><input type="submit" value="提交"></p>
</form>
</body>
</html>
```

在 IE 9.0 中浏览效果如图 13-6 所示，可以看到下拉菜单中，每个菜单项显示了不同的背景色，用以区别其他菜单项。

图 13-6 设置下拉菜单样式

13.3 综合案例 1——制作用户登录页面

本实例将结合前面学习的知识，创建一个简单的登录表单，具体操作步骤如下。

step 01 分析需求。

创建一个登录表单，需要包含 3 个表单元素，一个名称文本框，一个密码文本框和两个按钮。然后添加一些 CSS 代码，对表单元素进行修饰即可。实例完成后，其实际效果如图 13-7 所示。

step 02 创建 HTML 网页，实现表单。

```
<!DOCTYPE html>
<html>
<head>
<title>用户登录</title>
<body>
<div>
<h1>用户登录</h1>
 <form action="" method="post">
姓名：<input type="text" id=name  />
密码：<input type="password" id=password name="ps"  />
<input type=submit value="提交" class=button>
<input type=reset value="重置" class=button>
</form>
</div>
</body>
</html>
```

在上面代码中，创建了一个 div 层用来包含表单及其元素。在 IE 9.0 中浏览效果如图 13-8 所示，可以看到显示了一个表单，其中包含两个文本框和两个按钮，文本框用来获取名称和密码，按钮分别为一个提交按钮和一个重置按钮。

step 03 添加 CSS 代码，修饰标题和层。

```
<style>
h1{
            font-size:20px;
    }
div{
        width:200px;
        padding:1em 2em 0 2em;
        font-size:12px;
}
</style>
```

上面代码中，设置了标题大小为 20 像素，div 层宽度为 200 像素，层中字体大小为 12 像素。在 IE 9.0 中浏览效果如图 13-9 所示，可以看到标题变小，并且密码文本框换行显示，布局比原来更加美观、合理。

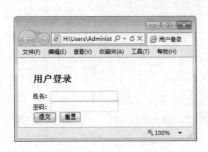

图 13-7　登录表单　　　　　　　　　图 13-8　创建登录表单

step 04 添加 CSS 代码，修饰文本框和按钮。

```
#name,#password{
            border:1px solid #ccc;
            width:160px;
            height:22px;
            padding-left:20px;
            margin:6px 0;
            line-height:20px;
}
.button{margin:6px 0;}
```

在 IE 9.0 中浏览效果如图 13-10 所示，可以看到文本框长度变短、边框变小，并且表单元素之间的距离增大，页面布局更加合理。

图 13-9　设置层大小　　　　　　　　　图 13-10　CSS 修饰文本框

13.4 综合案例 2——制作用户注册页面

本实例将使用一个表单内的各种元素来开发一个网站的注册页面，并用 CSS 样式来美化这个页面效果。具体操作步骤如下。

`step 01` 分析需求。

注册表单非常简单，通常包含 3 个部分，需要在页面上方给出标题，标题下方是正文部分，即表单元素，最下方是表单元素提交按钮。在设计这个页面时，需要把"用户注册"标题设置成 h1 大小，正文使用<p>标记来限制表单元素。实例完成后，实际效果如图 13-11 所示。

`step 02` 构建 HTML 页面，实现基本表单。

```
<!DOCTYPE html>
<html>
<head>
<title>注册页面</title>
</head>
<body>
<h1 align=center>用户注册</h1>
<form method="post" >
<p>姓    名:
<input type="text" class=txt size="12" maxlength="20" name="username"
/>
</p><p>性    别:
<input type="radio" value="male" />男
<input type="radio" value="female" />女
</p><p>年    龄:
<input type="text" class=txt name="age"  />
</p>
<p>联系电话:
<input type="text" class=txt name="tel" />
</p><p>电子邮件:
<input type="text" class=txt name="email" />
</p><p>联系地址:
<input type="text"  class=txt name="address" />
</p>
<p>
<input type="submit" name="submit" value="提交" class=but />
<input type="reset" name="reset" value="清除" class=but  />
</p>
</form>
</body>
</html>
```

在 IE 9.0 中浏览效果如图 13-12 所示，可以看到创建了一个注册表单，包含一个标题"用户注册"，【姓名】【性别】【年龄】【联系电话】【电子邮件】【地址】文本框和【提交】按钮等，其显示样式为默认样式。

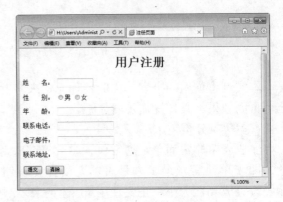

图 13-11　注册页面　　　　　　　图 13-12　注册表单显示

step 03 添加 CSS 代码，修饰全局样式和表单样式。

```
<style>
*{
    padding:0px;
    margin:0px;
    }
body{
    font-family:"宋体";
    font-size:12px;
    }
form{
    width:300px;
    margin:0 auto 0 auto;
    font-size:12px;
    color:#999;
}
</style>
```

在 IE 浏览器中浏览效果如图 13-13 所示，可以看到页面中的字体变小，其表单元素之间的距离变小，相比较原来页面更美观。

step 04 添加 CSS 代码，修饰段落、文本框和按钮。

```
form p {
    margin:5px 0 0 5px;
            text-align:center;
        }
.txt{
    width:200px;
    background-color:#CCCCFF;
    border:#6666FF 1px solid;
    color:#0066FF;
    }
.but{
border:0px#93bee2solid;
border-bottom:#93bee21pxsolid;
border-left:#93bee21pxsolid;
border-right:#93bee21pxsolid;
border-top:#93bee21pxsolid;*/
```

258

```
background-color:#3399CC;
cursor:hand;
font-style:normal;
color:#cad9ea;
}
```

在 IE 浏览器中浏览效果如图 13-14 所示，可以看到表单元素带有背景色，其输入字体颜色为蓝色，边框颜色为浅蓝色。按钮带有边框，按钮上的字体颜色为浅色。

图 13-13　CSS 修饰表单样式

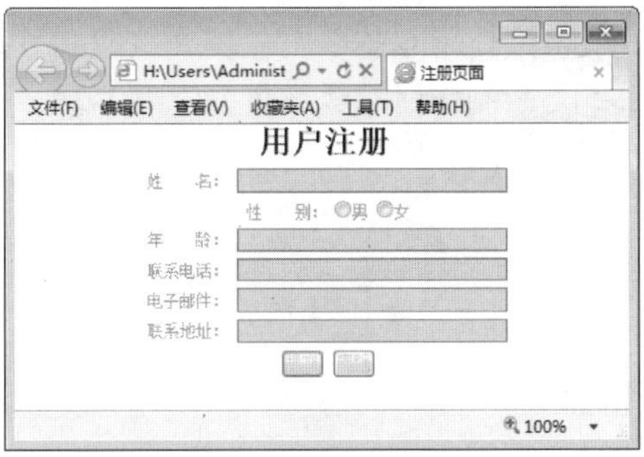

图 13-14　设置文本框和按钮样式

13.5　高 手 甜 点

甜点 1：构建一个表格需要注意哪些方面？

在 HTML 页面中构建表格框架时，应该尽量遵循表格的标准标记，养成良好的编写习惯，并适当地利用 Tab、Space 键和空行来提高代码的可读性，从而降低后期维护成本。特别是使用 table 表格来布局一个较大的页面时，需要在关键位置加上注释。

甜点 2：在使用表格时，会发生一些变形，这是什么原因引起的？

其中一个原因是表格排列设置在不同分辨率下所出现的错位。例如，在 800×600 分辨率下时，一切正常，而到了 1024×800 分辨率时，则多个表格有的居中，有的却左排列或右排列。

表格有左、中、右 3 种排列方式，如果没特别进行设置，则默认为居左排列。在 800×600 分辨率下，表格恰好就有编辑区域那么宽，不容易察觉，而到了 1024×800 分辨率的时候，就会出现，解决的办法比较简单，即都设置为居中排列方式，或左排列方式或右排列方式。

甜点 3：使用 CSS 修饰表单元素时，采用默认值还是使用 CSS 修饰值好？

各个浏览器之间显示的差异，其中一个原因就是各个浏览器对部分 CSS 属性的默认值不同导致的，通常的解决办法就是指定该值，不让浏览器使用默认值。

13.6　跟我练练手

练习 1：使用 CSS 3 美化表格的边框。

练习 2：使用 CSS 3 设置边框的宽度和颜色。

练习 3：使用 CSS 3 美化表单中的元素。

练习 4：使用 CSS 3 美化提交按钮和下拉菜单。

练习 5：制作用户登录页面。

练习 6：制作用户注册页面。

第 14 章

美化图片、背景和边框

图片是直观、形象的，一张好的图片会给网页带来很高的点击率。在 CSS 3 中，定义了很多属性用来美化和设置图片。另外，不同类型的网站有不同的背景和基调。因此页面中的背景通常是网站设计时的一个重要步骤。对于单个 HTML 元素，可以通过 CSS 3 属性设置元素边框样式，包括宽度、显示风格和颜色等。本章将重点介绍 CSS 美化图片、网页背景设置和 HTML 元素边框样式。

学习目标(已掌握的在方框中打钩)

- ☐ 掌握缩放图片的方法
- ☐ 掌握设置图片对齐方式的方法
- ☐ 掌握图文混排的控制方法
- ☐ 掌握美化背景的方法
- ☐ 掌握美化边框的方法
- ☐ 掌握设置边框圆角的方法

14.1 图 片 缩 放

网页上显示一张图片时，默认情况下都是以图片的原始大小进行显示。如果要对网页进行排版，通常情况下，还需要对图片的大小进行重新设定。如果对图片设置不恰当，则会造成图片的变形和失真，所以一定要保持宽度和高度属性的比例适中。

14.1.1 案例1——使用 max-width 和 max-height 缩放图片

max-width 和 max-height 分别用来设置图片的宽度最大值和高度最大值。在定义图片大小时，如果图片默认尺寸超过了定义的大小，那么就以 max-width 所定义的宽度值显示，而图片高度将同比例变化，如果定义的是 max-height 也同理。但是如果图片的尺寸小于最大宽度或者最大高度时，则图片按原尺寸大小显示。max-width 和 max-height 的值一般是数值类型。其语法格式如下。

```
img{
    max-height:180px;
}
```

【例 14.1】(实例文件：ch14\14.1.html)

```
<!DOCTYPE html>
<html>
<head>
<title>缩放图片</title>
<style>
img{
    max-height:300px;
}
</style>

</head>
<body>
<img src="01.jpg" >
</body>
</html>
```

在 IE 浏览器中浏览效果如图 14-1 所示，可以看到网页显示了一张图片，其显示高度是 300 像素，宽度将做同比例缩放。

图 14-1 同比例缩放图片

在本例中，也可以只设置 max-width 来定义图片最大宽度，而让高度自动缩放。

14.1.2 案例 2——使用 width 和 height 缩放图片

在 CSS 3 中，可以使用属性 width 和 height 来设置图片宽度和高度，从而达到对图片的缩放效果。

【**例 14.2**】(实例文件：ch14\14.2.html)

```
<!DOCTYPE html>
<html>
<head>
<title>缩放图片</title>
</head>
<body>
<img src="01.jpg" >
<img src="01.jpg"  style="width:150px;height:100px" >
</body>
</html>
```

在 IE 浏览器中浏览效果如图 14-2 所示，可以看到网页显示了两张图片，第一张图片以原大小显示，第二张图片以指定大小显示。

图 14-2　CSS 指定图片大小

 需要注意的是，当仅仅设置了图片的 width 属性而没有设置 height 属性时，图片本身会纵横等比例自动缩放，如果只设定 height 属性也是一样的道理。只有当同时设定了 width 和 height 属性时才会不等比例缩放。

14.2　设置图片的对齐方式

一个凌乱的图文网页，是每一个浏览者都不喜欢看的。而一个图文并茂、排版格式整洁简约的页面，更容易让网页浏览者接受。可见图片的对齐方式是非常重要的。本节将介绍使用 CSS 3 属性定义图文对齐方式。

14.2.1　案例3——设置图片横向对齐

所谓图片横向对齐，就是在水平方向上进行对齐，其对齐样式和文字对齐比较相似，都是有3种对齐方式，分别为"左"、"右"和"中"。

如果要定义图片对齐方式，不能在样式表中直接定义图片样式，需要在图片的上一个标记级别，即父标记定义对齐方式，让图片继承父标记的对齐方式。之所以这样定义父标记对齐方式，是因为 img(图片)本身没有对齐属性，需要使用 CSS 继承父标记的 text-align 来定义对齐方式。

【例14.3】(实例文件：ch14\14.3.html)

```html
<!DOCTYPE html>
<html>
<head>
<title>图片横向对齐</title>
</head>
<body>
<p style="text-align:left"><img src="02.jpg" style="max-width:140px;">图片左
对齐</p>
<p style="text-align:center"><img src="02.jpg" style="max-width:140px;">图
片居中对齐</p>
<p style="text-align:right"><img src="02.jpg" style="max-width:140px;">图片
右对齐</p>
</body>
</html>
```

在 IE 浏览器中浏览效果如图 14-3 所示，可以看到网页上显示了 3 张图片，大小一样，但对齐方式分别是左对齐、居中对齐和右对齐。

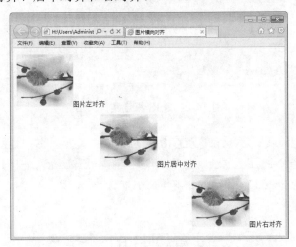

图 14-3　图片横向对齐

14.2.2　案例4——设置图片纵向对齐

纵向对齐就是垂直对齐，即在垂直方向上和文字进行搭配使用。通过对图片的垂直方向上的设置，可以设定图片和文字的高度一致。在 CSS 3 中，对于图片纵向设置，通常使用 vertical-align 属性来定义。

vertical-align 属性设置元素的垂直对齐方式，即定义行内元素的基线相对于该元素所在行的基线的垂直对齐，允许指定负长度值和百分比值，这会使元素降低而不是升高。在表单元格中，这个属性会设置单元格框中单元格内容的对齐方式，其语法格式如下。

```
vertical-align : baseline |sub | super |top |text-top |middle |bottom
|text-bottom |length
```

上面参数含义如表 14-1 所示。

表 14-1　参数含义表

参数名称	说　明
baseline	支持 valign 特性的对象内容与基线对齐
sub	垂直对齐文本的下标
super	垂直对齐文本的上标
top	将支持 valign 特性的对象内容与对象顶端对齐
text-top	将支持 valign 特性的对象文本与对象顶端对齐
middle	将支持 valign 特性的对象内容与对象中部对齐
bottom	将支持 valign 特性的对象文本与对象底端对齐
text-bottom	将支持 valign 特性的对象文本与对象顶端对齐
length	由浮点数字和单位标识符组成的长度值	或者百分数。可为负数。定义由基线算起的偏移量。基线对于数值来说为 0，对于百分数来说就是 0%

【例 14.4】(实例文件：ch14\14.4.html)

```
<!DOCTYPE html>
<html>
<head>
<title>图片纵向对齐</title>
<style>
img{
max-width:100px;
}
</style>
</head>
<body>
<p>纵向对齐方式:baseline<img src=02.jpg style="vertical-align:baseline"></p>
<p>纵向对齐方式:bottom<img src=02.jpg style="vertical-align:bottom"></p>
<p>纵向对齐方式:middle<img src=02.jpg style="vertical-align:middle"></p>
<p>纵向对齐方式:sub<img src=02.jpg style="vertical-align:sub"></p>
<p>纵向对齐方式:super<img src=02.jpg style="vertical-align:super"></p>
<p>纵向对齐方式:数值定义<img src=02.jpg style="vertical-align:20px"></p>
</body>
</html>
```

在 IE 浏览器中浏览效果如图 14-4 所示，可以看到网页显示了 6 张图片，垂直方向上分别是 baseline、bottom、middle、sub、super 和数值定义。

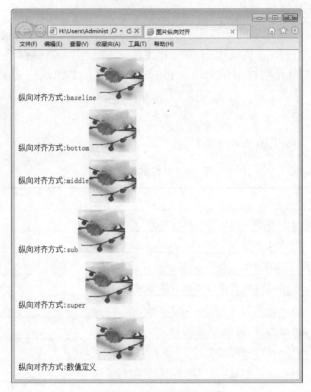

图 14-4   图片纵向对齐

　　　读者仔细观察图片和文字的不同对齐方式，即可深刻理解各种纵向对齐的不同之处。

14.3　图 文 混 排

一个普通的网页，最常见的方式就是图文混排，文字说明主题，图像显示文字情境，二者结合起来相得益彰。本节将介绍图片和文字的排版方式。

14.3.1　案例5——设置文字环绕效果

在网页中进行排版时，可以将文字设置成环绕图片的形式，即文字环绕。文字环绕应用非常广泛，如果再配合背景可以产生绚丽的效果。

在 CSS 3 中，可以使用 float 属性定义该效果。float 属性主要定义元素在哪个方向浮动。一般情况下这个属性总应用于图像，使文本围绕在图像周围，有时也可以定义其他元素浮动。浮动元素会生成一个块级框，而不论其本身是何种元素。如果浮动非替换元素，则要指定一个明确的宽度。

float 语法格式如下。

```
float : none | left |right
```

提示

其中 none 表示默认值对象不漂浮，left 表示文本流向对象的右边，right 表示文本流向对象的左边。

【例 14.5】 (实例文件：ch14\14.5.html)

```
<!DOCTYPE html>
<html>
<head>
<title>文字环绕</title>
<style>
img{
max-width:120px;
float:left;
}
</style>
</head>
<body>
<p>
可爱的向日葵。
<img src="03.jpg">
向日葵，别名太阳花，是菊科向日葵属的植物。因花序随太阳转动而得名。一年生植物，高 1~3 米，
茎直立，粗壮，圆形多棱角，被白色粗硬毛，性喜温暖，耐旱，能产果实葵花籽。原产北美洲，主要分
布在我国东北、西北和华北地区，世界各地均有栽培！
向日葵，1 年生草本，高 1.0～3.5 米，对于杂交品种也有半米高的。茎直立，粗壮，圆形多棱角，为
白色粗硬毛。叶通常互生，心状卵形或卵圆形，先端锐突或渐尖，有基出 3 脉，边缘具粗锯齿，两面粗
糙，被毛，有长柄。头状花序，极大，直径 10~30 厘米，单生于茎顶或枝端，常下倾。总苞片多层，
叶质，覆瓦状排列，被长硬毛，夏季开花，花序边缘生黄色的舌状花，不结实。花序中部为两性的管状
花，棕色或紫色，结实。瘦果，倒卵形或卵状长圆形，稍扁压，果皮木质化，灰色或黑色，俗称葵花
籽。性喜温暖，耐旱。
</p>
</body>
</html>
```

在 IE 浏览器中浏览效果如图 14-5 所示，可以看到图片被文字所环绕，并在文字的左方向显示。如果将 float 属性的值设置为 right，其图片会在文字右方显示并环绕。

图 14-5　文字环绕效果

14.3.2　案例6——设置图片与文字的间距

如果需要设置图片和文字之间的距离，即文字之间存在一定间距，不是紧紧地环绕，可以使用 CSS 3 中的属性 padding 来设置。

padding 属性主要用来在一个声明中设置所有内边距属性，即可以设置元素所有内边距的宽度，或者设置各边上内边距的宽度。如果一个元素既有内边距又有背景，从视觉上看可能会延伸到其他行，有可能还会与其他内容重叠。元素的背景会延伸穿过内边距。不允许指定负边距值，其语法格式如下。

```
padding :padding-top | padding-right | padding-bottom | padding-left
```

参数值 padding-top 用来设置距离顶部内边距；padding-right 用来设置距离右部内边距；padding-bottom 用来设置距离底部内边距；padding-left 用来设置距离左部内边距。

【例 14.6】(实例文件：ch14\14.6.html)

```
<!DOCTYPE html>
<html>
<head>
<title>文字环绕</title>
<style>
img{
max-width:120px;
float:left;
padding-top:10px;
padding-right:50px;
padding-bottom:10px;
}
</style>
</head>
<body>
<p>
可爱的向日葵。
<img src="03.jpg">
向日葵，别名太阳花，是菊科向日葵属的植物。因花序随太阳转动而得名。一年生植物，高 1~3 米，茎直立，粗壮，圆形多棱角，被白色粗硬毛，性喜温暖，耐旱，能产果实葵花籽。原产北美洲，主要分布在我国东北、西北和华北地区，世界各地均有栽培！
向日葵，1 年生草本，高 1.0～3.5 米，对于杂交品种也有半米高的。茎直立，粗壮，圆形多棱角，为白色粗硬毛。叶通常互生，心状卵形或卵圆形，先端锐突或渐尖，有基出 3 脉，边缘具粗锯齿，两面粗糙，被毛，有长柄。头状花序，极大，直径 10～30 厘米，单生于茎顶或枝端，常下倾。总苞片多层，叶质，覆瓦状排列，被长硬毛，夏季开花，花序边缘生黄色的舌状花，不结实。花序中部为两性的管状花，棕色或紫色，结实。瘦果，倒卵形或卵状长圆形，稍扁压，果皮木质化，灰色或黑色，俗称葵花籽。性喜温暖，耐旱。
</p>
</body>
</html>
```

在 IE 浏览器中浏览效果如图 14-6 所示，可以看到图片被文字所环绕，并且文字和图片右边间距为 50 像素，上下各为 10 像素。

图 14-6   设置图片和文字边距

14.4   使用 CSS 3 美化背景

背景是网页设计时的重要因素之一，一个背景优美的网页，总能吸引不少访问者。例如，喜庆类网站都是以火红背景为主题。CSS 的强大表现功能在背景方面同样发挥得淋漓尽致。

14.4.1   案例 7——设置背景颜色

background-color 属性用于设定网页背景色，同设置前景色的 color 属性一样，background-color 属性接受任何有效的颜色值，而对于没有设定背景色的标记，默认背景色为透明(transparent)，其语法格式如下。

```
{background-color : transparent | color}
```

关键字 transparent 是个默认值，表示透明。背景颜色 color 设定方法可以采用英文单词、十六进制、RGB、HSL、HSLA 和 GRBA。

【例 14.7】(实例文件：ch14\14.7.html)

```
<!DOCTYPE html>
<html>
<head>
<title>背景色设置</title>
<head>
<body style="background-color:PaleGreen; color:Blue">
  <p>
    background-color 属性设置背景色，color 属性设置字体颜色。
  </p>
</body>
</html>
```

在 IE 浏览器中浏览效果如图 14-7 所示，网页背景色显示浅绿色，而字体颜色为蓝色。注意，在网页设计时，其背景色不要使用太艳的颜色，否则会给人一种喧宾夺主的感觉。

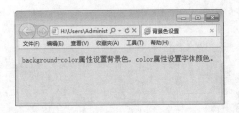

图 14-7　设置背景色

14.4.2　案例8——设置背景图片

网页中不但可以使用背景色来填充网页背景，同样也可以使用背景图片来填充网页。通过 CSS 3 属性可以对背景图片进行精确定位。background-image 属性用于设定标记的背景图片，通常情况下，在标记<body>中应用，将图片用于整个主体中。

background-image 语法格式如下。

```
background-image : none | url (url)
```

其默认属性是无背景图，当需要使用背景图时可以用 URL 进行导入，URL 可以使用绝对路径，也可以使用相对路径。

【例 14.8】(实例文件：ch14\14.8.html)

```
<!DOCTYPE html>
<html>
<head>
<title>背景色设置</title>
<style>
body{
     background-image:url(04.jpg)
     }
</style>
<head>
<body  >
<p>夕阳无限好，只是近黄昏！</p>
</body>
</html>
```

在 IE 浏览器中浏览效果如图 14-8 所示，可以看到网页中显示的背景图，但如果图片大小小于整个网页大小时，图片为了填充网页背景色，会重复出现并铺满整个网页。

图 14-8　设置背景图片

在设定背景图片时，最好同时设定背景色，这样当背景图片因某种原因无法正常显示时，可以使用背景色来代替。当然，如果正常显示，背景图片会覆盖背景色。

14.5　使用 CSS 3 美化边框

边框就是将元素内容及间隙包含在其中的边线，类似于表格的外边线。每一个页面元素的边框可以从 3 个方面来描述：宽度、样式和颜色，这 3 个方面决定了边框所显示出来的外观。CSS 3 中分别使用 border-style、border-width 和 border-color 这 3 个属性设定边框的 3 个方面。

14.5.1　案例 9——设置边框样式

border-style 属性用于设定边框的样式，也就是风格。设定边框格式是边框最重要的部分，主要用于为页面元素添加边框，其语法格式如下。

```
border-style : none | hidden | dotted | dashed | solid | double | groove |
ridge | inset | outset
```

CSS 3 设定了 9 种边框样式，如表 14-2 所示。

表 14-2　边框样式

属 性 值	描　　述
none	无边框，无论边框宽度设为多大
dotted	点线式边框
dashed	破折线式边框
solid	直线式边框
double	双线式边框
groove	槽线式边框
ridge	脊线式边框
inset	内嵌效果的边框
outset	突起效果的边框

【例 14.9】(实例文件：ch14\14.9.html)

```
<!DOCTYPE html>
<html>
<head>
<title>边框样式</title>
<style>
h1 {
    border-style:dotted;
    color: black;
    text-align:center;
}
```

```
p{
    border-style:double;
    text-indent:2em;
}
</style>
<head>
<body >
    <h1>带有边框的标题</h1>
    <p>带有边框的段落</p>
</body>
</html>
```

在 IE 浏览器中浏览效果如图 14-9 所示，可以看到网页中，标题 h1 显示的时候带有边框，其边框样式为点线式边框；同样，段落也带有边框，其边框样式为双线式边框。

图 14-9　设置边框

 在没有设定边框颜色的情况下，groove、ridge、inset 和 outset 边框默认的颜色是灰色。dotted、dashed、solid 和 double 这 4 种边框的颜色基于页面元素的 color 值。

14.5.2　案例 10——设置边框颜色

border-color 属性用于设定边框颜色，如果不想与页面元素的颜色相同，则可以使用该属性为边框定义其他颜色。border-color 属性语法格式如下。

```
border-color : color
```

color 表示指定颜色，其颜色值通过十六进制和 RGB 等方式获取。同边框样式属性一样，border-color 属性可以为边框设定一种颜色，也可以同时设定 4 个边的颜色。

【例 14.10】(实例文件：ch14\14.10.html)

```
<!DOCTYPE html>
<html>
<head>
<title>设置边框颜色</title>
<style>
p{
    border-style:double;
    border-color:red;
    text-indent:2em;
}
</style>
<head>
```

```
<body >
    <p>边框颜色设置</p>
    <p style="border-style:solid; border-color:red blue yellow green">
 分别定义边框颜色
 </p>
</body>
</html>
```

在 IE 浏览器中浏览效果如图 14-10 所示，网页中，第一个段落边框颜色设置为红色，第二个段落边框颜色分别设置为红、蓝、黄和绿色。

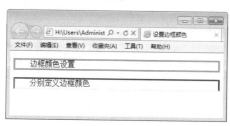

图 14-10　设置边框颜色

14.5.3　案例 11——设置边框线宽

在 CSS 3 中，可以通过设定边框宽带来增强边框效果。border-width 属性就用来设定边框宽度，其语法格式如下。

```
border-width : medium | thin | thick | length
```

其中预设有 3 种属性值：medium、thin 和 thick，另外还可以自行设置宽度(width)，如表 14-3 所示。

表 14-3　border-width 属性

属 性 值	描　　述
medium	默认值，中等宽度
thin	比 medium 细
thick	比 medium 粗
length	自定义宽度

【例 14.11】 (实例文件：ch14\14.11.html)

```
<!DOCTYPE html>
<html>
<head>
<title>设置边框宽度</title>
<head>
<body >
    <p style="border-style:dotted; border-width:medium;">边框颜色设置</p>
    <p style="border-style:dashed;border-width:thin;">边框颜色设置</p>
    <p style="border-style:solid; border-width:12px;">
分别定义边框颜色
```

```
</p>
</body>
</html>
```

在 IE 浏览器中浏览效果如图 14-11 所示，可以看到网页中有 3 个段落边框，以不同的粗细显示。

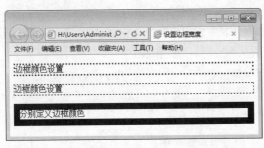

图 14-11　设置边框宽带

border-width 属性其实是 border-top-width、border-right-width、border-bottom-width 和 border-left-width 这 4 个属性的综合属性，分别用于设定上边框、右边框、下边框、左边框的宽度。

14.6　设置边框圆角效果

在 CSS 3 标准没有指定之前，如果想要实现圆角效果，需要花费很大的精力，但在 CSS 3 标准推出之后，网页设计者可以使用 border-radius 轻松实现圆角效果。

14.6.1　案例 12——设置圆角边框

在 CSS 3 中，可以使用 border-radius 属性定义边框的圆角效果，从而大大降低圆角的开发成本。border-radius 的语法格式如下。

```
border-radius : none | <length>{1,4} [ / <length>{1,4} ]?
```

其中，none 为默认值，表示元素没有圆角。<length>表示由浮点数字和单位标识符组成的长度值，不可为负值。

【例 14.12】(实例文件：ch14\14.12.html)

```
<!DOCTYPE html>
<html>
<head>
<title>圆角边框设置</title>
<style>
p{
    text-align:center;
    border:15px solid red;
    width:100px;
    height:50px;
    border-radius:10px;
```

```
}
</style>
<head>
<body >
    <p>这是一个圆角边框</p>
</body>
</html>
```

在 IE 浏览器中浏览效果如图 14-12 所示，可以看到网页中的段落边框显示时，以圆角显示，其半径为 10 像素。

图 14-12　定义圆角边框

14.6.2　案例 13——绘制 4 个不同圆角边框

在 CSS 3 中，实现 4 个不同圆角边框，其方法有两种：一种是使用 border-radius 属性，另一种是使用 border-radius 衍生属性。

1. border-radius 属性

利用 border-radius 属性可以绘制 4 个不同圆角的边框，如果直接给 border-radius 属性赋 4 个值，这 4 个值将按照 top-left、top-right、bottom-right、bottom-left 的顺序来设置。如果 bottom-left 值省略，其圆角效果和 top-right 效果相同；如果 bottom-right 值省略，其圆角效果和 top-left 效果相同；如果 top-right 的值省略，其圆角效果和 top-left 效果相同。如果为 border-radius 属性设置 4 个值的集合参数，则每个值表示每个角的圆角半径。

【例 14.13】(实例文件：ch14\14.13.html)

```
<!DOCTYPE html>
<html>
<head>
<title>设置圆角边框</title>
<style>
.div1{
    border:15px solid blue;
    height:100px;
    border-radius:10px 30px 50px 70px;
}
.div2{
    border:15px solid blue;
    height:100px;
    border-radius:10px 50px 70px;
}
.div3{
    border:15px solid blue;
```

```
    height:100px;
    border-radius:10px 50px;
}
</style>
<head>
<body >
<div class=div1></div><br>
<div class=div2></div><br>
<div class=div3></div>
</body>
</html>
```

在 IE 9.0 中浏览效果如图 14-13 所示，可以看到网页中，第 1 个 div 层设置了 4 个不同的圆角边框，第 2 个 div 层设置了 3 个不同的圆角边框，第 3 个 div 层设置了 2 个不同的圆角边框。

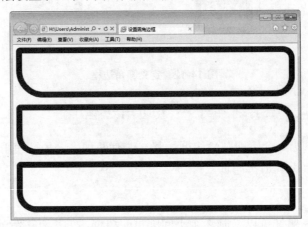

图 14-13　设置 4 个圆角边框

2. border-radius 衍生属性

除了上面设置圆角边框的方法之外，还可以使用如表 14-4 所示列出的属性，单独为相应的边框设置圆角。

表 14-4　定义不同圆角

属　性	描　述
border-top-right-radius	定义右上角圆角
border-bottom-right-radius	定义右下角圆角
border-bottom-left-radius	定义左下角圆角
border-top-left-radius	定义左上角圆角

【例 14.14】(实例文件：ch14\14.14.html)

```
<!DOCTYPE html>
<html>
<head>
<title>圆角边框设置</title>
<style>
```

```
.div{
    border:15px solid blue;
    height:100px;
    border-top-left-radius:70px;
    border-bottom-right-radius:40px;
</style>
<head>
<body >
<div class=div></div><br>
</body>
</html>
```

在 IE 9.0 中浏览效果如图 14-14 所示，可以看到网页中，设置了两个圆角边框，分别使用 border-top-left-radius 和 border-bottom-right-radius 属性指定。

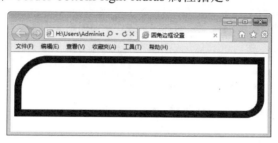

图 14-14　绘制指定圆角边框

14.7　综合案例 1——制作图文混排网页

在一个网页中，出现最多的就是文字和图片，二者放在一起，图文并茂，能够生动地表达文字主题。本实例创建一个图片与文字的简单混排。具体步骤如下。

step 01 分析需求。

本综合实例的要求如下，要求在网页的最上方显示出标题，标题下方是正文，在正文显示部分显示图片。在设计网页标题时，其方法同前面的实例相同。上述要求使用 CSS 样式属性实现。实例效果图如图 14-15 所示。

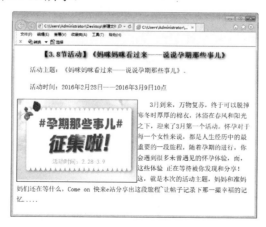

图 14-15　图文混排显示

step 02 分析布局并构建 HTML。

首先需要创建一个 HTML 页面，并用 DIV 将页面划分两个层，一个是网页标题层，一个是正文部分。

step 03 导入 CSS 文件。

在 HTML 页面，将 CSS 文件使用 link 方式，导入到 HTML 页面中。此 CSS 页面，定义了这个页面的所有样式，其导入代码如下。

```
<link href="CSS.css" rel="stylesheet" type="text/css" />
```

step 04 完成标题部分。

首先设置网页标题部分，创建一个 div 层，用来放置标题。HTML 代码如下。

```
<div>
<h1>【3.8节活动】《妈咪妈咪看过来——说说孕期那些事儿》
</h1>
</div>
```

在 CSS 样式文件中，修饰 HTML 元素，其 CSS 代码如下。

```
h1{text-align:center;text-shadow:0.1em 2px 6px blue;font-size:18px;}
```

step 05 完成正文和图片部分。

下面设置网页正文部分，正文中包含了一个图片。HTML 代码如下。

```
<div>
<p>活动主题：《妈咪妈咪看过来——说说孕期那些事儿》。
</p>
<p> 活动时间：2015 年 2 月 28 日——2016 年 3 月 9 日 10 点
</p>
<DIV class="im">
<img src="8.jpg"  width="300" height="200"/>
</DIV>
<p>3 月到来，万物复苏，终于可以脱掉寒冬时厚厚的棉衣，沐浴在春风和阳光之下，迎来了 3 月
第一个活动。怀孕对于每一个女性来说，都是人生经历中的最重要的一段旅程，随着孕期的进
行，你会遇到很多未曾遇见的怀孕体验，而，这些体验正在等待被你发现和分享！这，就是本次
的活动主题，妈妈和准妈妈们还在等什么，Come on 快来 e 站分享出这段旅程~让帖子记录下那
一撮幸福的记忆.....
</p>
</div>
```

CSS 样式代码如下。

```
p{text-indent:8mm;line-height:7mm;}
.im{width:300px; float:left; border:#000000 solid 1px;}
```

14.8 综合案例 2——制作公司主页

打开各种类型的商业网站，最先映入眼帘的就是首页，也称为主页。作为一个网站的门户，主页一般要求版面整洁，美观大方。结合前面学习的背景和边框知识，本实例创建一个简单的商业网站。具体步骤如下。

step 01 分析需求。

在本实例中，主页包括三个部分，一部分是网站 LOGO，一部分是导航栏，最后一部分是主页显示内容。网站 LOGO 此处使用了一个背景图来代替，导航栏使用表格实现，内容列表使用无序列表实现。实例完成后，效果如图 14-16 所示。

step 02 构建基本 HTML。

为了划分不同的区域，HTML 页面需要包含不同的 div 层，每一层代表一个内容。一个 div 层包含背景图，一个 div 层包含导航栏，一个 div 层包含整体内容，内容又可以划分为两个不同的层。代码如下。

```html
<!DOCTYPE html>
<html>
<head>
<title>公司主页</title>
</head>
<body>
<center>
<div>
<div class="div1" align=center></div>
<div class=div2>
<table width=99%><tr align=center><td>首页</td><td>最新消息</td><td>产品展
示</td><td>销售网络</td><td>人才招聘</td><td>客户服务</td></tr></table>
</div>
<div class=div3>
<div class=div4>
<ul>最新消息
<li>公司举办 2014 科技辩论大赛</li>
<li>企业安全知识大比武</li>
<li>优秀员工评比活动规则</li>
<li>人才招聘信息</li>
</ul>
</div>
<div class=div5>
<ul>成功案例
<li>上海装修建材公司</li>
<li>美衣服饰有限公司</li>
<li>天力科技有限公司</li>
<li>美方豆制品有限公司</li>
</ul>
</div>
</div>
</div>
</center>
</body>
</html>
```

在 IE 浏览器中浏览效果如图 14-17 所示，可以看到在网页中显示了导航栏和两个列表信息。

step 03 添加 CSS 代码，设置背景 LOGO。

```css
<style>
.div1{
    height:100px;
```

```
    width:820px;
    background-image:url(03.jpg);
    background-repeat:no-repeat;
    background-position:center;
    background-size:cover;

}
</style>
```

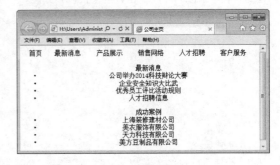

图 14-16　商业网站主页　　　　　　　图 14-17　基本 HTML 结构

在 IE 浏览器中浏览效果如图 14-18 所示，可以看到在网页顶部显示了一个背景图，此背景覆盖整个 div 层，并不重复，并且背景图片居中显示。

step 04　添加 CSS 代码，设置导航栏。

```
.div2{
    width:820px;
    background-color:#d2e7ff;

}
table{
    font-size:12px;
    font-family:"幼圆";
}
```

在 IE 浏览器中浏览效果如图 14-19 所示，在网页中导航栏背景色为浅蓝色，表格中字体大小为 12 像素，字体类型是幼圆。

图 14-18　设置背景图　　　　　　　　图 14-19　设置导航栏

step 05　添加 CSS 代码，设置内容样式。

```
.div3{
    width:820px;
    height:320px;
    border-style:solid;
    border-color:#ffeedd;
    border-width:10px;
    border-radius:60px;
}
.div4{
    width:810px;
    height:150px;
    text-align:left;
    border-bottom-width: 2px;
    border-bottom-style:dotted;
    border-bottom-color:#ffeedd;
}
.div5{
    width:810px;
    height:150px;
    text-align:left;
}
```

在 IE 浏览器中浏览效果如图 14-20 所示，可以看到在网页中的内容显示在一个圆角边框中，两个不同的内容块中间使用虚线隔开。

step 06 添加 CSS 代码，设置列表样式。

```
ul{
    font-size:15px;
    font-family:"楷体";
}
```

在 IE 浏览器中浏览效果如图 14-21 所示，可以看到在网页中列表字体大小为 15 像素，字形为楷体。

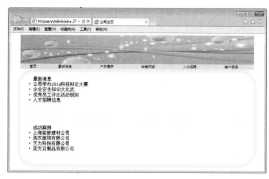

图 14-20　CSS 修饰边框

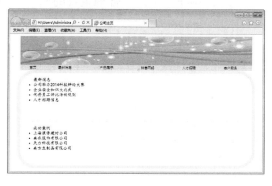

图 14-21　美化列表信息

14.9　高手甜点

甜点 1：网页进行图文排版时，哪些是必须要做的？

在进行图文排版时，通常有下面 5 个方面，需要网页设计者考虑。

- 首行缩进：段落的开头应该空两格，HTML 中 Space 键起不了作用。当然，可以用 nbsp;来代替一个空格，但这不是理想的方式，可以用 CSS 3 中的首行缩进，其大小为 2em。
- 图文混排：在 CSS 3 中，可以用 float 让文字显示在图片以外的空白处。
- 设置背景色：设置网页背景，增加效果。此内容会在后面介绍。
- 文字居中：可以使用 CSS 的 text-align 属性设置文字居中。
- 显示边框：通过 border 为图片添加一个边框。

甜点 2：边框样式 border:0 会占用资源吗？

推荐的写法是 border:none，虽然 border:0 只是定义边框宽度为 0，但边框样式、颜色还是会被浏览器解析，占用资源。

14.10　跟我练练手

练习 1：制作一个包含背景图片的网页，然后设置背景的显示大小、显示区域等属性。

练习 2：制作一个包含边框的网页，然后设置边框的样式、颜色、线宽等属性。

练习 3：制作一个包含圆角边框的网页，然后设置圆角边框的半径和种类等属性。

练习 4：制作一个简单公司主页的例子。

练习 5：制作一个生活咨询主页的例子。

第 3 篇

jQuery Mobile 移动技术

➥ 第 15 章　JavaScript 和 jQuery

➥ 第 16 章　HTML 5、CSS 3 和 JavaScript 的综合应用

➥ 第 17 章　熟悉 jQuery Mobile

➥ 第 18 章　jQuery Mobile UI 组件

➥ 第 19 章　jQuery Mobile 事件

➥ 第 20 章　数据存储和读取技术

第 15 章

JavaScript 和 jQuery

JavaScript 作为一种可以给网页增加交互性的脚本语言，拥有近二十年的发展历史。它的简单、易学易用特性，使其立于不败之地。jQuery 是 JavaScript 的函数库，简化了 HTML 与 JavaScript 之间复杂的处理程序，同时解决了跨浏览器的问题。

学习目标(已掌握的在方框中打钩)

- [ ] 了解 JavaScript 的基本概念
- [ ] 掌握在 HTML 5 网页中添加 JavaScript 代码的方法
- [ ] 熟悉函数的基本概念
- [ ] 掌握函数的使用方法
- [ ] 掌握事件的使用方法
- [ ] 熟悉 jQuery 的基本概念
- [ ] 掌握 jQuery 的配置方法
- [ ] 掌握 jQuery 选择器的使用方法

15.1 认识 JavaScript

JavaScript 是一种客户端的脚本程序语言，用于 HTML 网页制作，主要作用是为 HTML 网页增加动态效果。下面将开始学习 JavaScript 的基本知识。

15.1.1 什么是 JavaScript

JavaScript 最初由网景公司的 Brendan Eich 设计，是一种动态、弱类型、基于原型的语言，内置支持类。经过近二十年的发展，已经成为健壮的基于对象和事件驱动并具有相对安全性的客户端脚本语言。同时也是一种广泛用于客户端 Web 开发的脚本语言，常用来给 HTML 网页添加动态功能，如响应用户的各种操作。

JavaScript 可以弥补 HTML 语言的缺陷，实现 Web 页面客户端动态效果，其主要作用如下。

● 动态改变网页内容。HTML 语言是静态的，一旦编写，内容是无法改变的。JavaScript 可以弥补这种不足，可以将内容动态地显示在网页中。

● 动态改变网页的外观。JavaScript 通过修改网页元素的 CSS 样式，达到动态地改变网页的外观。例如，修改文本的颜色、大小等属性，图片的位置动态改变等。

● 验证表单数据。为了提高网页的效率，用户在填写表单时，可以在客户端对数据进行合法性验证，验证成功之后才能提交到服务器上，从而减少服务器的负担和网络带宽的压力。

● 响应事件。JavaScript 是基于事件的语言，因此可以影响用户或浏览器产生的事件。只有事件产生时才会执行某段 JavaScript 代码，如当用户单击计算按钮时，程序才显示运行结果。

 几乎所有浏览器都支持 JavaScript，如 Internet Explorer(IE)、Firefox、Netscape、Mozilla 和 Opera 等。

15.1.2 案例1——在 HTML 网页头中嵌入 JavaScript 代码

JavaScript 脚本一般放在 HTML 网页头部的<head>与</head>标签对之间。这样，不会因为 JavaScript 影响整个网页的显示结果。

在 HTML 网页头部的<head>与</head>标签对之间嵌入 JavaScript 的格式如下：

```
<html>
<head>
<title>在 HTML 网页头中嵌入 JavaScript 代码<title>
<script language="JavaScript " >
<!—
…
JavaScript 脚本内容
…
//-->
```

```
</script>
</head>
<body>
…
</body>
</html>
```

在<script>与</script>标签中添加相应的 JavaScript 脚本，这样就可以直接在 HTML 文件中调用 JavaScript 代码，实现相应的效果。

【例 15.1】在 HTML 网页头中嵌入 JavaScript 代码(实例文件：ch15\15.1.html)

```
<!DOCTYPE html>
<html>
<head>
  <script language = "javascript">
    document.write("欢迎来到javascript动态世界");
  </script>
</head>
<body>
  <p>学习javascript！！！
</body>
</html>
```

该实例功能是在 HTML 文档里输出一个字符串，即"欢迎来到 JavaScript 动态世界"；在 IE 浏览器中浏览效果如图 15-1 所示，可以看到网页输出了两句话，其中第一句就是 JavaScript 中的输出语句。

提示　　在 JavaScript 的语法中，分号";"是 JavaScript 程序作为一个语句结束的标识符。

图 15-1　嵌入 JavaScript 代码

15.2　JavaScript 对象与函数

下面介绍 JavaScript 对象与函数的使用方法。

15.2.1　认识对象

在 JavaScript 中，对象包括内置对象、自定义对象等多种类型，使用这些对象可大大简化 JavaScript 程序的设计，并提供直观、模块化的方式进行脚本程序开发。

对象(object)是一件事、一个实体、一个名词，可以获得的东西，可以想象有自己的标识的任何东西。

凡是能够提取一定度量数据，并能通过某种方式对度量数据实施操作的客观存在，都可以构成一个对象。同时可以用属性来描述对象的状态、使用方法和事件来处理对象的各种行为。

- 属性：用来描述对象的状态，通过定义属性值来定义对象的状态。
- 方法：针对对象行为的复杂性，对象的某些行为可以以通用的代码来处理，这些代码就是方法。
- 事件：由于对象行为的复杂性，对象的某些行为不能使用通用的代码来处理，需要用户根据实际情况来编写处理该行为的代码，该代码称为事件。

JavaScript 中常见的内部对象如表 15-1 所示。

表 15-1　JavaScript 常见的内部对象

对　象　名	功　　能	静态动态性
Object 对象	使用该对象可以在程序运行时为 JavaScript 对象随意添加属性	动态对象
String 对象	用于处理或格式化文本字符串以及确定和定位字符串中的子字符串	动态对象
Date 对象	使用 Date 对象执行各种日期和时间的操作	动态对象
Event 对象	用来表示 JavaScript 的事件	静态对象
FileSystemObject 对象	主要用于实现文件操作功能	动态对象
Drive 对象	主要用于收集系统中的物理或逻辑驱动器资源中的内容	动态对象
File 对象	用于获取服务器端指定文件的相关属性	静态对象
Folder 对象	用于获取服务器端指定文件的相关属性	静态对象

15.2.2　案例 2——认识函数

所谓函数是指在程序设计中，可以将一段经常使用的代码"封装"起来，在需要时直接调用，这种"封装"叫函数。JavaScript 中可以使用函数来响应网页中的事件。

使用函数前，必须先定义函数，定义函数使用关键字 function。定义函数的语法格式如下。

```
function 函数名([参数1,参数2…]){
    //函数体语句
[return 表达式]
}
```

上述代码的含义如下。

- function 为关键字，在此用来定义函数。
- 函数名必须是唯一的，要通俗易懂，最好能看名知意。
- [ ]括起来的是可选部分，可有可无。
- 可以使用 return 将值返回。
- 参数是可选的，可以一个参数不带，也可以带多个参数，多个参数之间用逗号隔开。即使不带参数也要在方法名后加一对圆括号。

编写函数 calcF()，实现输入一个值，计算其一元二次方程式 $f(x)=4x2+3x+2$ 的结果，用户通过提示对话框输入 x 的值，单击【计算】按钮，在对话框中显示相应的计算结果。

【例 15.2】计算一元二次方程式(实例文件：ch15\15.2.html)

具体操作步骤如下。

step 01 ▶ 创建 HTML 文档，结构如下。

```
<!DOCTYPE html>
<html>
<head>
<title>计算一元二次方程函数</title>
</head>
<body>
 <input type="button" value="计  算">
</body>
</html>
```

step 02 ▶ 在 HTML 文档的 head 部分，增加如下 JavaScript 代码。

```
<script type="text/javascript">
function calcF(x){
    var result;                  //声明变量，存储计算结果
    result=4*x*x+3*x+2;          //计算一元二次方程值
    alert("计算结果: "+result);   //输出运算结果
}
</script>
```

step 03 ▶ 为【计算】按钮添加单击(onclick)事件，调用计算(calcF())函数。将 HTML 文件中，<input type="button" value="计 算">这一行代码修改成如下代码。

```
<input type="button" value="计  算" onClick="calcF(prompt('请输入一个数值: '))">
```

　　本例主要用到了参数，增加了参数之后，就可以计算任意数的一元二次方程值，试想，如果没有该参数，函数的功能将会非常单一。Prompt()方法是系统内置的一个调用输入对话框的方法，该方法可以带参数，也可以不带参数。

step 04 ▶ 运行代码即可显示如图 15-2 所示页面效果。

图 15-2　加载网页效果

step 05 ▶ 单击【计算】按钮，弹出一个信息提示框，在其中输入一个数值，如图 15-3 所示。
step 06 ▶ 单击【确定】按钮，即可得出计算结果，如图 15-4 所示。

图 15-3　输入数值　　　　　　　　　　　　　图 15-4　显示计算结果

15.3　JavaScript 事件

JavaScript 是基于对象(Object-based)的语言，它的一个最基本的特征就是采用事件驱动，可以使在图形界面环境下的一切操作变得简单化。通常鼠标或热键的动作称为事件，由鼠标或热键引发的一连串程序动作，称之为事件驱动，而对事件进行处理的程序或函数，称之为事件处理程序。

15.3.1　事件与事件处理概述

事件由浏览器动作如浏览器载入文档或用户动作如敲击键盘、滚动鼠标等触发，而事件处理程序则说明一个对象如何响应事件。在早期支持 JavaScript 脚本的浏览器中，事件处理程序是作为 HTML 标记的附加属性加以定义的，其形式如下。

```
<input type="button" name="MyButton" value="Test Event" onclick="MyEvent()">
```

大部分事件的命名都是描述性的，如 click、submit、mouseover 等，通过其名称就可以知道其含义。但是也有少数事件的名字不易理解，如 blur 在英文中的含义是模糊的，而在这里表示的是一个域或者一个表单失去焦点。一般情况下，在事件名称之间添加前缀，如对于 click 事件，其处理器名为 onclick。

事件不仅仅局限于鼠标和键盘操作，也包括浏览器状态的改变，如绝大部分浏览器支持类似 resize 和 load 这样的事件等。load 事件在浏览器载入文档时被触发，如果某事件要在文档载入时被触发，一般应该在<body>标记中加入语句 onload="MyFunction()"；而 resize 事件在用户改变浏览器窗口的大小时触发，当用户改变窗口大小时，有时需要改变文档页面的内容布局，从而使其以恰当、友好的方式显示给用户。

现代事件模型中引入了 Event 对象，包含其他对象使用的常量和方法的集合。当事件发生后，产生临时的 Event 对象实例，而且还附带当前事件的信息，如鼠标定位、事件类型等，然后将其传递给相关的事件处理器进行处理。待事件处理完毕后，该临时 Event 对象实例所占据的内存空间被释放，浏览器等待其他事件的出现并进行处理。如果短时间内发生的事件较多，浏览器按事件发生的顺序将这些事件排序，然后按照排好的顺序依次执行这些事件。

事件可以发生在很多场合，包括浏览器本身的状态和页面中的按钮、链接、图片、层等。同时根据 DOM 模型，文本也可以作为对象，并响应相关的动作，如单击鼠标、文本被选择等。事件的处理方法甚至于结果同浏览器的环境都有很大的关系，浏览器的版本越新，所支持的事件处理器就越多，支持也就越完善。所以在编写 JavaScript 脚本时，要充分考虑浏览器的兼容性，才可以编写出适合多数浏览器的安全脚本。

15.3.2　案例 3——JavaScript 的常用事件

JavaScript 的常用事件如表 15-2 所示。

表 15-2　常用事件

事　件	说　明
onmousedown	按下鼠标时触发此事件
onclick	单击鼠标时触发此事件
onmouseover	鼠标指针移到目标的上方触发此事件
onmouseout	鼠标指针移出目标的上方触发此事件
onload	网页载入时触发此事件
onunload	离开网页时触发此事件
onfocus	网页上的元素获得焦点时产生该事件
onmove	浏览器的窗口被移动时触发的事件
onresize	当浏览器的窗口大小被改变时触发的事件
onscroll	浏览器的滚动条位置发生变化时触发的事件
onsubmit	提交表单时产生该事件

例如，下面以鼠标的 onclick 事件为例进行讲解。

【例 15.3】通过按钮变换背景颜色(实例文件：ch15\15.3.html)

```
<!DOCTYPE html >
<html>
<head>
<title>通过按钮变换背景颜</title>
</head>
<body>
<script language="javascript">
var Arraycolor=new
Array("olive","teal","red","blue","maroon","navy","lime","fuschia","green",
"purple","gray","yellow","aqua","white","silver");
var n=0;
function turncolors(){
    if (n==(Arraycolor.length-1)) n=0;
    n++;
    document.bgColor = Arraycolor[n];
}
</script>
<form name="form1" method="post" action="">
<p>
    <input type="button" name="Submit" value="变换背景"
onclick="turncolors()">
</p>
  <p>用按钮随意变换背景颜色.</p>
</form>
</body>
</html>
```

运行上述代码，预览效果如图 15-5 所示，单击【变换背景】按钮，就可以动态地改变页面的背景颜色，当用户再次单击该按钮时，页面背景将以不同的颜色进行显示，如图 15-6 所示。

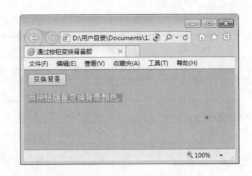

图 15-5　预览效果　　　　　　　　　图 15-6　改变背景颜色

15.4　认识 jQuery

jQuery 是一套开放原始代码的 JavaScript 函数库，它的核心理念是写得更少，做得更多。目前，jQuery 已经成为最流行的 JavaScript 函数库。本节将重点学习 jQuery 的基本知识。

15.4.1　jQuery 能做什么

最开始时，jQuery 所提供的功能非常有限，仅能增强 CSS 的选择器功能，而现在 jQuery 已经发展到集 JavaScript、CSS、DOM 和 AJAX 于一体的优秀框架，其模块化的使用方式使开发者可以很轻松地开发出功能强大的静态或动态网页。目前，很多网站的动态效果就是利用 jQuery 脚本库制作出来的，如中国网络电视台、CCTV、京东商城等。

下面介绍京东商城应用的 jQuery 效果，访问京东商城的首页时，在右侧有一个话费、旅行、彩票、游戏栏目，这里应用 jQuery 实现了标签页的效果，将鼠标指针移动到【话费】栏上，标签页中将显示手机话费充值的相关内容，如图 15-7 所示；将鼠标指针移动到【游戏】栏上，标签页中将显示游戏充值的相关内容，如图 15-8 所示。

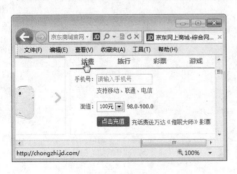

图 15-7　话费栏目

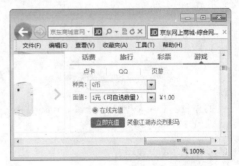

图 15-8　游戏栏目

15.4.2　案例4——jQuery 的配置

要想在开发网站的过程中应用 jQuery 库，就需要配置它。jQuery 是一个开源的脚本库，可以从其官方网站(http://jquery.com)中下载。将 jQuery 库下载到本地计算机后，还需要在项目中配置 jQuery 库，即将下载的后缀名为.js 文件放置到项目的指定文件夹中，通常放置在 JavaScript 文件夹中，然后在需要应用到 jQuery 的页面中使用下面的语句，将其引用到文件中。

```
<script src="jquery.min.js"type="text/javascript" ></script>
或者
<script Language="javascript" src="jquery.min.js"></script>
```

注意 引用 jQuery 的<script>标签，必须放在所有自定义脚本的<script>之前，否则在自定义的脚本代码中应用不到 jQuery 脚本库。

15.5 jQuery 选择器

在 JavaScript 中，要想获取元素的 DOM 元素，必须使用该元素的 ID 和 TagName，但是在 jQuery 库中却提供了许多功能强大的选择器帮助开发人员获取页面上的 DOM 元素，而且获取到的每个对象都以 jQuery 包装集的形式返回。

15.5.1 案例 5——jQuery 的工厂函数

$是 jQuery 中最常用的一个符号，用于声明 jQuery 对象。可以说，在 jQuery 中，无论使用哪种类型的选择器都需要从一个"$"符号和一对"()"开始。在"()"中通常使用字符串参数，参数中可以包含任何 CSS 选择符表达式，其通用语法格式如下。

```
$(selector)
```

$的常用用法有以下几种。

- 在参数中使用标记名，如$("div")，用于获取文档中全部的<div>。
- 在参数中使用 ID，如$("#usename")，用于获取文档中 ID 属性值为 usename 的一个元素。
- 在参数中使用 CSS 类名，如$(".btn_grey")，用于获取文档中使用 CSS 类名为 btn_grey 的所有元素。

【例 15.4】选择文本段落中的奇数行(实例文件：ch15\15.4.html)

```
<!DOCTYPE html >
<html>
<head>
<title>$符号的应用</title>
<script language="javascript" src="jquery-1.11.0.min.js"></script>
<script language="javascript">
window.onload = function(){
    var oElements = $("p:odd");    //选择匹配元素
    for(var i=0;i<oElements.length;i++)
        oElements[i].innerHTML = i.toString();
```

```
}
</script>
</head>
<body>
<div id="body">
<p>第一行</p>
<p>第二行</p>
<p>第三行</p>
<p>第四行</p>
<p>第五行</p>
</div>
</body>
</html>
```

运行结果如图 15-9 所示。

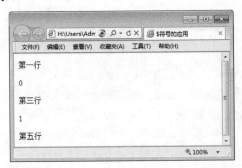

图 15-9　"$" 符号的应用

15.5.2　案例 6——常见选择器

在 jQuery 中，常见的选择器如下。

1. 基本选择器

jQuery 的基本选择器是应用最广泛的选择器，是其他类型选择器的基础，是 jQuery 选择器中最为重要的部分。jQuery 的基本选择器包括 ID 选择器、元素选择器、类别选择器、复合选择器等。

2. 层级选择器

层级选择器是根据 DOM 元素之间的层次关系来获取特定的元素，如后代元素、子元素、相邻元素和兄弟元素等。

3. 过滤选择器

jQuery 过滤选择器主要包括简单过滤器、内容过滤器、可见性过滤器、表单对象的属性选择器和子元素选择器等。

4. 属性选择器

属性选择器是通过元素的属性作为过滤条件来进行筛选对象的选择器，常见的属性选择器主要有[attribute]、[attribute=value]、[attribute!=value]和[attribute$=value]等。

5. 表单选择器

表单选择器用于选取经常在表单内出现的元素，不过，选取的元素并不一定在表单之中，jQuery 提供的表单选择器主要包括::input 选择器、:text 选择器、:password 选择器、:password 选择器、:radio 选择器、:checkbox 选择器、:submit 选择器、:reset 选择器、:button 选择器、:image 选择器和:file 选择器。

下面以表单选择器为例进行讲解使用选择器的方法。

【**例 15.5**】类型为 file 的所有<input>元素添加背景色(实例文件：ch15\15.5.html)

```html
<!DOCTYPE html >
<html>
<head>
<script type="text/javascript" src="jquery-1.11.0.min.js"></script>
<script type="text/javascript">
$(document).ready(function(){
    $(":file").css("background-color","#B2E0FF");
});
</script>
</head>
<body>
<form action="">
姓名: <input type="text" name="姓名" />
<br />
密码: <input type="password" name="密码" />
<br />
<button type="button">按钮 1</button>
<input type="button" value="按钮 2" />
<br />
<input type="reset" value="重置" />
<input type="submit" value="提交" />
<br />
文件域: <input type="file">
</form>
</body>
</html>
```

运行结果如图 15-10 所示，可以看到网页中表单类型为 file 的元素被添加上背景色。

图 15-10 表单选择器的应用

15.6 高手甜点

甜点1：JavaScript 支持的对象主要包括哪些？

JavaScript 支持的对象主要包括如下几个。

- JavaScript 核心对象：包括同基本数据类型相关的对象(如 String、Boolean、Number)、允许创建用户自定义和组合类型的对象(如 Object、Array)和其他能简化 JavaScript 操作的对象(如 Math、Date、RegExp、Function)。
- 浏览器对象：包括不属于 JavaScript 语言本身但被绝大多数浏览器所支持的对象，如控制浏览器窗口和用户交互界面的 Window 对象、提供客户端浏览器配置信息的 Navigator 对象。
- 用户自定义对象：Web 应用程序开发者用于完成特定任务而创建的自定义对象，可自由设计对象的属性、方法和事件处理程序，编程灵活性较大。
- 文本对象：由文本域构成的对象，在 DOM 中定义，同时赋予很多特定的处理方法，如 insertData()、appendData()等。

甜点2：如何检查浏览器的版本？

使用 JavaScript 代码可以轻松地实现检查浏览器版本的目的，具体代码如下：

```
<script type="text/javascript">
    var browser=navigator.appName
    var b_version=navigator.appVersion
    var version=parseFloat(b_version)
    document.write("浏览器名称："+ browser)
    document.write("<br />")
    document.write("浏览器版本："+ version)
</script>
```

15.7 跟我练练手

练习1：制作一个包含弹出欢迎对话框的网页。
练习2：制作一个包含函数的网页。
练习3：制作一个使用事件的网页。
练习4：制作一个引用 jQuery 函数库的网页。
练习5：制作一个包含 jQuery 选择器的网页。

第 16 章

HTML 5、CSS 3 和 JavaScript 的综合应用

网页吸引人之处，莫过于具有动态效果，而利用 CSS 伪类元素就可以轻易地实现超链接的动态效果。不过利用 CSS 能实现的动态效果非常有限，在网页设计中，将 CSS 与 JavaScript 结合可以创建出具有动态效果的页面。

学习目标(已掌握的在方框中打钩)

- ☐ 掌握制作打字效果文字的方法
- ☐ 掌握制作文字升降特效的方法
- ☐ 掌握制作跑马灯效果的方法
- ☐ 掌握制作图片左右移动特效的方法
- ☐ 掌握制作菜单向上滚动特效的方法
- ☐ 掌握制作图片跟随鼠标移动特效的方法
- ☐ 掌握制作图片跟随鼠标移动特效的方法
- ☐ 掌握制作树形菜单的方法
- ☐ 掌握制作颜色选择器的方法

16.1　综合案例 1——打字效果的文字

文字是网页的灵魂，没有文字的网页，不管特效多么绚丽多彩必定没有任何实际意义。文字特效始终是网页设计追求的目标，通过 JavaScript 可以实现多个网页特效。文字的打字效果是 JavaScript 脚本程序，将预先设置好的文字逐一在页面上显示出来，具体步骤如下。

step 01　分析需求。

如果要在网页实现打字效果，需要创建一个预先设置好的文字，作为输出信息。该实例完成效果如图 16-1 所示。

step 02　创建 HTML 页面，设置页面基本样式。

```html
<!DOCTYPE html>
<html>
<head>
<title>打字效果的文字</title>
<style type="text/css">
body{font-size:14px;font-weight:bold;}
</style>
</head>
<body>
松风水月最新微博信息: <a id="HotNews" href="" target="_blank"></a>
</body>
</html>
```

上面代码中，在<head>标记中间，设置 body 页面的基本样式，如字体大小为 14 像素，字形加粗，并在 body 页面创建了一个超链接。

浏览效果如图 16-2 所示，可以看到页面中只显示了一个提示信息。

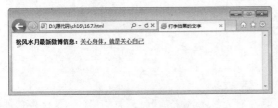

图 16-1　打字效果　　　　　　　　　　图 16-2　页面基本样式

step 03　添加 JavaScript 代码，实现打字特效。

```javascript
<SCRIPT LANGUAGE="JavaScript">
<!--
var NewsTime = 2000;  //每条微博的停留时间
var TextTime = 50;    //微博文字出现等待时间，越小越快
var newsi = 0;
var txti = 0;
var txttimer;
var newstimer;
var newstitle = new Array();  //微博标题
var newshref = new Array();    //微博链接
newstitle[0] = "健康是身体的本钱";
```

```
newshref[0] = "#";
newstitle[1] = "关心身体，就是关心自己";
newshref[1] = "#";
newstitle[2] = "去西藏旅游了";
newshref[2] = "#";
newstitle[3] = "大雨倾盆，很大呀";
newshref[3] = "#";
function shownew()
{
  var endstr = "_"
  hwnewstr = newstitle[newsi];
  newslink = newshref[newsi];
  if(txti==(hwnewstr.length-1)){endstr="";}
  if(txti>=hwnewstr.length){
    clearInterval(txttimer);
    clearInterval(newstimer);
    newsi++;
    if(newsi>=newstitle.length){
      newsi = 0
    }
    newstimer = setInterval("shownew()",NewsTime);
    txti = 0;
    return;
  }
  clearInterval(txttimer);
  document.getElementById("HotNews").href=newslink;
  document.getElementById("HotNews").innerHTML         =
hwnewstr.substring(0,txti+1)+endstr;
  txti++;
  txttimer = setInterval("shownew()",TextTime);
}
shownew();
//-->
</SCRIPT>
```

因为上面代码是一个整体，这里就不分开介绍了。上面的 JavaScript 代码中，主要调用 shownew()函数完成打字效果。在 JavaScript 代码开始部分，定义了多个变量，其中数组对象 newstitle 用于存放文本标题。然后创建了 shownew()函数，并在函数中通过变量和条件获取要显示的文字，通过 setInterval("shownew()",NewsTime)语句输出文字内容。代码最后使用 shownew()语句循环执行该函数中的输出信息。

浏览效果如图 16-3 所示，页面中每隔一定时间，会在提示信息后逐个打出单个文字，字体颜色为蓝色。

图 16-3　实现打字效果

网站开发案例课堂

16.2　综合案例2——文字升降特效

有的网页为了加大广告宣传力度，往往在网页上设置一个自动升降的文字，用于吸引注意力。当单击这个升降文字，会自动跳转到宣传页面。本实例将使用 JavaScript 和 CSS 实现文字升降效果，具体步骤如下。

step 01 分析需求。

如果需要实现文字升降效果，需要指定文字内容和文字升降范围，即文字在 HTML 页面指定一个层，用于升降文字。实例完成后，实际效果如图 16-4 所示。

step 02 创建 HTML，构建升降 DIV 层。

```html
<!DOCTYPE html>
<html>
<head>
<title>升降的文字效果</title>
</head>
<body>
<div id="napis" style="position: absolute;top: -50;color: #000000;font-
family:宋体;font-size:9pt;border:1px #ddeecc solid">
<a href="" style="font-size:12px;text-decoration:none;">
水月大酒店，欢迎天下来宾！
</a></div>
<script language="JavaScript">
<!--
setTimeout('start()',20);
//-->
</script>
</body>
</html>
```

上面代码创建了一个 DIV 层，用于存放升降的文字，层的 ID 名称是 napis，并在层的 style 属性中定义了层显示样式，如字体大小，带有边框，字形等。在 DIV 层中，创建了一个超链接，并设定了超链接的样式。其中的 Script 代码用于定时调用 start()函数。

浏览效果如图 16-5 所示，可以看到页面空白，无文字显示。

图 16-4　文字升降效果

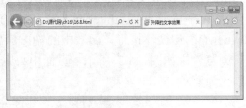

图 16-5　空白页面

step 03 添加 JavaScript 代码，实现文字升降效果。

```
<script language="JavaScript">
<!--
done = 0;
step = 4
function anim(yp,yk)
```

```
{
if(document.layers) document.layers["napis"].top=yp;
else document.all["napis"].style.top=yp;
if(yp>yk) step = -4
if(yp<60) step = 4
setTimeout('anim('+(yp+step)+','+yk+')', 35);
}function start()
{
if(done) return
done = 1;
if(navigator.appName=="Netscape") {
var nap=document.getElementById("napis");
nap.left=innerWidth/2 - 145;
anim(60,innerHeight - 60)
}
else {
napis.style.left=11;
anim(60,document.body.offsetHeight - 60)
}}//-->
</script>
```

上面代码创建了函数 anim()和 start()，其中 anim()函数用于设定每次的升降数值，start()
函数用于设定每次开始的升降坐标。浏览效果如图 16-6 所示，页面中的文字自动上下移动。

图 16-6　文字上下移动效果

16.3　综合案例 3——跑马灯效果

网页中有一种特效称为跑马灯，即文字从左到右自动输出，和晚上写字楼的广告霓虹灯
非常相似。在网页中，如果 CSS 样式设计得非常完美，就会设计出更加靓丽的网页效果，具
体步骤如下。

step 01 分析需求。

完成跑马灯效果，需要使用 JavaScript 语言设置文字内容、移动速度和相应的文本框，使
用 CSS 设置显示文字样式。文本框用来显示水平移动文字。实例完成后，实际效果如图 16-7
所示。

step 02 创建 HTML，实现输入表单。

```
<!DOCTYPE html>
<html>
<head>
<title>跑马灯</title>
  </head>
<body onLoad="LenScroll()">
```

```
<center>
<form name="nextForm">
<input type=text name="lenText">
</form>
</center>
</body>
```

上面代码非常简单，创建了一个表单，表单中存放了一个文本域，用于显示移动文字。

浏览效果如图16-8所示，可以看到页面中只是存在一个文本域，没有其他显示信息。

图16-7 马灯效果　　　　　　　　　　　　　**图16-8 实现基本表单**

step 03 添加 JavaScript 代码，实现文字移动。

```
<script language="javascript">
var msg="品味中原文化，寄情黄河风景";          //移动文字
var interval = 400;                          //移动速度
var seq=0;

function LenScroll() {
  document.nextForm.lenText.value = msg.substring(seq, msg.length) + "    "
+ msg;
  seq++;
  if ( seq > msg.length )
    seq = 0;
  window.setTimeout("LenScroll();", interval);
}
</script>
```

上面代码中，创建了一个变量 msg 用于定义移动的文字内容，变量 interval 用于定义文字移动速度，LenScroll()函数用于在表单文本框中显示移动信息。

浏览效果如图16-9所示，可以看到文本框中显示了移动信息，并且从右向左移动。

step 04 添加 CSS 代码，修饰输入框和页面。

```
<style type="text/css">
<!--
body{
  background-color:#FFFFFF;  /* 页面背景色 */
}
input{
  background:transparent;        /* 文本框背景透明 */
  border:none;                   /* 无边框 */
  color:#ffb400;
  font-size:45px;
  font-weight:bold;
  font-family:黑体;
}--></style>
```

上面代码设置了页面背景颜色为白色，在 input 标记选择器中，定义了边框背景为透明，无边框，字体颜色为黄色，大小为 45 像素，加粗并黑体显示。浏览效果如图 16-10 所示，可以看到页面中相较原来页面字体变大，颜色为黄色，没有文本框显示。

图 16-9　实现移动效果

图 16-10　最终效果

16.4　综合案例 4——左右移动的图片

在广告栏中，经常会存在从右向左移动或者从左向右移动的图片，而且是一张或者多张图片，不但美化了页面效果，也可获取经济利益。本实例将使用 JavaScript 和 CSS 创建一个左右移动的图片，具体步骤如下。

step 01　分析需求。

实现左右移动的图片，需要在页面上定义一张图片，然后利用 JavaScript 程序代码，获取图片对象，并使其在一定范围内即水平方向上自由移动。实例完成后，效果如图 16-11 所示。

图 16-11　图片移动效果

step 02　创建 HTML 页面，导入图片。

```html
<!DOCTYPE html>
<html>
<head>
<title>左右移动图片</title>
</head>
<body>
<img src="feng.jpg" name="picture"
style="position: absolute; top: 70px; left: 30px;" BORDER="0" WIDTH="140"
HEIGHT="40">
<script LANGUAGE="JavaScript"><!--
setTimeout("moveLR('picture',300,1)",10);
//--></script>
</body>
</html>
```

上面代码中，定义了一个图片，图片是绝对定位，左边位置是(70,30)无边框，宽度为 140 像素，高度为 40 像素。Script 标记中，使用 setTimeout()方法，定时移动图片。

浏览效果如图 16-12 所示，可以看到网页上显示了一个图片。

图 16-12　图片显示

step 03 加入 JavaScript 代码，实现图片左右移动。

```
<script LANGUAGE="JavaScript"><!--
step = 0;
obj = new Image();
function anim(xp,xk,smer) //smer = direction
{
obj.style.left = x;
x += step*smer;
if (x>=(xk+xp)/2) {
if (smer == 1) step--;
else step++;
}
else {
if (smer == 1) step++;
else step--;
}
if (x >= xk) {
x = xk;
smer = -1;
}
if (x <= xp) {
x = xp;
smer = 1;
}
// if (smer > 2) smer = 3;
setTimeout('anim('+xp+','+xk+','+smer+')', 50);
}
function moveLR(objID,movingarea_width,c)
{
if (navigator.appName=="Netscape") window_width = window.innerWidth;
else window_width = document.body.offsetWidth;
obj = document.images[objID];
image_width = obj.width;
x1 = obj.style.left;
x = Number(x1.substring(0,x1.length-2)); // 30px -> 30
if (c == 0) {
if (movingarea_width == 0) {
right_margin = window_width - image_width;
```

```
anim(x,right_margin,1);
}
else {
right_margin = x + movingarea_width - image_width;
if (movingarea_width < x + image_width) window.alert("No space for
moving!");
else anim(x,right_margin,1);
}
}
else {
if (movingarea_width == 0) right_margin = window_width - image_width;
else {
x = Math.round((window_width-movingarea_width)/2);
right_margin = Math.round((window_width+movingarea_width)/2)-image_width;
}
anim(x,right_margin,1);
}
}
//--></script>
```

上面的代码与文字水平方向移动的原理基本相同，只是对象不同，这里就不再详细介绍了。

浏览效果如图 16-13 所示，网页上显示了一个图片，并在水平方向上自由移动。

图 16-13　最终效果

16.5　综合案例 5——向上滚动菜单

网页包含信息比较多的时候，就需要设计出一些导航菜单来实现页面导航。如果使用 JavaScript 代码，将菜单做成动态效果，此时菜单会更加吸引人。本实例将结合前面学习的内容，创建一个向上滚动的菜单，具体步骤如下。

step 01　分析需求。

实现菜单自动从下到上滚动，需要把握两个元素，一个是使用 JavaScript 实现要滚动的菜单，即导航栏，另一个是使用 JavaScript 控制菜单移动方向。实例完成后，效果如图 16-14 所示。

step 02　构建 HTML 页面。

```
<!DOCTYPE html>
<html>
<head>
```

```
<title>向上滚动的菜单</title>
</head>
<body bgcolor="#FFFFFF" text="#000000">
</body></html>
```

上面代码比较简单，只是实现了一个空白页面，页面背景色为白色，前景色为黑色。
浏览效果如图 16-15 所示，可以看到显示了一个空白页面。

图 16-14　菜单滚动效果　　　　　　　　图 16-15　空白 HTML 页面

step 03　加入 JavaScript 代码，实现菜单滚动。

```
<script language=javascript>
<!--
  var index = 9
  link = new Array(8);
  link[0] ='time1.htm'
  link[1] ='time2.htm'
  link[2] ='time3.htm'
  link[3] ='time1.htm'
  link[4] ='time2.htm'
  link[5] ='time3.htm'
  link[6] ='time1.htm'
  link[7] ='time2.htm'
  link[8] ='time3.htm'
  text = new Array(8);
  text[0] ='首页'
  text[1] ='产品天地'
  text[2] ='关于我们'
  text[3] ='资讯动态'
  text[4] ='服务支持'
  text[5] ='会员中心'
  text[6] ='网上商城'
  text[7] ='官方微博'
  text[8] ='企业文化'
  document.write ("<marquee scrollamount='1' scrolldelay='100' direction=
'up' width='150' height='150'>");
  for (i=0;i<index;i++)
  {
    document.write (" <img src='dian3.gif' width='12' height='12'>
<a href="+link[i]+" target='_blank'>");
    document.write (text[i] + "</A><br>");
  }
  document.write ("</marquee>")
// --></script>
```

上面代码创建了两个数组对象 link 和 text，用来存放菜单链接对象和菜单内容，在其后面的 JavaScript 代码中，使用<marquee>定义页面在垂直方向上上下移动。

浏览效果如图 16-16 所示，可以看到面左侧有一个菜单，自下向上自由移动。

图 16-16　最终效果

16.6　综合案例 6——跟随鼠标指针移动的图片

在众多网站中，特别是游戏网站或小型商业网站，都喜欢用图片跟随鼠标指针移动的特效，一方面可以在鼠标指针旁边加上网站说明的相关信息或者欢迎信息，另一方面也可吸引浏览者的注意力，使其更加关注此类网站。本实例实现图片跟随鼠标指针移动的特效，具体步骤如下。

step 01　分析需求。

需要通过 JavaScript 获取鼠标指针的位置，并且动态地调整图片的位置。图片需要通过 position 的绝对定位，很容易得到调整。采用 CSS 的绝对定位是 JavaScript 调整页面元素常用的方法。实例完成后，效果如图 16-17 所示。

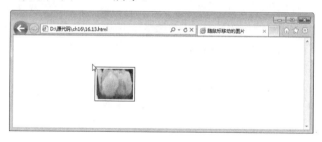

图 16-17　图片移动

step 02　创建基本的 HTML 页面。

```
<!DOCTYPE html>
<html >
<head>
<title>随鼠标指针移动的图片</title>
</head>
<body>
</body>
</html>
```

上面的代码比较简单，只是实现了一个 HTML 页面结构，这里不再演示。

step 03 添加 JavaScript 代码，实现图片随鼠标指针移动。

```
<script type="text/javascript">
function badAD(html){
    var ad=document.body.appendChild(document.createElement('div'));
    ad.style.cssText="border:1px   solid   #000;background:#FFF;position:
absolute;padding:4px 4px 4px 4px;font: 12px/1.5 verdana;";
    ad.innerHTML=html||'This is bad idea!';
    var c=ad.appendChild(document.createElement('span'));
    c.innerHTML="×";
    c.style.cssText="position:absolute;right:4px;top:2px;cursor:pointer";
    c.onclick=function (){
        document.onmousemove=null;
        this.parentNode.style.left='-99999px'
    };
    document.onmousemove=function (e){
        e=e||window.event;
        var x=e.clientX,y=e.clientY;
        setTimeout(function() {
            if(ad.hover)return;
            ad.style.left=x+5+'px';
            ad.style.top=y+5+'px';
        },120)
}
    ad.onmouseover=function (){
        this.hover=true
    };
    ad.onmouseout=function (){
        this.hover=false
    }
}
badAD('<img src="18.png">')
</script>
```

上面代码中，使用 appendChild()方法为当前页面创建了一个 div 对象，并为 div 层设置了相应样式。然后 e.clientX 和 e.clientY 语句确定鼠标光标位置，并动态调整图片位置，从而实现图片移动的效果。浏览效果如图 16-18 所示，可以看到鼠标指针在页面上移动时，图片跟着移动。

图 16-18　最终效果

16.7　综合案例 7——树形菜单

作为一个网站的首页，其特点之一是需要导航的页面很多，有时为了效果不得不将所有需要导航的部分都放到一个导航菜单中。树形导航菜单是网页设计中最常用的菜单之一。本实例将创建一个树形菜单，具体步骤如下。

step 01 分析需求。

实现一个树形菜单，需要 3 个方面的配合，一个是<ul>无序列表，用于显示的菜单，另一个是 CSS 样式，修饰树形菜单样式，还有一个是 JavaScript 程序，实现单击时展开菜单选项。实例完成后，效果如图 16-19 所示。

图 16-19　树形菜单

step 02 创建 HTML 页面，实现菜单列表。

```
<!DOCTYPE html>
<html >
<head>
<title>树形菜单</title>
</head>
<body>
<ul id="menu_zzjs_net">
 <li>
  <label><a href="javascript:;">计算机图书</a></label>
  <ul class="two">
   <li>
    <label><a href="javascript:;">程序类图书</a></label>
    <ul class="two">
     <li>
      <label><input     type="checkbox"     value="123456"><a     href=
"javascript:;">Java 类图书</a></label>
      <ul class="two">
       <li><label><input    type="checkbox"    value="123456"><a    href=
"javascript:;">Java 语言类图像</a></label></li>
       <li>
        <label><input     type="checkbox"     value="123456"><a     href=
"javascript:;">Java 框架类图像</a></label>
        <ul class="two">
         <li>
          <label><input     type="checkbox"     value="123456"><a     href=
"javascript:;">Struts2 图书</a></label>
          <ul class="two">
           <li><label><input    type="checkbox"    value="123456"><a    href=
"javascript:;">Struts1</a></label></li>
           <li><label><input    type="checkbox"    value="123456"><a    href=
"javascript:;">Struts2</a></label></li>
          </ul>
```

```
        </li>
        <li><label><input    type="checkbox"    value="123456"><a    href=
"javascript:;">Hibernate 入门</a></label></li>
        </ul>
      </li>
     </ul>
   </li>
  </ul>
 </li>
 <li>
  <label><a href="javascript:;">设计类图像</a></label>
  <ul class="two">
    <li><label><input    type="checkbox"    value="123456"><a    href=
"javascript:;">PS 实例大全</a></label></li>
    <li><label><input    type="checkbox"    value="123456"><a    href=
"javascript:;">Flash 基础入门</a></label></li>
   </ul>
  </li>
 </ul>
</li>
</ul>
</body>
</html>
```

浏览效果如图 16-20 所示，可以看到无序列表在页面上显示，并且显示全部元素，字体颜色为蓝色。

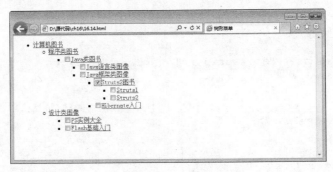

图 16-20　无序列表

step 03 添加 JavaScript 代码，实现单击后展开列表。

```
<script type="text/javascript" >
 function addEvent(el,name,fn){//绑定事件
  if(el.addEventListener) return el.addEventListener(name,fn,false);
  return el.attachEvent('on'+name,fn);
 }
 function nextnode(node){//寻找下一个兄弟并剔除空的文本节点
  if(!node)return ;
  if(node.nodeType == 1)
   return node;
  if(node.nextSibling)
   return nextnode(node.nextSibling);
 }
```

```
function prevnode(node){//寻找上一个兄弟并剔除空的文本节点
 if(!node)return ;
 if(node.nodeType == 1)
  return node;
 if(node.previousSibling)
  return prevnode(node.previousSibling);
}
function parcheck(self,checked){//递归寻找父亲元素，并找到 input 元素进行操作
 var par = prevnode(self.parentNode.parentNode.parentNode.previousSibling),
parspar;
  if(par&&par.getElementsByTagName('input')[0]){
   par.getElementsByTagName('input')[0].checked = checked;
   parcheck(par.getElementsByTagName('input')[0],sibcheck
(par.getElementsByTagName('input')[0]));
  }
}
function sibcheck(self){//判断兄弟节点是否已经全部选中
 var sbi = self.parentNode.parentNode.parentNode.childNodes,n=0;
 for(var i=0;i<sbi.length;i++){
  if(sbi[i].nodeType != 1)//由于孩子节点中包括空的文本节点，所以这里累计长度的
时候也要算上去
   n++;
  else if(sbi[i].getElementsByTagName('input')[0].checked)
   n++;
 }
 return n==sbi.length?true:false;
}
addEvent(document.getElementById('menu_zzjs_net'),'click',function(e){
//绑定 input 单击事件，使用 menu_zzjs_net 根元素代理
 e = e||window.event;
 var target = e.target||e.srcElement;
 var tp = nextnode(target.parentNode.nextSibling);
 switch(target.nodeName){
  case 'A'://单击 A 标签展开和收缩树形目录，并改变其样式会选中 checkbox
   if(tp&&tp.nodeName == 'UL'){
    if(tp.style.display != 'block' ){
     tp.style.display = 'block';
     prevnode(target.parentNode.previousSibling).className = 'ren'
    }else{
     tp.style.display = 'none';
     prevnode(target.parentNode.previousSibling).className = 'add'
    }
   }
   break;
  case 'SPAN'://单击图标只展开或者收缩
   var ap = nextnode(nextnode(target.nextSibling).nextSibling);
   if(ap.style.display != 'block' ){
    ap.style.display = 'block';
    target.className = 'ren'
   }else{
    ap.style.display = 'none';
    target.className = 'add'
   }
   break;
```

```
   case 'INPUT'://单击 checkbox, 父亲元素选中, 则孩子节点中的 checkbox 也同时选
中, 如孩子节点取消则父元素随之取消
     if(target.checked){
      if(tp){
       var checkbox = tp.getElementsByTagName('input');
       for(var i=0;i<checkbox.length;i++)
        checkbox[i].checked = true;
      }
     }else{
      if(tp){
       var checkbox = tp.getElementsByTagName('input');
       for(var i=0;i<checkbox.length;i++)
        checkbox[i].checked = false;
      }
     }
     parcheck(target,sibcheck(target));//当孩子节点取消选中的时候调用该方法递归
其父节点的 checkbox 逐一取消选中
     break;
    }
  });
window.onload = function(){//页面加载时给有孩子节点的元素动态添加图标
 var labels = document.getElementById('menu_zzjs_net').getElementsByTagName
('label');
  for(var i=0;i<labels.length;i++){
   var span = document.createElement('span');
   span.style.cssText  ='display:inline-block;height:18px;vertical-align:
middle;width:16px;cursor:pointer;';
   span.innerHTML = ' '
   span.className = 'add';
   if(nextnode(labels[i].nextSibling)&&nextnode(labels[i].nextSibling).nodeName
== 'UL')
    labels[i].parentNode.insertBefore(span,labels[i]);
   else
    labels[i].className = 'rem'
  }
 }
</script>
```

　　浏览效果如图 16-21 所示, 可以看到无序列表在页面上显示, 使用鼠标单击可以展开或
关闭相应的选项, 但其样式非常难看。

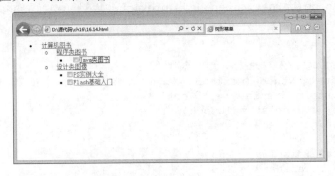

图 16-21　实现鼠标单击事件

step 04 添加 CSS 代码，修饰列表选项。

```
<style type="text/css">
body{margin:0;padding:0;font:12px/1.5 Tahoma,Helvetica,Arial,sans-serif;}
ul,li,{margin:0;padding:0;}
ul{list-style:none;}
#menu zzjs net{margin:10px;width:200px;overflow:hidden;}
#menu zzjs net li{line-height:25px;}
#menu zzjs net .rem{padding-left:16px;}
#menu zzjs net .add{background:url() -4px -31px no-repeat;}
#menu zzjs net .ren{background:url() -4px -7px no-repeat;}
#menu zzjs net  li  a{color:#666666;padding-left:5px;outline:none;blr:
expression(this.onFocus=this.blur());}
#menu zzjs net li input{vertical-align:middle;margin-left:5px;}
#menu zzjs net .two{padding-left:20px;display:none;}
</style>
```

浏览效果如图 16-22 所示，可以看到样式相比较原来的页面变得非常漂亮。

图 16-22　最终效果

16.8　综合案例 8——颜色选择器

在页面中定义背景色和字体颜色，是比较常见的一种操作，往往选取颜色时比较发愁，不知道哪种颜色适合，并且颜色值还不知道是什么。此时可以利用颜色选择器来定义颜色并获取颜色值。本实例将创建一个颜色选择器，可以自由获取颜色值，具体步骤如下。

step 01 分析需求。

本实例原理非常简单，就是将几个常用的颜色值进行组合，组合在一起后合并，就是所要选择的颜色值。这些都是利用 JavaScript 代码完成的。实例完成后，实际效果如图 16-23 所示。

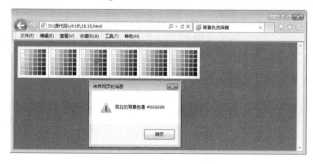

图 16-23　设定页面背景色

step 02 创建基本 HTML 页面。

```
<!DOCTYPE html>
<html>
<head><title>背景色选择器</title>
</head>
<body bgcolor="#FFFFFF">
</body></html>
```

上述代码比较简单，只是实现了一个页面框架，这里就不再显示了。

step 03 添加 JavaScript 代码，实现颜色选择。

```
<script language="JavaScript">
<!--
var hex = new Array(6)
hex[0] = "FF"
hex[1] = "CC"
hex[2] = "99"
hex[3] = "66"
hex[4] = "33"
hex[5] = "00"
function display(triplet)
{
  document.bgColor = '#' + triplet
  alert('现在的背景色是 #'+triplet)
}
function drawCell(red, green, blue)
{
  document.write('<TD BGCOLOR="#' + red + green + blue + '">')
  document.write('<A HREF="javascript:display(\'' + (red + green + blue)
+ '\')">')
  document.write('<IMG SRC="place.gif" BORDER=0 HEIGHT=12 WIDTH=12>')
  document.write('</A>')
  document.write('</TD>')
}
function drawRow(red, blue)
{
  document.write('<TR>')
  for (var i = 0; i < 6; ++i)
  {
    drawCell(red, hex[i], blue)
  }  document.write('</TR>')
}function drawTable(blue)
{
  document.write('<TABLE CELLPADDING=0 CELLSPACING=0 BORDER=0>')
  for (var i = 0; i < 6; ++i)
  {
    drawRow(hex[i], blue)
  }
  document.write('</TABLE>')
}
function drawCube()
{
  document.write('<TABLE CELLPADDING=5 CELLSPACING=0 BORDER=1><TR>')
```

```
    for (var i = 0; i < 6; ++i)
    {
      document.write('<TD BGCOLOR="#FFFFFF">')
      drawTable(hex[i])
      document.write('</TD>')
    }  document.write('</TR></TABLE>')
}drawCube()
// --></script>
```

上面代码中，创建了一个数组对象 hex 用来存放不同的颜色值。然后调用几个函数分别将数组中的颜色组合在一起并在页面显示，display()函数完成定义背景颜色和显示颜色值。

浏览效果如图 16-24 所示，可以看到页面显示了多个表格，每个单元格代表一种颜色。

图 16-24 最终效果

16.9 高手甜点

甜点 1：JavaScript 中 innerHTML 与 innerText 的用法与区别？

假设现在有个 div 层，如下所示。

```
<div id="test">
  <span style="color:red">test1</span> test2
</div>
```

innerText 属性表示从起始位置到终止位置的内容，但去除了 HTML 标签，如上面示例代码中的 innerText 的值也就是 test1 test2，其中 span 标签被去除了。

innerHTML 属性除了全部内容外，还包含对象标签本身，如上面示例代码中的 text.outerHTML 的值也就是<div id="test">test1 test2</div>。

甜点 2：JavaScript 如何控制换行？

无论使用哪种引号创建字符串，字符串中间不能包含强制换行符。

```
var temp='<h2 class="a">A list</h2>
        <ol>
        </ol>';
```

上面的写法是错误的。

正确写法是使用反斜杠来转义换行符，如下所示。

```
var temp='<h2 class="a">A list</h2>\
<ol>\
</ol>'
```

16.10　跟我练练手

练习 1：制作一个包含打字效果的网页。

练习 2：制作一个包含文字升降效果的网页。

练习 3：制作一个包含跑马灯效果的网页。

练习 4：制作一个图片闪烁效果的网页。

第 17 章

熟悉 jQuery Mobile

针对不同移动设备上显示界面统一的问题，jQuery 又推出了新的函数库 jQuery Mobile。本章将重点学习 jQuery Mobile 的基础知识。

学习目标(已掌握的在方框中打钩)

☐ 了解 jQuery Mobile 的基本概念

☐ 掌握使用移动设备模拟器的方法

☐ 掌握 jQuery Mobile 的安装方法

☐ 掌握创建多页面 jQuery Mobile 网页的方法

☐ 掌握将页面作为对话框使用的方法

☐ 掌握设置绚丽多彩的页面切换效果的方法

17.1　认识 jQuery Mobile

　　jQuery Mobile 是 jQuery 在手机和平板设备上的版本。jQuery Mobile 不仅给主流移动平台带来了 jQuery 核心库，而且会发布一个完整统一的 jQuery 移动 UI 框架。通过 jQuery Mobile 制作出来的网页能够支持全球主流的移动平台，而且在浏览网页时，能够拥有像操作应用软件一样的触碰和滑动效果。

　　jQuery Mobile 的优势如下。

- 简单易用：jQuery Mobile 简单易用。页面开发主要使用标记，无须或仅需很少的 JavaScript。jQuery Mobile 通过 HTML 5 标记和 CSS 3 规范来配置和美化页面，对于已经熟悉 HTML 5 和 CSS 3 的读者来说，上手非常容易，架构清晰。
- 跨平台：目前大部分的移动设备浏览器都支持 HTML 5 标准和 jQuery Mobile，所以可以实现跨不同的移动设备，如 Android、Apple iOS、BlackBerry、Windows Phone、Symbian 和 MeeGo 等。
- 提供丰富的函数库：常见的键盘、触碰功能等，开发人员不用编写代码，只需要经过简单的设置，就可以实现需要的功能，大大减少了程序员开发的时间。
- 丰富的布景主题和 ThemeRoller 工具：jQuery Mobile 提供了布局主题，通过这些主题，可以轻轻松松地快速创建绚丽多彩的网页。通过使用 jQuery UT 的 ThemeRoller 在线工具，只需要在下拉菜单中进行简单的设置，就可以制作出丰富多彩的网页风格，并且可以将代码下载下来进行应用。

jQuery Mobile 的操作流程如下。

(1) 创建 HTML 5 文件。

(2) 载入 jQuery、jQuery Mobile 和 jQuery Mobile CSS 链接库。

(3) 使用 jQuery Mobile 定义的 HTML 标准，编写网页架构和内容。

17.2　跨平台移动设备网页 jQuery Mobile

　　学习移动设备的网页设计开发，最大的难题是跨浏览器支持的问题。为了解决这个问题，jQuery 推出了新的函数库 jQuery Mobile，主要用于统一当前移动设备的用户界面。

17.2.1　案例 1——移动设备模拟器

　　网页制作完成后，需要在移动设备上预览最终的效果。为了方便预览效果，可以使用移动设备模拟器，常见的移动设备模拟器是 Opera Mobile Emulator。

　　Opera Mobile Emulator 是一款针对计算机桌面开发的模拟移动设备的浏览器，几乎完全重现 opera mobile 手机浏览器的使用效果，可自行设置需要模拟的不同型号的手机和平板电脑配置，然后在计算机上模拟各类手机等移动设备访问网站。

　　Opera Mobile Emulator 的下载网址为 http://www.opera.com/zh-cn/developer/mobile-emulator/，根据不同的系统选择不同的版本，这里选择 Windows 系统下的版本，如图 17-1 所示。

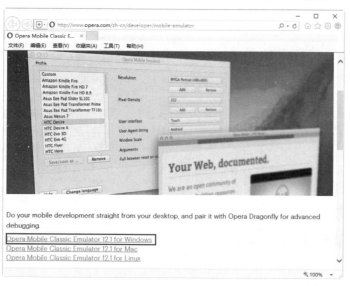

图 17-1　Opera Mobile Emulator 的下载页面

下载并安装之后启动 Opera Mobile Emulator，打开如图 17-2 所示的窗口，在【资料】列表框中选择移动设备的类型，这里选择【LG Optimus 3D】选项，单击【启动】按钮。

此时将打开欢迎界面，用户可以单击不同的链接，查看该软件的功能，如图 17-3 所示。

图 17-2　参数设置界面　　　　　　　　　　　图 17-3　欢迎界面

单击【接受】按钮，打开手机模拟器窗口，在【输入网站】文本框中输入需要查看网页效果的地址即可，如图 17-4 所示。

例如，这里直接单击【当当网】图标，即可查看当当网在该移动设备模拟器中的效果，如图 17-5 所示。

图 17-4　手机模拟器窗口　　　　　　　　　图 17-5　查看预览效果

　　Opera Mobile Emulator 不仅可以查看移动网页的效果，还可以任意调整窗口的大小，从而可以查看不用屏幕尺寸的效果，这点也是 Opera Mobile Emulator 与其他移动设备模拟器相比最大的优势。

17.2.2　案例 2——jQuery Mobile 的安装

　　想要开发 jQuery Mobile 网页，必须要引用 JavaScript 函数库(.js)、CSS 样式表和配套的 jQuery 函数库文件。常见的引用方法有以下两种。

1. 直接引用 jQuery Mobile 库文件

　　从 jQuery Mobile 的官网下载该库文件(网址是 http://jquerymobile.com/download/)，如图 17-6 所示。

图 17-6　下载 jQuery Mobile 库文件

下载完成即可解压，然后直接引用文件即可，代码如下。

```
<head>
<meta name="viewport" content="width=device-width, initial-scale=1">
<link rel="stylesheet" href="jquery.mobile-1.4.5.css">
<script src="jquery.js"></script>
<script src="jquery.mobile-1.4.5.js"></script>
</head>
```

 将下载的文件解压到和网页所在的同一目录下，否则会无法引用而报错。

细心的读者会发现，在<script>标签中没有插入 type="text/javascript"，这是什么原因呢？因为所有的浏览器中 HTML 5 的默认脚本语言就是 JavaScript，所以在 HTML 5 中已经不再需要该属性。

2. 从 CDN 中加载 jQuery Mobile

CDN 的全称是 Content Delivery Network，即内容分发网络。其基本思路是尽可能避开互联网上有可能影响数据传输速度和稳定性的瓶颈和环节，使内容传输更快、更稳定。

使用 CDN 中加载 jQuery Mobile，用户不需要在计算机上安装任何东西，仅需要在网页中加载层叠样式(.css)和 JavaScript 库 (.js) 就能够使用 jQuery Mobile。

用户可以从 jQuery Mobile 官网中查找引用路径，网址是 http://jquerymobile.com/download/，进入该网站后，找到 jQuery Mobile 的引用链接，然后将其复制后添加到 HTML 文件<head>标记中即可，如图 17-7 所示。

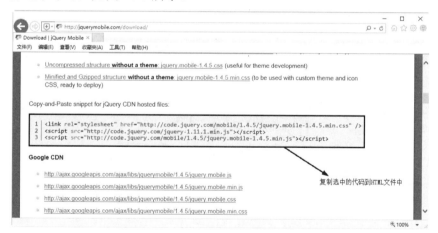

图 17-7　下载 jQuery Mobile 库文件

将代码复制到<head>标记块内，代码如下。

```
<head>
<!-- meta 使用 viewport 以确保页面可自由缩放 -->
<meta name="viewport" content="width=device-width, initial-scale=1">
<!-- 引入 jQuery Mobile 样式 -->
 <link rel="stylesheet"
```

```
href="http://code.jquery.com/mobile/1.4.5/jquery.mobile-1.4.5.min.css">
<!-- 引入 jQuery 库 -->
<script src="http://code.jquery.com/jquery-1.11.3.min.js"></script>
<!-- 引入 jQuery Mobile 库 -->
<script src="http://code.jquery.com/mobile/1.4.5/jquery.mobile-
1.4.5.min.js"></script>
</head>
```

注意

　　由于 jQuery Mobile 函数库仍然在开发中，所以引用的链接中的版本号可能会与本书不同，请使用官方提供的最新版本，只要按照上述方法将代码复制下来引用即可。

17.2.3 案例3——jQuery Mobile 网页的架构

jQuery Mobile 网页是由 header、content 与 footer 这 3 个区域组成的架构，利用<div>标记加上 HTML 5 自定义属性 data-*来定义移动设备网页组件样式，最基本的属性 data-role 可以用来定义移动设备的页面架构，语法格式如下。

```
<div data-role="page">
<!--开始一个page-->
  <div data-role="header">
    <h1>这个是标题</h1>
  </div>
  <div data-role="main" class="ui-content">
    <p>这里是内容</p>
  </div>
  <div data-role="footer">
    <h1>底部文本</h1>
  </div>
</div>
```

模拟器中预览效果如图 17-8 所示。

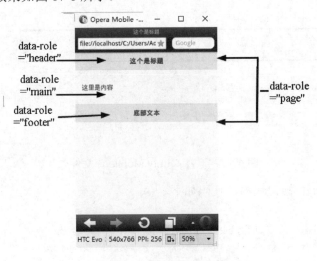

图 17-8　程序预览效果

从结果中可以看出，jQuery Mobile 网页以页(page)为单位，一个 HTML 页面可以放一个页面，也可以放多个页面，浏览器每次只会显示一页，如果有多个页面，需要在页面中添加超链接，从而实现多个页面的切换。

案例分析：

- data-role="page" 是在浏览器中显示的页面。
- data-role="header" 是在页面顶部创建的工具条，通常用于标题或者搜索按钮。
- data-role="main" 定义了页面的内容，如文本、图片、表单和按钮等。
- "ui-content" 类用于在页面添加内边距和外边距。
- data-role="footer" 用于创建页面底部工具条。

17.3　案例 4——创建多页面的 jQuery Mobile 网页

本案例将使用 jQuery Mobile 制作一个多页面的 jQuery Mobile 网页，并创建多个页面，使用不同的 id 属性来区分不同的页面。

【例 17.1】(案例文件：ch17\17.1.html)

```
<!DOCTYPE html>
<html>
<head>
<meta name="viewport" content="width=device-width, initial-scale=1">
<link rel="stylesheet"
href="http://code.jquery.com/mobile/1.4.5/jquery.mobile-1.4.5.min.css">
<script src="http://code.jquery.com/jquery-1.11.3.min.js"></script>
 <script src="http://code.jquery.com/mobile/1.4.5/jquery.mobile-
1.4.5.min.js"></script>
 </head>
<body>
<div data-role="page" id="first">
  <div data-role="header">
    <h1>古诗欣赏</h1>
  </div>
  <div data-role="main" class="ui-content">
    <p>几回花下坐吹箫，银汉红墙入望遥。</p>
    <a href="#second">下一页</a>
  </div>
  <div data-role="footer">
    <h1>清代诗人</h1>
  </div>
</div>
<div data-role="page" id="second">
  <div data-role="header">
    <h1>古诗欣赏</h1>
  </div>
  <div data-role="main" class="ui-content">
    <p>似此星辰非昨夜，为谁风露立中宵。</p>
    <a href="#first">上一页</a>
  </div>
  <div data-role="footer">
```

```
    <h1>清代诗人</h1>
  </div>
</div>
</body>
</html>
```

模拟器中预览效果如图 17-9 所示。单击【下一页】链接，即可进入第二页，如图 17-10 所示。单击【上一页】链接，即可返回到第一页中。

图 17-9　程序预览效果

图 17-10　第二页预览效果

17.4　案例 5——将页面作为对话框使用

对话框是用于显示页面信息或者显示表单信息的。jQuery Mobile 通过在链接中添加如下属性，即可将页面作为对话框来使用。

```
data-dialog="true"
```

【例 17.2】(案例文件：ch17\17.2.html)

```
<!DOCTYPE html>
<html>
<head>
<meta name="viewport" content="width=device-width, initial-scale=1">
<link rel="stylesheet"
href="http://code.jquery.com/mobile/1.4.5/jquery.mobile-1.4.5.min.css">
<script src="http://code.jquery.com/jquery-1.11.3.min.js"></script>
 <script src="http://code.jquery.com/mobile/1.4.5/jquery.mobile-
1.4.5.min.js"></script>
</head>
<body>
<div data-role="page" id="first">
  <div data-role="header">
```

```
    <h1>古诗鉴赏</h1>
  </div>
  <div data-role="main" class="ui-content">
    <p>浩荡离愁白日斜，吟鞭东指即天涯。落红不是无情物，化作春泥更护花。</p>
    <a href="#second">查看详情</a>
  </div>
  <div data-role="footer">
    <h1>清代诗词</h1>
  </div>
</div>
<div data-role="page" data-dialog="true" id="second">
  <div data-role="header">
    <h1>诗词鉴赏</h1>
  </div>
  <div data-role="main" class="ui-content">
    <p>这首诗是《己亥杂诗》的第五首，写诗人离京的感受。虽然载着"浩荡离愁"，却表示仍然要
为国为民尽自己最后一份心力。</p>
    <a href="#first">上一页</a>
  </div>
  <div data-role="footer">
    <h1>清代诗词</h1>
  </div>
</div>
</body>
</html>
```

模拟器中预览效果如图 17-11 所示。单击【查看详情】链接，即可打开一个对话框，如图 17-12 所示。

图 17-11　程序预览效果

图 17-12　对话框预览效果

从结果可以看出，对话框与普通页面不同，它显示在当前页面上，但又不会填充完整的页面，顶部图标 ⊗ 用于关闭对话框，单击【上一页】链接，也可以关闭对话框。

17.5 案例 6——绚丽多彩的页面切换效果

jQuery Mobile 提供了各种页面切换到下一个页面的效果。主要通过设置 data-transition 属性来完成各种页面切换效果，语法规则如下。

```
<a href="#link" data-transition="切换效果">切换下一页</a>
```

其中，切换效果很多，具体如表 17-1 所示。

表 17-1　页面切换效果

页面效果参数	含　义
fade	默认的切换效果。淡入到下一页
none	无过渡效果
flip	从后向前翻转到下一页
flow	抛出当前页，进入下一页
pop	像弹出窗口那样转到下一页
slide	从右向左滑动到下一页
slidefade	从右向左滑动并淡入到下一页
slideup	从下向上滑动到下一页
slidedown	从上向下滑动到下一页
turn	转向下一页

注意：在 jQuery Mobile 的所有链接上，默认使用淡入淡出的效果。

例如，设置页面从右向左滑动到下一页，代码如下。

```
<a href="#second" data-transition="slide">切换下一页</a>
```

上面的所有效果支持后退行为。例如，用户想让页面从左向右滑动，可以添加 data-direction 属性为"reverse" 值即可，代码如下。

```
<a href="#second" data-transition="slide" data-direction="reverse">切换下一
页</a>
```

【例 17.3】(实例文件：ch17\17.3.html)

```
<!DOCTYPE html>
<html>
<head>
<meta name="viewport" content="width=device-width, initial-scale=1">
<link rel="stylesheet"
href="http://code.jquery.com/mobile/1.4.5/jquery.mobile-1.4.5.min.css">
<script src="http://code.jquery.com/jquery-1.11.3.min.js"></script>
 <script src="http://code.jquery.com/mobile/1.4.5/jquery.mobile-1.4.5.min.js">
```

```
</script>
 </head>
<body>
<div data-role="page" id="first">
  <div data-role="header">
    <h1>古诗欣赏</h1>
  </div>
  <div data-role="main" class="ui-content">
    <p>老农家贫在山住，耕种山田三四亩。</p>
<!--实现从右到左切换到下一页 -->
    <a href="#second" data-transition="slide" >下一页</a>
  </div>
  <div data-role="footer">
    <h1>野老歌</h1>
  </div>
</div>
<div data-role="page" id="second">
  <div data-role="header">
    <h1>古诗欣赏</h1>
  </div>
  <div data-role="main" class="ui-content">
    <p>岁暮锄犁傍空室，呼儿登山收橡实。</p>
<!--实现从左到右切换到下一页 -->
    <a href="#first" data-transition="slide" data-direction="reverse">上一页
</a>
  </div>
  <div data-role="footer">
    <h1>野老歌</h1>
  </div>
</div>
</body>
</html>
```

模拟器中预览效果如图 17-13 所示。单击【下一页】链接，即可从右向左滑动进入第二页，如图 17-14 所示。单击【上一页】链接，即可从左到右滑动返回到第一页中。

图 17-13　程序预览效果

图 17-14　第二页预览效果

17.6 高 手 甜 点

甜点 1：如何在模拟器中查看做好的网页效果？

HTML 文件制作完成后，要想在模拟器中测试，可以在地址栏中输入文件的路径，如输入地址 file://localhost/ch16/16.2.html，为了防止输入错误，可以直接将文件拖曳到地址栏中，模拟器会自动帮助用户添加完整的路径。

甜点 2：jQuery Mobile 都支持哪些移动设备？

目前市面上移动设备非常多，如果想查询 jQuery Mobile 都支持哪些移动设备，可以参照 jQuery Mobile 网站的各厂商支持表，还可以参考维基百科网站对 jQuery Mobile 说明中提供的 Mobile browser support 一览表。

甜点 3：我的浏览器为什么不支持页面切换效果？

为了实现页面切换效果，浏览器必须先支持该功能。目前，支持 CSS 3 3D 切换功能的浏览器最小版本包括 IE 10.0 浏览器、Chrome 12.0 浏览器、FireFox 16.0 浏览器、Safari 4.0 浏览器和 Opera 15.0 浏览器等。

17.7 跟我练练手

练习 1：上网查询 jQuery Mobile 的功能和优势。

练习 2：下载并安装 Opera Mobile Emulator 移动设备模拟器。

练习 3：制作一个包含 3 个页面的 jQuery Mobile 网页。

练习 4：制作一个包含对话框的 jQuery Mobile 网页。

练习 5：制作一个包含两个页面的 jQuery Mobile 网页，并实现像弹出窗口那样转到下一页的切换效果。

第 18 章

jQuery Mobile
UI 组件

jQuery Mobile 针对用户界面提供了各种各种可视化的标签，包括按钮、复选框、选择菜单、列表、弹窗、工具栏、面板、导航和布局等。这些可视化标签与 HTML 5 标记一起使用，即可轻轻松松地开发出绚丽多彩的移动网页。本章将重点学习这些标签的使用方法和技巧。

学习目标(已掌握的在方框中打钩)

☐ 了解 jQuery Mobile UI 组件的基本概念

☐ 掌握套用 jQuery Mobile UI 组件的方法

☐ 掌握制作列表的方法

☐ 掌握制作面板和可折叠块的方法

☐ 掌握制作导航条的方法

☐ 掌握套用 jQuery Mobile 主题的方法

18.1 套用 UI 组件

jQuery Mobile 提供很多可视化的 UI 组件，只要套用之后，就可以生成绚丽并且适合移动设备使用的组件。jQuery Mobile 中各种可视化的 UI 组件与 HTML 5 标记大同小异。下面介绍常用的组件用法，其中按钮、列表等功能变化比较大的后面会做详细介绍。

18.1.1 表单组件

jQuery Mobile 使用 CSS 自动为 HTML 表单添加样式，让它们看起来更具吸引力，触摸起来更具友好性。

在 jQuery Mobile 中，经常使用的表单控件如下。

1. 文本框

文本输入框的语法规则如下。

```
<input type="text" name="fname" id="fname" value=" ">
```

其中 value 属性是文本框中显示的内容，也可以使用 placeholder 来指定一个简短的描述，用来描述输入内容的含义。

【例 18.1】(实例文件：ch18\18.1.html)

```
<!DOCTYPE html>
<html>
<head>
<meta name="viewport" content="width=device-width, initial-scale=1">
<link rel="stylesheet"
href="http://code.jquery.com/mobile/1.4.5/jquery.mobile-1.4.5.min.css">
<script src="http://code.jquery.com/jquery-1.11.3.min.js"></script>
 <script src="http://code.jquery.com/mobile/1.4.5/jquery.mobile-
1.4.5.min.js"></script>
 </head>
<body>
<div data-role="first">
  <div data-role="header">
  <h1>输入会员信息</h1>
  </div>
  <div data-role="main" class="ui-content">
    <form>
      <div class="ui-field-contain">
        <label for="fullname">姓名：</label>
        <input type="text" name="fullname" id="fullname">
        <label for="bday">出生年月：</label>
        <input type="date" name="bday" id="bday">
        <label for="email">E-mail:</label>
        <input type="email" name="email" id="email" placeholder="输入您的电子邮箱">
      </div>
      <input type="submit" data-inline="true" value="注册">
```

```
    </form>
  </div>
</div>
</body>
</html>
```

模拟器中预览效果如图 18-1 所示。单击【出生年月】文本框时，会自动打开日期选择器，用户直接选择相应的日期即可，如图 18-2 所示。

图 18-1　程序预览效果　　　　　　　　　图 18-2　日期选择器

2. 文本域

使用\<textarea\>标记可以实现多行文本输入效果。

【例 18.2】(实例文件：ch18\18.2.html)

```
<!DOCTYPE html>
<html>
<head>
<meta name="viewport" content="width=device-width, initial-scale=1">
<link rel="stylesheet"
href="http://code.jquery.com/mobile/1.4.5/jquery.mobile-1.4.5.min.css">
<script src="http://code.jquery.com/jquery-1.11.3.min.js"></script>
 <script src="http://code.jquery.com/mobile/1.4.5/jquery.mobile-
1.4.5.min.js"></script>
 </head>
<body>
<div data-role="first">
  <div data-role="header">
  <h1>文本框</h1>
  </div>
  <div data-role="main" class="ui-content">
    <form>
      <div class="ui-field-contain">
        <label for="info">输入最喜欢的一首古诗:</label>
```

```
      <textarea name="addinfo" id="info"></textarea>
    </div>
    <input type="submit" data-inline="true" value="提交">
  </form>
    </div>
</div>
</body>
</html>
```

模拟器中预览效果如图 18-3 所示。输入多行内容时，文本框会根据输入的内容，自动调整文本框的高度，如图 18-4 所示。

图 18-3　程序预览效果

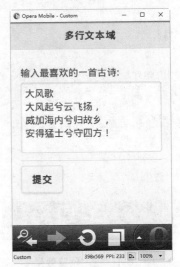

图 18-4　选择日期

3. 搜索输入框

HTML 5 中新增的 type="search"类型为搜索输入框，是为搜索输入框定义文本字段。
搜索输入框的语法规则如下。

```
<input type="search" name="search" id="search" placeholder="搜索内容">
```

搜索输入框的效果如图 18-5 所示。

图 18-5　搜索输入框效果

4. 范围滑动条

使用<input type="range">控件，即可创建范围滑动条，语法格式如下。

```
<input type="range" name="points" id="points" value="50" min="0" max="100"
data-show-value="true">
```

其中，max 属性规定允许的最大值；min 属性规定允许的最小值；type 属性规定合法的数字间隔；value 属性规定默认值；data-show-value 属性规定是否在按钮上显示进度的值，如果设置为 true，则表示显示进度的值，如果设置为 false，则表示不显示进度的值。

【例 18.3】(实例文件：ch18\18.3.html)

```html
<!DOCTYPE html>
<html>
<head>
<meta name="viewport" content="width=device-width, initial-scale=1">
<link rel="stylesheet"
href="http://code.jquery.com/mobile/1.4.5/jquery.mobile-1.4.5.min.css">
<script src="http://code.jquery.com/jquery-1.11.3.min.js"></script>
 <script src="http://code.jquery.com/mobile/1.4.5/jquery.mobile-
1.4.5.min.js"></script>
 </head>
<body>
<div data-role="first">
  <div data-role="header">
    <h1>工作进度申报</h1>
  </div>
  <div data-role="main" class="ui-content">
    <form>
      <label for="points">工作完成的进度:</label>
      <input type="range" name="points" id="points" value="50" min="0"
max="100" data-show-value="true">
      <input type="submit" data-inline="true" value="提交">
    </form>
  </div>
</div>
</body>
</html>
```

模拟器中预览效果如图 18-6 所示。用户可以拖动滑块，选择需要的值，也可以通过加减按钮，精确选择进度的值。

图 18-6　程序预览效果

使用 data-popup-enabled 属性可以设置进度值显示效果，代码如下。

```
<input type="range" name="points" id="points" value="50" min="0" max="100"
data-popup-enabled="true">
```

添加后的效果如图 18-7 所示。

图 18-7　进度值显示效果

使用 data-highlight 属性可以高亮度显示滑动条的值，代码如下。

```
<input type="range" name="points" id="points" value="50" min="0" max="100"
data-highlight="true">
```

添加后的效果如图 18-8 所示。

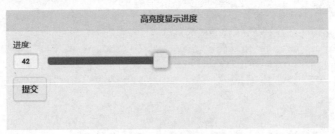

图 18-8　高亮度显示进度值效果

5. 表单按钮

表单按钮分为 3 种，即普通按钮、提交按钮和取消按钮，只需要在 type 属性中设置表单的类型即可，代码如下。

```
<input type="submit" value="提交按钮">
<input type="reset" value="取消按钮">
<input type="button" value="普通按钮">
```

模拟器中预览效果如图 18-9 所示。

图 18-9　表单按钮预览效果

当用户在有限数量的选择中仅选取一个选项时，经常用到表单中的单选按钮。通过 type="radio"可创建一系列的单选按钮，代码如下。

```html
<fieldset data-role="controlgroup">
<legend>请选择您的年级：</legend>
  <label for="one">一年级</label>
  <input type="radio" name="grade" id="one" value="one">
  <label for="two">二年级</label>
  <input type="radio" name="grade" id="two" value="two">
  <label for="three">三年级</label>
  <input type="radio" name="grade" id=" three" value=" three">
</fieldset>
```

模拟器中预览效果如图 18-10 所示。

图 18-10　单选按钮效果

　　　　<fieldset>标记用来创建按钮组，组内各个组件保持自己的功能。在<fieldset>标记内添加 data-role="controlgroup"，这样可使这些单选按钮样式统一，看起来像一个组合。其中<legend>标签用来定义按钮组的标题。

6. 复选框

当用户在有限数量的选择中选取一个或多个选项时，需要使用复选框，代码如下。

```html
<fieldset data-role="controlgroup">
  <legend>请选择您喜爱的季节：</legend>
  <label for="spring">春天</label>
  <input type="checkbox" name="season" id="spring" value="spring">
  <label for="summer">夏天</label>
  <input type="checkbox" name="season" id="summer" value="summer">
  <label for="fall">秋天</label>
  <input type="checkbox" name="season" id="fall" value="fall">
  <label for="winter">冬天</label>
  <input type="checkbox" name="season" id="winter" value="winter">
 </fieldset>
```

模拟器中预览效果如图 18-11 所示。

图 18-11　复选框效果

7. 选择菜单

使用<select>标签可以创建带有若干选项的下拉列表框。<select>标签内的<option>属性定义了列表框中的可用选项，代码如下。

```
<fieldset data-role="fieldcontain">
      <label for="day">选择值日时间：</label>
      <select name="day" id="day">
       <option value="mon">星期一</option>
       <option value="tue">星期二</option>
       <option value="wed">星期三</option>
       <option value="thu">星期四</option>
       <option value="fri">星期五</option>
       <option value="sat">星期六</option>
       <option value="sun">星期日</option>
      </select>
</fieldset>
```

模拟器中预览效果如图 18-12 所示。

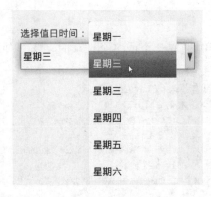

图 18-12　选择菜单效果

如果菜单中的选项还需要再次分组，可以在<select>内使用<optgroup>标签，添加后的代码如下。

```
<fieldset data-role="fieldcontain">
      <label for="day">选择值日时间：</label>
      <select name="day" id="day">
      <optgroup label="工作日">
```

```
      <option value="mon">星期一</option>
      <option value="tue">星期二</option>
      <option value="wed">星期三</option>
      <option value="thu">星期四</option>
      <option value="fri">星期五</option>
    </optgroup>
    <optgroup label="休息日">
      <option value="sat">星期六</option>
      <option value="sun">星期日</option>
    </optgroup>
    </select>
</fieldset>
```

模拟器中预览效果如图 18-13 所示。

图 18-13　菜单选项分组后的效果

如果想选择菜单中的多个选项，需要设置<select>标签的 multiple 属性，设置代码如下。

```
<select name="day" id="day" multiple data-native-menu="false">
```

例如，将上面的代码修改如下。

```
<fieldset data-role="fieldcontain">
      <label for="day">选择值日时间：</label>
      <select name="day" id="day" multiple data-native-menu="false">
      <optgroup label="工作日">
      <option value="mon">星期一</option>
      <option value="tue">星期二</option>
      <option value="wed">星期三</option>
      <option value="thu">星期四</option>
      <option value="fri">星期五</option>
    </optgroup>
    <optgroup label="休息日">
      <option value="sat">星期六</option>
      <option value="sun">星期日</option>
    </optgroup>
      </select>
</fieldset>
```

模拟器中预览选择菜单时的效果如图 18-14 所示。选择完成后，即可看到多个菜单项被选择，如图 18-15 所示。

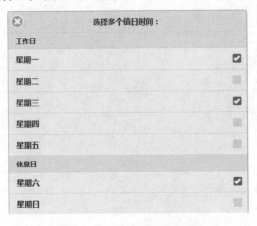

图 18-14　多个菜单选项效果　　　　图 18-15　多个菜单选项被选择后的效果

8. 翻转波动开关

设置<input type="checkbox">标签的 data-role 为"flipswitch"时，可以创建翻转波动开关，代码如下。

```
<form>
  <label for="switch">切换开关：</label>
  <input type="checkbox" data-role="flipswitch" name="switch" id="switch">
</form>
```

模拟器中预览效果如图 18-16 所示。

同时，用户还可以使用"checked"属性来设置默认的选项，代码如下。

```
<input type="checkbox" data-role="flipswitch" name="switch" id="switch"
checked>
```

修改后预览效果如图 18-17 所示。

默认情况下，开关切换的文本为"On"和"Off"。可以使用 data-on-text 和 data-off-text 属性来修改，代码如下。

```
<input type="checkbox" data-role="flipswitch" name="switch" id="switch"
data-on-text="打开" data-off-text="关闭">
```

修改后预览效果如图 18-18 所示。

图 18-16　开关的默认效果　　　图 18-17　修改默认选项后的效果　　　图 18-18　修改切换开关文本后的效果

18.1.2　按钮和组按钮

前面简单介绍过表单按钮，由于按钮和按钮组功能变化比较大，本节将详细讲述它们的使用方法和技巧。

在 jQuery Mobile 中，创建按钮的方法包括以下 3 种。

- 使用<button>标签创建普通按钮，代码如下。

```
<button>按钮</button>
```

- 使用<input>标签创建表单按钮，代码如下。

```
<input type="button" value="按钮">
```

- 使用 data-role="button"属性创建链接按钮，代码如下。

```
<a href="#" data-role="button">按钮</a>
```

在 jQuery Mobile 中，按钮的样式会被自动添加，为了让按钮在移动设备上更具吸引力和可用性，推荐在页面间进行链接时，使用第 3 种方法；在表单提交时，用第 1 种或第 2 种方法。

默认情况下，按钮占满整个屏幕宽度。如果想要一个仅与内容一样宽的按钮，或者需要并排显示两个或多个按钮，可以通过设置 data-inline="true"来完成，代码如下。

```
<a href="#pagetwo" data-role="button" data-inline="true">下一页</a>
```

下面通过一个案例来区别默认按钮和设置后的按钮，代码如下。

【例 18.4】(实例文件：ch18\18.4.html)

```
<!DOCTYPE html>
<html>
<head>
<meta name="viewport" content="width=device-width, initial-scale=1">
<link rel="stylesheet"
href="http://code.jquery.com/mobile/1.4.5/jquery.mobile-1.4.5.min.css">
<script src="http://code.jquery.com/jquery-1.11.3.min.js"></script>
 <script src="http://code.jquery.com/mobile/1.4.5/jquery.mobile-
1.4.5.min.js"></script>
 </head>
<body>
<div data-role="page" id="first">
 <div data-role="header">
   <h1>按钮的区别</h1>
 </div>
 <div data-role="content" class="content">
   <p>普通 / 默认按钮:</p>
   <a href="#second" data-role="button">下一页</a>
   <p>设置后的按钮:</p>
   <a href="#second" data-inline="true">下一页</a>
   <a href="#first" data-inline="true">上一页</a>
 </div>
 <div data-role="footer">
```

```
    <h1>2 种按钮</h1>
  </div>
</div>
</body>
</html>
```

模拟器中预览效果如图 18-19 所示。

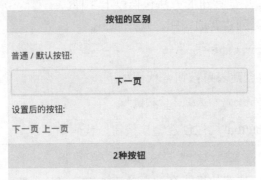

图 18-19　不同的按钮效果

jQuery Mobile 提供了一个简单的方法将按钮组合在一起。使用 data-role="controlgroup"属性即可通过按钮组来组合按钮，同时使用 data-type="horizontal|vertical"属性来设置按钮的排列方式是水平还是垂直。

【例 18.5】(实例文件：ch18\18.5.html)

```
<!DOCTYPE html>
<html>
<head>
<meta name="viewport" content="width=device-width, initial-scale=1">
<link rel="stylesheet"
href="http://code.jquery.com/mobile/1.4.5/jquery.mobile-1.4.5.min.css">
<script src="http://code.jquery.com/jquery-1.11.3.min.js"></script>
 <script src="http://code.jquery.com/mobile/1.4.5/jquery.mobile-
1.4.5.min.js"></script>
 </head>
<body>
<div data-role="page" id="first">
  <div data-role="header">
    <h1>组按钮的排列</h1>
  </div>
  <div data-role="content" class="content">
<div data-role="controlgroup" data-type="horizontal">
    <p>水平排列的按钮: </p>
    <a href="#" data-role="button">按钮 a</a>
    <a href="#" data-role="button">按钮 b</a>
    <a href="#" data-role="button">按钮 c</a>
</div><br>
    <div data-role="controlgroup" data-type="vertical"
    <p>垂直排列的按钮:</p>
    <a href="#" data-role="button">按钮 a</a>
    <a href="#" data-role="button">按钮 b </a>
```

```
        <a href="#" data-role="button">按钮 c</a>
</div>
   </div>
   <div data-role="footer">
     <h1>2 种排列方式</h1>
   </div>
</div>
</body>
</html>
```

模拟器中预览效果如图 18-20 所示。

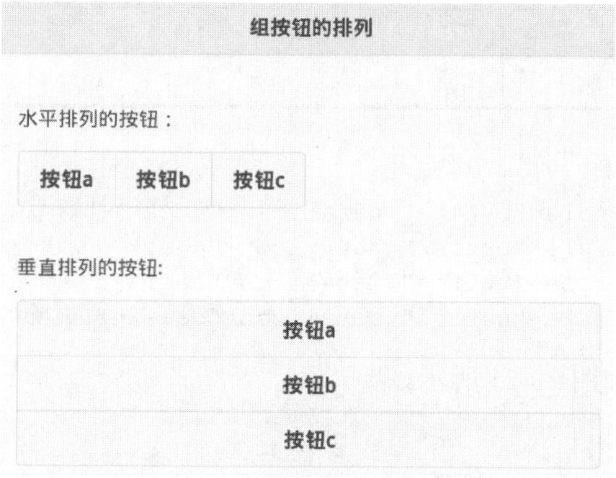

图 18-20　不同排列方式的按钮组

18.1.3　按钮图标

jQuery Mobile 提供了一套丰富多彩的按钮图标，用户只需要使用 data-icon 属性即可添加按钮图标，常用的图标样式如表 18-1 所示。

表 18-1　常用的按钮图标样式

图标参数	外观样式	说　明
data-icon="arrow-l"	左箭头	左箭头
data-icon="arrow-r"	右箭头	右箭头
data-icon="arrow-u"	上箭头	上箭头
data-icon="arrow-d"	下箭头	下箭头
data-icon="info"	信息	信息
data-icon="plus"	加号	加号
data-icon="minus"	减号	减号
data-icon="check"	复选	复选
data-icon="refresh"	重新整理	重新整理
data-icon="delete"	删除	删除
data-icon="forward"	前进	前进

续表

图标参数	外观样式	说 明
data-icon="back"	后退	后退
data-icon="star"	星形	星形
data-icon="audio"	扬声器	扬声器
data-icon="lock"	挂锁	挂锁
data-icon="search"	搜索	搜索
data-icon="alert"	警告	警告
data-icon="grid"	网格	网格
data-icon="home"	首页	首页

例如以下示例代码：

```
<a href="#" data-role="button" data-icon="lock">挂锁</a>
<a href="#" data-role="button" data-icon="check">复选</a>
<a href="#" data-role="button" data-icon="refresh">重新整理</a>
<a href="#" data-role="button" data-icon="delete">删除</a>
```

模拟器中预览效果如图 18-21 所示。

| 挂锁 |
| 复选 |
| 重新整理 |
| 删除 |

图 18-21　按钮图标效果

细心的读者会发现，按钮上的图标默认情况下会出现在按钮的左边。如果需要设置图标的位置，可以通过设置 data-iconpos 属性来指定位置，包括 top(顶部)、right(右侧)和 bottom(底部)。例如以下示例代码：

```
<a href="#" data-role="button" data-icon="refresh">重新整理</a>
<a href="#" data-role="button" data-icon="refresh" data-iconpos="top">重新整
理</a>
<a href="#" data-role="button" data-icon="refresh" data-iconpos="right">重
新整理</a>
<a href="#" data-role="button" data-icon="refresh" data-iconpos="bottom">重
新整理</a>
```

模拟器中预览效果如图 18-22 所示。

 如果不想让按钮上出现文字，可以将 data-iconpos 属性设置为 notext，这样只会显示按钮，而没有文字。

图 18-22 设置图标的位置

18.1.4 弹窗

弹窗是一个非常流行的对话框，弹窗可以覆盖在页面上展示。弹窗可用于显示一段文本、图片、地图或其他内容。创建一个弹窗，需要使用<a>和<div>标签。在<a>标签内添加 data-rel="popup"属性，<div>标签内添加 data-role="popup"属性。然后为<div>设置 id，设置<a>的 href 值为<div>指定的 id，其中<div>中的内容为弹窗显示的内容，代码如下。

```
<a href="#firstpp" data-rel="popup">显示弹窗</a>
<div data-role="popup" id="firstpp">
    <p>这是弹出窗口显示的内容</p>
</div>
```

模拟器中预览效果如图 18-23 所示。单击【显示弹窗】即可显示弹出窗口的内容。

<div style="text-align:center">显示弹窗   这是弹出窗口显示的内容</div>

图 18-23 弹窗效果

<div>弹窗与单击的<a>链接必须在同一个页面上。

默认情况下，单击弹窗之外的区域或按 Esc 键即可关闭弹窗。用户也可以在弹窗上添加关闭按钮，只需要设置属性 data-rel="back"即可，结果如图 18-24 所示。

<div style="text-align:center">这是弹出窗口显示的内容</div>

图 18-24 带关闭按钮的弹窗效果

还可以在弹窗中显示图片，代码如下。

```
<div id="pageone" data-role="content" class="content" >
    <p>单击下面的小图片</p>
```

```
    <a href="#firstpp" data-rel="popup" >
    <img src="123.jpeg" style="width:200px;"></a>
    <div data-role="popup" id="firstpp">
    <p>这是我的图片！</p>
    </a><img src="123.jpeg" style="width:500px;height:500px;" >
    </div>
  </div>
```

模拟器中预览效果如图 18-25 所示。单击图片，即可弹出如图 18-26 所示的图片弹窗。

单击下面的下图片

图 18-25　模拟器中预览效果　　　　　图 18-26　图片弹窗效果

18.2　列　　表

和计算机相比，移动设备屏幕比较小，所以常常以列表的形式显示数据。本节将学习列表的使用方法和技巧。

18.2.1　列表视图

jQuery Mobile 中的列表视图是标准的 HTML 列表，包括有序列表<ol>和无序列表<ul>。列表视图是 jQuery Mobile 中功能强大的一个特性，使标准的无序或有序列表应用更广泛。

列表的使用方法非常简单，只需要在<ul>或<ol>标签中添加属性 data-role="listview"。每个项目(<li>)中可以添加链接。下面通过一个案例来学习。

【例 18.6】(实例文件：ch18\18.6.html)

```
<!DOCTYPE html>
<html>
<head>
<meta name="viewport" content="width=device-width, initial-scale=1">
<link rel="stylesheet"
href="http://code.jquery.com/mobile/1.4.5/jquery.mobile-1.4.5.min.css">
<script src="http://code.jquery.com/jquery-1.11.3.min.js"></script>
 <script src="http://code.jquery.com/mobile/1.4.5/jquery.mobile-
1.4.5.min.js"></script>
 </head>
```

```
<body>
<div data-role="page" id="first">
  <div data-role="header">
    <h1>列表视图</h1>
  </div>
  <div data-role="content" class="content">
  <h2>有序列表：</h2>
    <ol data-role="listview">
      <li><a href="#">香蕉</a></li>
      <li><a href="#">橘子</a></li>
      <li><a href="#">苹果</a></li>
    </ol>
    <h2>无序列表：</h2>
    <ul data-role="listview">
      <li><a href="#">芹菜</a></li>
      <li><a href="#">韭菜</a></li>
      <li><a href="#">菠菜</a></li>
    </ul>
</div>
  </div>
  <div data-role="footer">
    <h1>有序列表和无序列表</h1>
  </div>
</div>
</body>
</html>
```

模拟器中预览效果如图 18-27 所示。

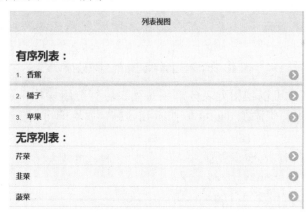

图 18-27　有序列表和无序列表

　　　　默认情况下，列表项的链接会自动变成一个按钮，此时不需要再使用 data-role="button"属性。

从结果中可以看出，列表样式中没有边缘和圆角效果，这里可以通过设置属性 data-inset="true"来完成，代码如下。

```
<ul data-role="listview" data-inset="true">
```

上面案例的部分代码修改如下。

```
<div data-role="content" class="content">
<h2>标准列表样式：</h2>
  <ol data-role="listview">
    <li><a href="#">香蕉</a></li>
    <li><a href="#">橘子</a></li>
    <li><a href="#">苹果</a></li>
  </ol>
  <h2>添加 data-inset="true"属性后的样式：</h2>
  <ul data-role="listview" data-inset="true">
    <li><a href="#">芹菜</a></li>
    <li><a href="#">韭菜</a></li>
    <li><a href="#">菠菜</a></li>
  </ul>
</div>
```

模拟器中预览效果如图 18-28 所示。

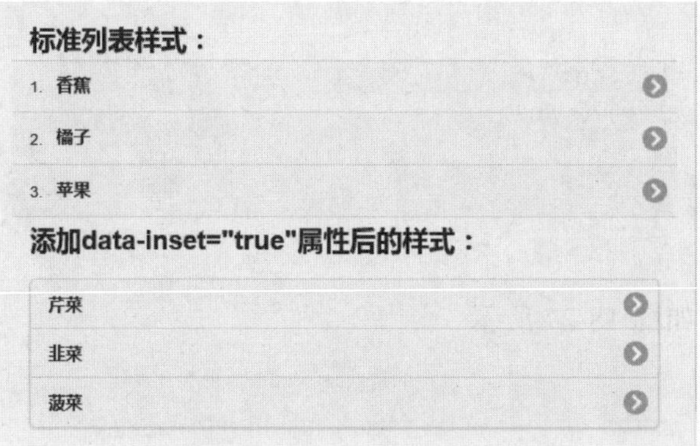

图 18-28　有边缘和圆角的列表效果

如果列表项比较多，可以使用列表分割项对列表进行分组操作，这样使列表看起来更整齐。通过在列表项<li>标签中添加 data-role="list-divider" 属性即可指定列表分割，例如以下代码所示。

```
<ul data-role="listview">
 <li data-role="list-divider">蔬菜</li>
  <li><a href="#">芹菜</a></li>
  <li><a href="#">韭菜</a></li>
<li data-role="list-divider">水果</li>
  <li><a href="#">苹果</a></li>
  <li><a href="#">橘子</a></li>
<li data-role="list-divider">乳制品</li>
  <li><a href="#">酸奶</a></li>
  <li><a href="#">奶酪</a></li>
 </ul>
```

模拟器中预览效果如图 18-29 所示。

图 18-29　对项目进行分割后的效果

如果项目列表是一个按字母顺序排列的列表，通过添加 data-autodividers="true"属性，可以自动生成项目的分割，代码如下。

```
<ul data-role="listview" data-autodividers="true">
 <li><a href="#">Avocado</a></li>
 <li><a href="#"> Apricot</a></li>
 <li><a href="#">Banana</a></li>
 <li><a href="#">Bramley</a></li>
 <li><a href="#"> Cherry </a></li>
</ul>
```

模拟器中预览效果如图 18-30 所示。从结果中可以看出，创建的分隔文本是列表项文本的第一个大写字母。

图 18-30　自动生成分割后的效果

18.2.2　列表内容

在列表内容中，既可以添加图片和说明，也可以添加计数泡泡，同时还能拆分按钮和列表的链接。

1. 加入图片和说明

前面的案例中，列表项目前没有图片或说明，下面来讲述如何添加图片和说明，代码如下。

```
<li>
    <a href="#">
    <img src="124.jpg">
    <h3>香蕉</h3>
    <p>香蕉的原产地是东南亚</p>
    </a>
</li>
```

模拟器中预览效果如图 18-31 所示。

图 18-31 加入图片和说明

2. 计入计数泡泡

计数泡泡主要是在列表中显示数字时使用，只需要在<li>标签内加入以下标签即可。

```
<span class="ui-li-count">数字</span>
```

例如下面的例子：

```
<li>
    <a href="#">
    <img src="124.jpg">
    <h3>香蕉</h3>
    <p>香蕉的原产地是东南亚</p>
    <span class="ui-li-count">111</span>
    </a>
</li>
```

模拟器中预览效果如图 18-32 所示。

图 18-32 加入计数泡泡

3. 拆分按钮和列表的链接

默认情况下，单击列表项或按钮，都是转向同一个链接。也可以拆分按钮和列表项的链接，这样单击按钮和列表项时，会转向不同的链接。设置方法比较简单，只需要在<li>标签内加入两组<a>标签即可。

例如以下代码：

```
<li>
    <a href="122.html">
    <img src="124.jpg">
    <h3>香蕉</h3>
    <p>香蕉的原产地是东南亚</p>
    </a>
    <a href="123.html data-icon="star"></a>
</li>
```

模拟器中预览效果如图 18-33 所示。

图 18-33　拆分按钮和列表的链接

18.2.3　列表过滤

在 jQuery Mobile 中，用户可以对列表项目进行搜索过滤。添加过滤效果的思路如下。

(1)　创建一个表单，并添加类"ui-filterable"，该类的作用是自动调整搜索字段与过滤元素的外边距，代码如下。

```
<form class="ui-filterable">
</form>
```

(2)　在<form>标签内创建一个<input>标签，并添加 data-type="search"属性，并指定 id，从而创建基本的搜索字段，代码如下。

```
<form class="ui-filterable">
  <input id="myFilter" data-type="search">
</form>
```

(3)　为过滤的列表添加 data-input 属性，该值为<input>标签的 id，代码如下。

```
<ul data-role="listview" data-filter="true" data-input="#myFilter">
```

下面通过一个案例来理解列表是如何过滤的。

【例 18.7】(实例文件：ch18\18.7.html)

```
<!DOCTYPE html>
<html>
<head>
<meta name="viewport" content="width=device-width, initial-scale=1">
<link rel="stylesheet"
href="http://code.jquery.com/mobile/1.4.5/jquery.mobile-1.4.5.min.css">
<script src="http://code.jquery.com/jquery-1.11.3.min.js"></script>
 <script src="http://code.jquery.com/mobile/1.4.5/jquery.mobile-
1.4.5.min.js"></script>
 </head>
```

```
<body>
<div data-role="page" id="first">
  <div data-role="content" class="content">
   <h2>进货商联系表</h2>
   <form>
    <input id="myFilter" data-type="search">
   </form>
   <ul data-role="listview" data-filter="true" data-input="#myFilter">
     <li><a href="#">张小名</a></li>
     <li><a href="#">刘名园</a></li>
     <li><a href="#">刘鲲鹏</a></li>
     <li><a href="#">张鹏举</a></li>
     <li><a href="#">张鹏远</a></li>
    </ul>
   </div>
</div>
</body>
</html>
```

模拟器中预览效果如图 18-34 所示。输入需要过滤的关键字，如这里搜索姓张的进货商，结果如图 18-35 所示。

图 18-34　程序预览效果　　　　　　　　　图 18-35　列表过滤后的效果

　　如果需要在搜索输入框内添加提示信息，可以通过设置 placeholder 属性来完成，代码如下。

```
<input id="myFilter" data-type="search" placeholder="请输入联系人的姓">
```

18.3　面板和可折叠块

　　在 jQuery Mobile 中，可以通过面板或可折叠块来隐藏或显示指定的内容。本节将重点学习面板和可折叠块的使用方法和技巧。

18.3.1　面板

　　jQuery Mobile 中可以添加面板，面板会在屏幕上从左至右滑出。通过为<div>标签添加 data-role="panel"属性来创建面板。具体思路如下。

(1) 通过<div>标签定义面板的内容并定义 id 属性，代码如下。

```
<div data-role="panel" id="myPanel">
    <h2>长恨歌</h2>
    <p>天生丽质难自弃，一朝选在君王侧。回眸一笑百媚生，六宫粉黛无颜色。</p>
</div>
```

 注意 定义的面板内容必须置于头部、内容和底部组成的页面之前或之后。

(2) 要访问面板，需要创建一个指向面板<div>的链接，单击该链接即可打开面板，代码如下。

```
<a href="#myPanel" class="ui-btn ui-btn-inline">最喜欢的诗句</a>
```

【例 18.8】(实例文件：ch18\18.8.html)

```
<!DOCTYPE html>
<html>
<head>
<meta name="viewport" content="width=device-width, initial-scale=1">
<link rel="stylesheet"
href="http://code.jquery.com/mobile/1.4.5/jquery.mobile-1.4.5.min.css">
<script src="http://code.jquery.com/jquery-1.11.3.min.js"></script>
 <script src="http://code.jquery.com/mobile/1.4.5/jquery.mobile-
1.4.5.min.js"></script>
 </head>
<body>
<div data-role="first">
  <div data-role="panel" id="myPanel">
    <h2>长恨歌</h2>
    <p>天生丽质难自弃，一朝选在君王侧。回眸一笑百媚生，六宫粉黛无颜色。</p>
  </div>
  <div data-role="header">
  <h1>使用面板</h1>
  </div>
  <div data-role="content" class="content">
    <a href="#myPanel" class="ui-btn ui-btn-inline">最喜欢的诗句</a>
  </div>
</div>
</body>
</html>
```

模拟器中预览效果如图 18-36 所示。单击【最喜欢的诗句】链接，即可打开面板，结果如图 18-37 所示。

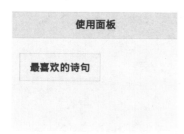

图 18-36 程序预览效果　　　　图 18-37 打开面板

面板的展示方式由属性 data-display 来控制，分为以下 3 种。

- data-display="reveal"：面板的展示方式为从左至右滑出，这是面板展示方式的默认值。
- data-display="overlay"：在内容上显示面板。
- data-display="push"：同时推动面板和页面。

这 3 种面板展示方式的代码如下。

```
<div data-role="panel" id="overlayPanel" data-display="overlay">
<div data-role="panel" id="revealPanel" data-display="reveal">
<div data-role="panel" id="pushPanel" data-display="push">
```

默认情况下，面板会显示在屏幕的左侧。如果想让面板出现在屏幕的右侧，可以指定 data-position="right" 属性。

```
<div data-role="panel" id="myPanel" data-position="right">
```

默认情况下，面板是随着页面一起滚动的。如果需要实现面板内容固定不随页面滚动而滚动，可以在面板添加 the data-position-fixed="true"属性，代码如下。

```
<div data-role="panel" id="myPanel" data-position-fixed="true">
```

18.3.2 可折叠块

通过可折叠块，用户可以隐藏或显示指定的内容，这对于存储部分的信息很有用。

创建可折叠块的方法比较简单，只需要在<div>标签内添加 data-role="collapsible" 属性即可，添加标题标签为 h1～h6，后面即可添加隐藏的信息。

```
<div data-role="collapsible">
<h1>折叠块的标题</h1>
<p>可折叠的具体内容。</p>
</div>
```

【例 18.9】(实例文件：ch18\18.9.html)

```
<!DOCTYPE html>
<html>
<head>
<meta name="viewport" content="width=device-width, initial-scale=1">
<link rel="stylesheet"
href="http://code.jquery.com/mobile/1.4.5/jquery.mobile-1.4.5.min.css">
<script src="http://code.jquery.com/jquery-1.11.3.min.js"></script>
 <script src="http://code.jquery.com/mobile/1.4.5/jquery.mobile-
1.4.5.min.js"></script>
 </head>
<body>
<div data-role="first">
  <div data-role="header">
  <h1>可折叠块</h1>
  </div>
  <div data-role="content" class="content">
    <div data-role="collapsible">
```

```
        <h1>最喜欢的水果</h1>
        <p>香蕉、橘子、苹果</p>
        </div>
    </div>
</div>
</body>
</html>
```

模拟器中预览效果如图 18-38 所示。单击【最喜欢的水果】按钮，即可打开可折叠块，结果如图 18-39 所示。

图 18-38　程序预览效果　　　　　　　　　　图 18-39　打开可折叠块

默认情况下，内容是被折叠起来的。如需在页面加载时展开内容，添加 data-collapsed="false"属性即可，代码如下。

```
<div data-role="collapsible" data-collapsed="false">
 <h1>折叠块的标题</h1>
 <p>这里显示的内容是展开的</p>
 </div>
```

可折叠块是可以嵌套的，例如以下代码:

```
<div data-role="collapsible">
 <h1>全部智能商品</h1>
<div data-role="collapsible">
 <h1>智能家居</h1>
 <p>智能办公、智能厨电和智能网络</p>
 </div>
    </div>
```

模拟器中预览效果如图 18-40 所示。

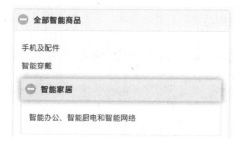

图 18-40　程序预览效果

18.4 导 航 条

导航条通常位于页面的头部或尾部，主要作用是便于用户快速访问需要的页面。本节将重点学习导航条的使用方法和技巧。

在 jQuery Mobile 中，使用 data-role="navbar" 属性来定义导航栏。需要特别注意的是，导航栏中的链接将自动变成按钮，不需要使用 data-role="button"属性。

例如以下代码：

```
<div data-role="header">
  <h1>鸿鹄网购平台</h1>
  <div data-role="navbar">
    <ul>
      <li><a href="#">主页</a></li>
      <li><a href="#">团购</a></li>
      <li><a href="#">搜索商品</a></li>
    </ul>
  </div>
</div>
```

模拟器中预览效果如图 18-41 所示。

鸿鹄网购平台		
主页	团购	搜索商品

图 18-41　程序预览效果

通过前面章节的学习，还可以为导航添加按钮图标，例如以上代码修改如下：

```
<div data-role="header">
  <h1>鸿鹄网购平台</h1>
  <div data-role="navbar">
    <ul>
      <li><a href="#" data-icon="home">主页</a></li>
      <li><a href="#" data-icon="arrow-d">团购</a></li>
      <li><a href="#" data-icon="search">搜索商品</a></li>
    </ul>
  </div>
</div>
```

模拟器中预览效果如图 18-42 所示。

鸿鹄网购平台		
⌂ 主页	⬇ 团购	🔍 搜索商品

图 18-42　程序预览效果

细心的读者会发现，导航按钮的图标默认位置是位于文字的上方，这个普通的按钮图片是不一样的。如果需要修改导航按钮图标的位置，可以通过设置 data-iconpos 属性来指定位置，包括 left(左侧)、right(右侧)和 bottom(底部)。

例如，下面修改导航按钮图标的位置为文本的左侧，代码如下。

```
<div data-role="header">
  <h1>鸿鹄网购平台</h1>
  <div data-role="navbar" data-iconpos="left">
    <ul>
      <li><a href="#" data-icon="home" >主页</a></li>
      <li><a href="#" data-icon="arrow-d" >团购</a></li>
      <li><a href="#" data-icon="search">搜索商品</a></li>
    </ul>
  </div>
</div>
```

模拟器中预览效果如图 18-43 所示。

图 18-43　程序预览效果

> **注意** 和设置普通按钮图标位置不同的是，这里 data-iconpos="left"属性只能添加到 <div>标签中，而不能添加到<li>标签中，否则是无效的，读者可以自行检测。

默认情况下，当单击导航按钮时，按钮的样式会发生变换，例如，这里单击【搜索商品】导航按钮，发现按钮的底纹颜色变成了蓝色，如图 18-44 所示。

图 18-44　导航按钮的样式变化

如果用户想取消上面的样式变化，可以添加 class="ui-btn-active"属性即可，例如以下代码：

```
<li><a href="#anylink" class="ui-btn-active">首页</a></li>
```

修改完成后，再次单击【首页】导航按钮时，样式不会发生变化。

对于多个页面的情况，往往用户希望显示哪个页面，对应的导航按钮就处于被选中状态，下面通过一个案例来讲解。

【例 18.10】(实例文件：ch18\18.10.html)

```
<!DOCTYPE html>
<html>
<head>
```

```
<meta name="viewport" content="width=device-width, initial-scale=1">
<link rel="stylesheet"
href="http://code.jquery.com/mobile/1.4.5/jquery.mobile-1.4.5.min.css">
<script src="http://code.jquery.com/jquery-1.11.3.min.js"></script>
 <script src="http://code.jquery.com/mobile/1.4.5/jquery.mobile-
1.4.5.min.js"></script>
 </head>
<body>
<div data-role="page" id="first">
  <div data-role="header">
  <h1>鸿鹄购物平台</h1>
    <div data-role="navbar">
     <ul>
       <li><a href="#" class="ui-btn-active ui-state-persist">主页</a></li>
       <li><a href="#second">团购</a></li>
       <li><a href="#">搜索商品</a></li>
     </ul>
    </div>
  </div>
  <div data-role="content" class="content">
<p>这里是首页显示的内容</p>
 </div>
 <div data-role="footer">
    <h1>首页</h1>
   </div>
</div>

<div data-role="page" id="second">
  <div data-role="header">
  <h1>鸿鹄购物平台</h1>
    <div data-role="navbar">
     <ul>
       <li><a href="#first">主页</a></li>
       <li><a href="#" class="ui-btn-active ui-state-persist">团购</a></li>
       <li><a href="#">搜索商品</a></li>
     </ul>
   </div>
   </div>
   <div data-role="content" class="content">
<p>这里是团购显示的内容</p>
 </div>
 <div data-role="footer">
    <h1>团购页面</h1>
   </div>
</div>
</body>
</html>
```

模拟器中预览效果如图 18-45 所示。此时默认显示首页的内容，【主页】导航按钮处于选中状态。切换到团购页面后，【团购】导航按钮处于选中状态，如图 18-46 所示。

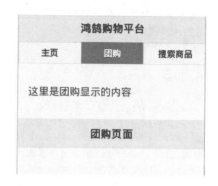

图 18-45　程序预览效果　　　　　　图 18-46　【团购】导航按钮处于选中状态

18.5　jQuery Mobile 主题

　　在设计移动网站时，往往需要配置背景颜色、导航颜色、布局颜色等，这些工作是非常耗费时间的。为此，jQuery Mobile 有两种不同的主题样式，每种主题颜色的按钮、导航、内容等颜色都是配置好的，效果也不相同。

　　这两种主题分别为 a 和 b，通过设置 data-theme 属性来引用主题 a 或 b，代码如下。

```
<div data-role="page" id="first" data-theme="a">
<div data-role="page" id="first" data-theme="b">
```

1. 主题 a

　　页面为灰色背景、黑色文字；头部与底部均为灰色背景、黑色文字；按钮为灰色背景、黑色文字；激活的按钮和链接为白色文本、蓝色背景；input 输入框中 placeholder 属性值为浅灰色，value 值为黑色。

　　下面通过一个案例来讲解主题 a 的样式效果。

　　【例 18.11】(实例文件：ch18\18.11.html)

```
<!DOCTYPE html>
<html>
<head>
<meta name="viewport" content="width=device-width, initial-scale=1">
<link rel="stylesheet"
href="http://code.jquery.com/mobile/1.4.5/jquery.mobile-1.4.5.min.css">
<script src="http://code.jquery.com/jquery-1.11.3.min.js"></script>
 <script src="http://code.jquery.com/mobile/1.4.5/jquery.mobile-
1.4.5.min.js"></script>
 </head>
<body>
<div data-role="page" id="first" data-theme="a">
  <div data-role="header">
    <h1>古诗鉴赏</h1>
  </div>

  <div data-role="content " class="content">
```

```
    <p>秋风起兮白云飞，草木黄落兮雁南归。兰有秀兮菊有芳，怀佳人兮不能忘。泛楼船兮济汾河，
横中流兮扬素波。</p>
    <a href="#">秋风辞</a>
    <a href="#" class="ui-btn">更多古诗</a>
    <p>唐诗：</p>
    <ul data-role="listview" data-autodividers="true" data-inset="true">
      <li><a href="#">将进酒</a></li>
      <li><a href="#">春望</a></li>
    </ul>
    <label for="fullname">请输入喜欢诗的名字：</label>
      <input type="text" name="fullname" id="fullname" placeholder="诗词名称..">
    <label for="switch">切换开关：</label>
      <select name="switch" id="switch" data-role="slider">
        <option value="on">On</option>
        <option value="off" selected>Off</option>
      </select>
  </div>

  <div data-role="footer">
    <h1>经典诗歌</h1>
  </div>
</div>
</body>
</html>
```

主题 a 的样式效果如图 18-47 所示。

2. 主题 b

页面为黑色背景、白色文字；头部与底部均为黑色背景、白色文字；按钮为白色文字、木炭背景；激活的按钮和链接为白色文本、蓝色背景；input 输入框中 placeholder 属性值为浅灰色、value 属性值为白色。

为了对比主题 a 的样式效果，将上面案例中的代码

```
<div data-role="page" id="first" data-theme="a">
```

修改如下：

```
<div data-role="page" id="first" data-theme="a">
```

主题 b 的样式效果如图 18-48 所示。

主题样式 a 和 b 不仅可以应用到页面，也可以单独地应用到页面的头部、内容、底部、导航条、按钮、面板、列表、表单等元素上。

例如，将主题样式 b 添加到页面的头部和底部，代码如下。

```
<div data-role="header" data-theme="b"></div>
<div data-role="footer" data-theme="b"></div>
```

将主题样式 b 添加到对话框的头部和底部，代码如下。

```
<div data-role="page" data-dialog="true" id="second">
  <div data-role="header" data-theme="b"></div>
  <div data-role="footer" data-theme="b"></div>
</div>
```

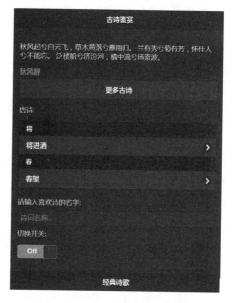

图 18-47　主题 a 样式效果　　　　　　图 18-48　主题 b 样式效果

将主题样式 b 添加到按钮上时，需要使用 class="ui-btn- a|b "来设置按钮颜色为灰色或黑色。例如，将样式 b 的样式应用到按钮上，代码如下。

```
<a href="#" class="ui-btn">灰色按钮(默认)</a>
<a href="#" class="ui-btn ui-btn-b">黑色按钮</a>
```

预览效果如图 18-49 所示。

图 18-49　按钮添加主题后的效果

在弹窗上应用主题样式的代码如下。

```
<div data-role="popup" id="myPopup" data-theme="b">
```

在头部和底部的按钮上也可以添加主题样式，代码如下。

```
<div data-role="header">
  <a href="#" class="ui-btn ui-btn-b">主页</a>
  <h1>古诗欣赏</h1>
  <a href="#" class="ui-btn">搜索</a>
</div>

<div data-role="footer">
  <a href="#" class="ui-btn ui-btn-b">上传古诗图文</a>
  <a href="#" class="ui-btn">名句欣赏鉴别</a>
  <a href="#" class="ui-btn ui-btn-b">联系我们</a>
</div>
```

预览效果如图 18-50 所示。

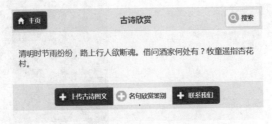

图 18-50　头部和底部按钮添加主题样式后的效果

18.6　高手甜点

甜点 1：如何制作一个后退按钮？

如需创建后退按钮，可使用 data-rel="back" 属性(这会忽略锚的 href 值)。

```
<a href="#" data-role="button" data-rel="back">返回</a>
```

甜点 2：如何在面板上添加主题样式 b？

在面板上添加主题样式的方法比较简单，代码如下。

```
<div data-role="panel" id="myPanel" data-theme="b">
```

面板添加主题样式 b 后的效果如图 18-51 所示。

图 18-51　面板添加主题样式后的效果

18.7　跟我练练手

练习 1：使用表单组件制作一个用户注册表。
练习 2：制作一个页面，包含各种按钮和按钮组，并且给按钮添加图标。
练习 3：制作一个包含弹窗的 jQuery Mobile 网页。
练习 4：制作一个包含列表并实现列表过滤的 jQuery Mobile 网页。
练习 5：制作一个包含面板和折叠块的 jQuery Mobile 网页。
练习 6：制作一个包含导航条的 jQuery Mobile 网页。
练习 7：制作一个应用主题的 jQuery Mobile 网页。

第 19 章

jQuery Mobile
事件

页面有了事件就有了"灵魂",可见事件对于页面是多么重要,这是因为事件使页面具有了动态性和响应性,如果没有事件将很难完成页面与用户之间的交互。jQuery Mobile 针对移动端提供了各种浏览器事件,包括页面事件、触摸事件、滑动事件、定位事件等。本章就来介绍如何使用 jQuery Mobile 的事件。

学习目标(已掌握的在方框中打钩)

☐ 熟悉初始化事件的基本概念

☐ 掌握外部加载事件的使用方法

☐ 掌握页面过渡事件的使用方法

☐ 掌握点击事件的使用方法

☐ 掌握滑动事件的使用方法

☐ 掌握滚屏事件的使用方法

☐ 掌握定位事件的使用方法

19.1　页　面　事　件

jQuery Mobile 针对各个页面生命周期的事件可以分为以下几种。

- 初始化事件：分别在页面初始化之前，页面创建时和页面初始化之后触发的事件。
- 外部页面加载事件：外部页面加载时触发事件。
- 页面过渡事件：页面过渡时触发事件。

使用 jQuery Mobile 事件的方法比较简单，只需要使用 on()方法指定要触发的时间并设定事件处理函数即可，语法格式如下。

```
$(document).on(事件名称,选择器,事件处理函数)
```

其中选择器可选参数，如果省略该参数，表示事件应用于整个页面而不限定哪一个组件。

19.1.1　初始化事件

初始化事件发生的时间包括页面初始化之前、页面创建时和页面创建后。下面将详细介绍初始化事件。

1. Mobileinit

当 jQuery Mobile 开始执行时，首先会触发 mobileinit 事件。如果想更改 jQuery Mobile 的默认值时，就可以将函数绑定到 mobileinit 事件，语法格式如下。

```
$(document).on("mobileinit",function(){
  // jQuery 事件
});
```

例如，jQuery Mobile 开始执行任何操作时都会使用 AJAX 的方式，如果不想使用 AJAX，可以在 mobileinit 事件中将$.mobile.ajaxEnabled 更改为 false，代码如下。

```
$(document).on("mobileinit",function(){
  $.mobile.ajaxEnabled=false;
});
```

这里需要注意的是，上面的代码要放在引用 jquery.mobile.js 之前。

2. jQuery Mobile Initialization 事件

jQuery Mobile Initialization 事件主要包括 pagebeforecreate 事件、pagecreate 事件和 pageinit 事件，它们的区别如下。

- pagebeforecreate 事件：发生在页面 DOM 加载后，正在初始化时，语法格式如下。

  ```
  $(document).on("pagebeforecreate",function(){
    // 程序语句
  });
  ```

- pagecreate 事件：发生在页面 DOM 加载完成，初始化也完成时，语法格式如下。

```
$(document).on("pagecreate",function(){
   // 程序语句
});
```

- pageinit 事件：发生在页面初始化完成以后，语法格式如下。

```
$(document).on("pageinit",function(){
   // 程序语句
});
```

下面通过一个综合案例来学习上面的 3 个事件触发的时机。

【例 19.1】(实例文件：ch19\19.1.html)

```
<!DOCTYPE html>
<html>
<head>
<meta name="viewport" content="width=device-width, initial-scale=1">
<link rel="stylesheet"
href="http://code.jquery.com/mobile/1.4.5/jquery.mobile-1.4.5.min.css">
<script src="http://code.jquery.com/jquery-1.11.3.min.js"></script>
 <script src="http://code.jquery.com/mobile/1.4.5/jquery.mobile-
1.4.5.min.js"></script>
<script>
$(document).on("pagebeforecreate",function(){
   alert("注意：pagebeforecreate 事件开始触发");
});
$(document).on("pagecreate",function(){
  alert("注意：pagecreate 事件触发开始触发");
});
$(document).on("pageinit",function(){
   alert("注意：pageinit 事件开始触发");
});
</script>
</head>
<body>
<div data-role="page" id="first">
  <div data-role="header">
    <h1>古诗欣赏</h1>
  </div>
  <div data-role="main" class="ui-content">
    <p>几回花下坐吹箫，银汉红墙入望遥。</p>
    <a href="#second">下一页</a>
  </div>
  <div data-role="footer">
    <h1>清代诗人</h1>
  </div>
</div>
<div data-role="page" id="second">
  <div data-role="header">
    <h1>古诗欣赏</h1>
  </div>
  <div data-role="main" class="ui-content">
    <p>似此星辰非昨夜，为谁风露立中宵。</p>
    <a href="#first">上一页</a>
```

```
   </div>
   <div data-role="footer">
     <h1>经典诗词</h1>
   </div>
</div>
</body>
</html>
```

模拟器中预览程序的效果，各个事件的执行顺序如图 19-1 所示。3 次单击【确认】按钮后，结果如图 19-2 所示。

图 19-1　初始化事件

图 19-2　页面最终效果

19.1.2　外部页面加载事件

外部页面加载时，最常见的加载事件如下。

1. pagebeforeload 事件

pagebeforeload 事件在外部页面加载前触发，语法格式如下。

```
<script>
$(document).on("pagebeforeload",function(){
  alert("有外部文件将要被加载);
});
</script>
```

2. pageload 事件

当页面加载成功时，触发 pageload 事件，语法格式如下。

```
<script>
$(document).on("pageload",function(event,data){
```

```
alert("pageload 事件触发!\nURL: " + data.url);
});
</script>
```

pageload 事件的函数参数含义如下。

- event：任何 jQuery 的事件属性，如 event.type、event.pageX 和 target 等。
- data：包含以下属性。
  - ◆ url：页面的 URL 地址，是字符串类型。
  - ◆ absUrl：绝对地址，是字符串类型。
  - ◆ dataUrl：地址栏 URL，是字符串类型。
  - ◆ options：$.mobile.loadPage()指定的选项，是对象类型。
  - ◆ xhr：XMLHttpRequest 对象，是对象类型。
  - ◆ textStatus：对象状态或空值，返回状态。

3. pageloadfailed 事件

如果页面载入失败，触发 pageloadfailed 事件，默认显示 "Error Loading Page" 消息，语法格式如下。

```
$(document).on("pageloadfailed",function(event,data){
  alert("抱歉，被请求页面不存在。");
});
</script>
```

下面通过一个例子来理解上述事件触发时机。

【例 19.2】(实例文件：ch19\19.2.html)

```
<!DOCTYPE html>
<html>
<head>
<meta name="viewport" content="width=device-width, initial-scale=1">
<link rel="stylesheet"
href="http://code.jquery.com/mobile/1.4.5/jquery.mobile-1.4.5.min.css">
<script src="http://code.jquery.com/jquery-1.11.3.min.js"></script>
 <script src="http://code.jquery.com/mobile/1.4.5/jquery.mobile-
1.4.5.min.js"></script>
<script>
$(document).on("pageload",function(event,data){
alert("pageload 事件触发!\nURL: " + data.url);
});
$(document).on("pageloadfailed",function(){
  alert("抱歉，被请求页面不存在。");
});
</script>
</head>
<body>
<div data-role="page" id="first">
  <div data-role="header">
    <h1>古诗欣赏</h1>
  </div>
  <div data-role="content" class="content">
```

```
    <p>众鸟高飞尽，孤云独去闲。相看两不厌，只有敬亭山。</p>
    <a href="123.html">下一页</a>
  </div>
  <div data-role="footer">
    <h1>经典诗词</h1>
  </div>
</div>
</body>
</html>
```

模拟器中预览效果如图 19-3 所示。单击【下一页】按钮，结果如图 19-4 所示。

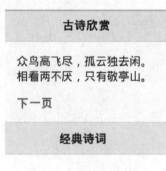

图 19-3   程序预览效果

图 19-4   触发 pageloadfailed 事件

19.1.3　页面过渡事件

在 jQuery Mobile 中，在当前页面过渡到下一页时，会触发以下几个事件。
- pagebeforeshow 事件：在当前页面触发，在过渡动画开始前。
- pageshow 事件：在当前页面触发，在过渡动画完成后。
- pagebeforehide 事件：在下一页触发，在过渡动画开始前。
- pagehide 事件：在下一页触发，过渡动画完成后。

下面通过一个案例来学习页面过渡事件的触发时机。

【例 19.3】(实例文件：ch19\19.3.html)

```
<!DOCTYPE html>
<html>
<head>
<meta name="viewport" content="width=device-width, initial-scale=1">
<link rel="stylesheet"
href="http://code.jquery.com/mobile/1.4.5/jquery.mobile-1.4.5.min.css">
<script src="http://code.jquery.com/jquery-1.11.3.min.js"></script>
 <script src="http://code.jquery.com/mobile/1.4.5/jquery.mobile-
1.4.5.min.js"></script>
<script>
$(document).on("pagebeforeshow","#second",function(){
  alert("触发 pagebeforeshow 事件，下一页即将显示");
});
$(document).on("pageshow","#second",function(){
  alert("触发 pageshow 事件，现在显示下一页");
```

```
});
$(document).on("pagebeforehide","#second",function(){
  alert("触发 pagebeforehide 事件，下一页即将隐藏");
});
$(document).on("pagehide","#second",function(){
  alert("触发 pagehide 事件，现在隐藏下一页");
});</script>
</head>
<body>
<div data-role="page" id="first">
  <div data-role="header">
    <h1>古诗欣赏</h1>
  </div>
  <div data-role="content" class="content">
    <p>众鸟高飞尽，孤云独去闲。相看两不厌，只有敬亭山。</p>
    <a href="#second">下一页</a>
  </div>
  <div data-role="footer">
    <h1>经典诗词</h1>
  </div>
  </div>

<div data-role="page" id="second">
  <div data-role="header">
    <h1>古诗欣赏</h1>
  </div>
  <div data-role="content" class="content">
    <p>众鸟高飞尽，孤云独去闲。相看两不厌，只有敬亭山。</p>
    <a href="#first">上一页</a>
  </div>
  <div data-role="footer">
    <h1>经典诗词</h1>
  </div>
</div>
</body>
</html>
```

模拟器中预览效果如图 19-5 所示。单击【下一页】按钮，事件触发顺序如图 19-6 所示。

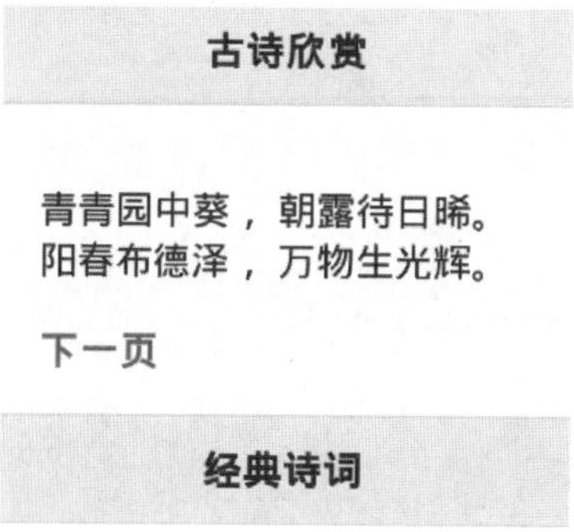

图 19-5 程序预览效果

图 19-6 当前页面触发事件顺序

单击【确认】按钮，进入下一页中，如图 19-7 所示。单击【上一页】按钮，事件触发顺序如图 19-8 所示。

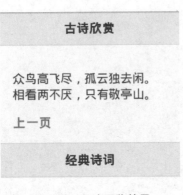

图 19-7　程序预览效果

图 19-8　下一页触发事件顺序

19.2　触 摸 事 件

针对移动端浏览器提供了触摸事件，表示当用户触摸屏幕时触发的事件，包括点击事件和滑动事件。本节重点学习点击事件和滑动事件的使用方法。

19.2.1　点击事件

点击事件包括 tap 事件和 taphold 事件，下面详细介绍它们的用法和区别。

1. tap 事件

当用户点击页面上的元素时，会触发点击(tap)事件，语法格式如下。

```
$("p").on("tap",function(){
  $(this).hide();
});
```

上面代码的作用是点击 p 组件后，会将该组件隐藏。

下面通过一个案例来讲解点击事件的使用方法。

【例 19.4】(实例文件：ch19\19.4.html)

```
<!DOCTYPE html>
<html>
<head>
<meta name="viewport" content="width=device-width, initial-scale=1">
<link rel="stylesheet"
href="http://code.jquery.com/mobile/1.4.5/jquery.mobile-1.4.5.min.css">
<script src="http://code.jquery.com/jquery-1.11.3.min.js"></script>
 <script src="http://code.jquery.com/mobile/1.4.5/jquery.mobile-
1.4.5.min.js"></script>
<script>
$("div").on("tap",function(){
```

```
    $(this).css("color","green");
});
</script>
</head>
<body>
<div data-role="page" id="first">
  <div data-role="header">
    <h1>古诗欣赏</h1>
  </div>
  <div data-role="content" class="content">
        <p>黄师塔前江水东，春光懒困倚微风。桃花一簇开无主，可爱深红爱浅红。</p>
  </div>
  <div data-role="footer">
    <h1>经典诗词</h1>
  </div>
</div>
</body>
</html>
```

模拟器中预览效果如图 19-9 所示。在页面中的诗词上面点击，即可发现 div 块内文字的颜色变成了绿色，如图 19-10 所示。

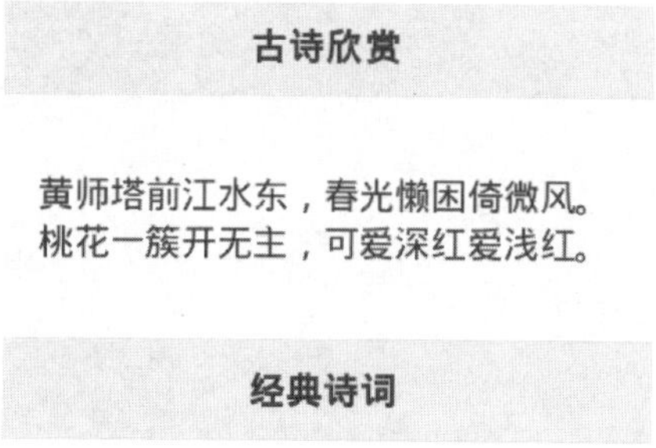

图 19-9　程序预览效果

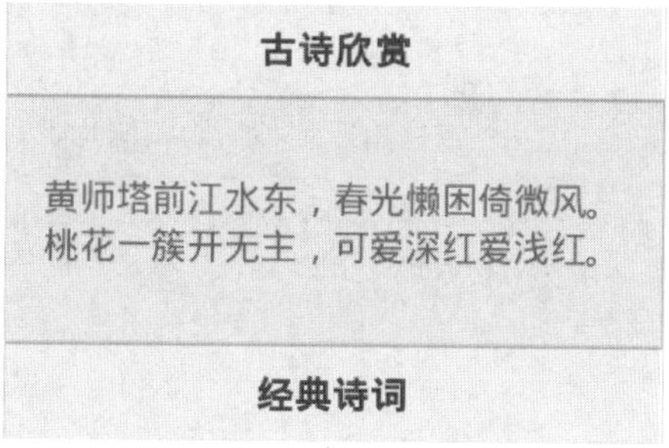

图 19-10　触发 tap 事件

2. taphold 事件

如果点击页面并按住不放，则会触发 taphold 事件，语法如下。

```
$("p").on("taphold",function(){
  $(this).hide();
});
```

默认情况下，按住不放 750 毫秒之后触发 taphold 事件。用户也可以修改这个时间的长短，语法格式如下。

```
$(document).on("mobileinit",function(){
  $.event.special.tap.tapholdThreshold=5000;
});
```

修改后需要按住 5 秒以后才会触发 taphold 事件。

【例 19.5】(实例文件：ch19\19.5.html)

```
<!DOCTYPE html>
<html>
```

```
<head>
<meta name="viewport" content="width=device-width, initial-scale=1">
<link rel="stylesheet"
href="http://code.jquery.com/mobile/1.4.5/jquery.mobile-1.4.5.min.css">
<script src="http://code.jquery.com/jquery-1.11.3.min.js"></script>
 <script src="http://code.jquery.com/mobile/1.4.5/jquery.mobile-
1.4.5.min.js"></script>
<script>
$(document).on("mobileinit",function(){
  $.event.special.tap.tapholdThreshold=1000
});
$(function(){
  $("img").on("taphold",function(){
   $(this).hide();
});
});
</script>
</head>
<body>
<div data-role="page" id="first">
  <div data-role="header">
    <h1>可爱宠物</h1>
  </div>
  <div data-role="content" class="content">
<img src=19.1.jpg > <br>
        <p>按住图片 1 秒后隐藏图片哦！</p>
  </div>
  <div data-role="footer">
    <h1>动物天地</h1>
  </div>
</div>
</body>
</html>
```

模拟器中预览效果如图 19-11 所示。按住图片 1 秒后，即可发现图片被隐藏了，如图 19-12
所示。

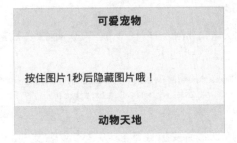

图 19-11　程序预览效果　　　　　　　　图 19-12　触发 taphold 事件

19.2.2　滑动事件

滑动事件是在用户一秒内水平拖曳大于 30px，或者纵向拖曳小于 20px 的事件发生时触发的事件。滑动事件使用 swipe 语法来捕捉，语法格式如下。

```
$("p").on("swipe",function(){
  $("span").text("滑动检测!");
});
```

上述语法是捕捉 p 组件的滑动事件，并将消息显示在 span 组件中。

向左滑动事件在用户向左拖动元素大于 30px 时触发，使用 swipeleft 语法来捕捉，语法如下。

```
$("p").on("swipeleft",function(){
  $("span").text("向左滑动检测!");
});
```

向右滑动事件在用户向右拖动元素大于 30px 时触发，使用 swiperight 语法来捕捉，语法如下。

```
$("p").on("swiperight,function(){
  $("span").text("向右滑动检测!");
});
```

下面以向右滑动事件为例进行讲解。

【例 19.6】(实例文件：ch19\19.6.html)

```
<!DOCTYPE html>
<html>
<head>
<meta name="viewport" content="width=device-width, initial-scale=1">
<link rel="stylesheet" href="http://code.jquery.com/mobile/1.4.5/
jquery.mobile-1.4.5.min.css">
<script src="http://code.jquery.com/jquery-1.11.3.min.js"></script>
 <script src="http://code.jquery.com/mobile/1.4.5/jquery.mobile-
1.4.5.min.js"></script>
<script>
$(document).on("pagecreate","#first",function(){
  $("img").on("swiperight",function(){
   alert("干嘛向右滑动我!!");
  });
});
</script>
</head>
<body>
<div data-role="page" id="first">
  <div data-role="header">
   <h1>可爱宠物</h1>
  </div>
  <div data-role="content" class="content">
<img src=19.2.jpg > <br>
       <p>向右滑动图片查看效果</p>
  </div>
  <div data-role="footer">
   <h1>动物天地</h1>
```

```
    </div>
  </div>
  </body>
  </html>
```

模拟器中预览效果如图 19-13 所示。向右滑动图片，效果如图 19-14 所示。

向右滑动图片查看效果

图 19-13　程序预览效果

向右滑动图片查看效果

图 19-14　触发向右滑动事件

19.3　滚　屏　事　件

jQuery Mobile 提供了两种滚屏事件，分别是滚屏开始时触发 scrollstart 事件和滚动结束时触发 scrollstop 事件。

1. scrollstart 事件

scrollstart 事件是在用户开始滚动页面时触发，语法格式如下。

```
$(document).on("scrollstart",function(){
  alert("屏幕开始滚动了!");
});
```

下面通过一个案例来理解 scrollstart 事件。

【例 19.7】(实例文件：ch19\19.7.html)

```
<!DOCTYPE html>
<html>
<head>
<meta name="viewport" content="width=device-width, initial-scale=1">
<link rel="stylesheet"
href="http://code.jquery.com/mobile/1.4.5/jquery.mobile-1.4.5.min.css">
<script src="http://code.jquery.com/jquery-1.11.3.min.js"></script>
 <script src="http://code.jquery.com/mobile/1.4.5/jquery.mobile-
1.4.5.min.js"></script>
<script>
$(document).on("pagecreate","#first",function(){
  $(document).on("scrollstart",function(){
```

```
            alert("屏幕开始滚动了!");
    });
});
</script>
</head>
<body>
<div data-role="page" id="first">
    <div data-role="header">
        <h1>古诗欣赏</h1>
    </div>
    <div data-role="content" class="content">
        <p>西施越溪女，出自苎萝山。</p>
        <p>秀色掩今古，荷花羞玉颜。</p>
        <p>浣纱弄碧水，自与清波闲。</p>
        <p>皓齿信难开，沉吟碧云间。</p>
        <p>勾践徵绝艳，扬蛾入吴关。</p>
        <p>提携馆娃宫，杳渺讵可攀。</p>
        <p>一破夫差国，千秋竟不还。</p>
        <p>西施越溪女，出自苎萝山。</p>
        <p>秀色掩今古，荷花羞玉颜。</p>
        <p>浣纱弄碧水，自与清波闲。</p>
        <p>皓齿信难开，沉吟碧云间。</p>
        <p>勾践徵绝艳，扬蛾入吴关。</p>
        <p>提携馆娃宫，杳渺讵可攀。</p>
        <p>一破夫差国，千秋竟不还。</p>
    </div>
    <div data-role="footer">
        <h1>经典诗词</h1>
    </div>
</div>
</body>
</html>
```

模拟器中预览效果如图 19-15 所示。向上滚动屏幕，效果如图 19-16 所示。

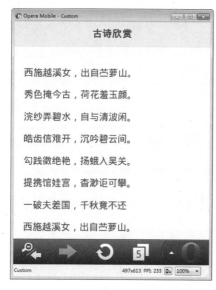

图 19-15 程序预览效果

图 19-16 触发滚屏事件

2. scrollstop 事件

scrollstop 事件是在用户停止滚动页面时触发，语法格式如下。

```
$(document).on("scrollstop",function(){
 alert("停止滚动!");
});
```

下面通过一个案例来理解 scrollstart 事件。

【例 19.8】(实例文件：ch19\19.8.html)

```
<!DOCTYPE html>
<html>
<head>
<meta name="viewport" content="width=device-width, initial-scale=1">
<link rel="stylesheet"
href="http://code.jquery.com/mobile/1.4.5/jquery.mobile-1.4.5.min.css">
<script src="http://code.jquery.com/jquery-1.11.3.min.js"></script>
 <script src="http://code.jquery.com/mobile/1.4.5/jquery.mobile-
1.4.5.min.js"></script>
<script>
$(document).on("pagecreate","#first",function(){
  $(document).on("scrollstop",function(){
    alert("屏幕已经停止滚动了!");
  });
});
</script>
</head>
<body>
<div data-role="page" id="first">
  <div data-role="header">
    <h1>古诗欣赏</h1>
  </div>
  <div data-role="content" class="content">
    <p>噫吁嚱，危乎高哉！</p>
    <p>蜀道之难，难于上青天！</p>
    <p>蚕丛及鱼凫，开国何茫然！</p>
    <p>尔来四万八千岁，不与秦塞通人烟。</p>
    <p>西当太白有鸟道，可以横绝峨嵋巅。</p>
    <p>地崩山摧壮士死，然后天梯石栈方钩连。</p>
    <p>上有六龙回日之高标，下有冲波逆折之回川。</p>
    <p>黄鹤之飞尚不得过，猿猱欲度愁攀援。</p>
    <p>青泥何盘盘，百步九折萦岩峦。</p>
    <p>扪参历井仰胁息，以手抚膺坐长叹。</p>
    <p>问君西游何时还？畏途巉岩不可攀。</p>
    <p>但见悲鸟号古木，雄飞从雌绕林间。</p>
    <p>又闻子规啼夜月，愁空山。</p>
    <p>蜀道之难，难于上青天，使人听此凋朱颜。</p>
    <p>连峰去天不盈尺，枯松倒挂倚绝壁。</p>
    <p>飞湍瀑流争喧豗，砯崖转石万壑雷。</p>
    <p>其险也若此，嗟尔远道之人，胡为乎来哉。</p>
    <p>剑阁峥嵘而崔嵬，一夫当关，万夫莫开。</p>
    <p>所守或匪亲，化为狼与豺。</p>
    <p>朝避猛虎，夕避长蛇，磨牙吮血，杀人如麻。</p>
```

```
    <p>锦城虽云乐，不如早还家。</p>
    <p>蜀道之难，难于上青天，侧身西望长咨嗟。</p>
  </div>
  <div data-role="footer">
    <h1>经典诗词</h1>
  </div>
</div>
</body>
</html>
```

模拟器中预览效果如图 19-17 所示。向上滚动屏幕，停止后效果如图 19-18 所示。

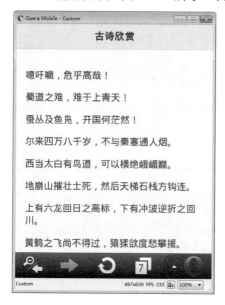

图 19-17　程序预览效果

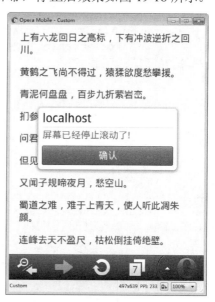

图 19-18　触发滚屏事件

19.4　定　位　事　件

当移动设备水平或垂直翻转时触发定位事件。也就是常说的方向改变(orientation change)事件。

在使用定位事件时，需将 orientation change 事件绑定到 window 对象上，语法格式如下。

```
$(window).on("orientationchange",function(event){
alert("设备的方向改变为"+ event.orientation);
});
```

这里的 event 对象用来接收 orientation 属性值，用 event.orientation 返回的是设备是水平还是垂直，类型为字符串，如果是横行，返回值为 landscape，如果是纵向，返回值为 portrait。

下面通过一个案例来理解 orientationchange 事件。

【例 19.9】(实例文件：ch19\19.9.html)

```
<!DOCTYPE html>
<html>
```

```
<head>
<meta name="viewport" content="width=device-width, initial-scale=1">
<link rel="stylesheet"
href="http://code.jquery.com/mobile/1.4.5/jquery.mobile-1.4.5.min.css">
<script src="http://code.jquery.com/jquery-1.11.3.min.js"></script>
<script src="http://code.jquery.com/mobile/1.4.5/jquery.mobile-
1.4.5.min.js"></script>
<script type="text/javascript">
    $(document).on("pageinit",function(event){
        $( window ).on( "orientationchange", function( event ) {
          if(event.orientation == "landscape")
            $( "#orientation" ).text( "现在是水平模式!" ).css({"background-
color":"yellow","font-size":"300%"});
          if(event.orientation == "portrait")
            $( "#orientation" ).text( "现在是垂直模式!" ).css({"background-
color":"green","font-size":"200%"});
          });
        })
</script>
</head>
<body>
<div data-role="page" id="first">
  <div data-role="header">
    <h1>古诗欣赏</h1>
  </div>
  <div data-role="content" class="content">
<span id="orientation"></span><br>
<p>燕草如碧丝，秦桑低绿枝。当君怀归日，是妾断肠时。春风不相识，何事入罗帏</p>
  </div>
  <div data-role="footer">
    <h1>经典诗词</h1>
  </div>
</div>
</body>
</html>
```

模拟器中预览效果如图 19-19 所示。单击模拟器上的方向改变按钮，此时方向改变为水平方向，效果如图 19-20 所示。

图 19-19　程序预览效果

图 19-20　设备水平方向

再次单击模拟器上的方向改变按钮 ，此时方向改变为垂直方向，效果如图 19-21 所示。

图 19-21　设备垂直方向

19.5　高手甜点

甜点 1：绑定事件的方法 on()和 one()方法有何区别？

绑定事件的 on()和 one()方法的作用相似，唯一的区别在于 one()方法只能执行一次。例如，当在按钮上绑定单击鼠标事件时，on()方法的代码如下。

```
<script>
$(document).on('click',function(){
    alert("这是使用 on()方法绑定的事件")
});
</script>
```

甜点 2：如何在设备方向改变时获取移动设备的高度和宽度？

如果设备方向改变时要获取移动设备的长度和宽度，可以绑定 resize 事件。该事件在页面大小改变时将触发，语法如下。

```
$(window).on("resize",function(){
  var win= $(this);    //this 指的是 window
  alert("宽度为"+win.width()+"高度为"+ win.height());
});
```

19.6　跟我练练手

练习 1：制作一个包含初始化事件的 jQuery Mobile 网页。

练习 2：制作一个包含外部加载失败页面的 jQuery Mobile 网页。

练习 3：制作一个包含页面过渡事件的 jQuery Mobile 网页。

练习 4：制作一个包含点击事件的 jQuery Mobile 网页。

练习 5：制作一个包含滑动事件的 jQuery Mobile 网页。

练习 6：制作一个包含滚屏事件的 jQuery Mobile 网页。

练习 7：制作一个包含定位事件的 jQuery Mobile 网页。

第 20 章

数据存储和读取技术

Web Storage 是 HTML 5 引入的一个非常重要的功能，可以在客户端本地存储数据，类似 HTML 4 的 cookie，但可实现功能要比 cookie 强大得多，cookie 大小被限制在 4KB，Web Storage 官方建议每个网站 5MB。另外 Web SQL 也可以在本地保存数据。为此本章将介绍上述数据存储和读取技术。

学习目标(已掌握的在方框中打钩)

☐ 掌握 Web 存储的方法

☐ 掌握使用 HTML 5 Web Storage API 的方法

☐ 掌握在本地建立数据库的方法

☐ 了解目前浏览器对 Web 存储的支持情况

☐ 掌握制作简单 Web 留言本的方法

☐ 掌握 Web SQL Database 的综合应用技术

20.1 认识 Web 存储

在 HTML 5 标准之前，Web 存储信息需要 cookie 来完成，但是 cookie 不适合大量数据的存储，因为它们由每个对服务器的请求来传递，这使得 cookie 速度很慢而且效率也不高。为此，在 HTML 5 中，Web 存储 API 为用户如何在计算机或设备上存储用户信息作了数据标准的定义。

20.1.1 本地存储和 cookies 的区别

本地存储虽然和 cookies 扮演着类似的角色，但是二者却有根本的区别。
- 本地存储是仅存储在用户的硬盘上，并等待用户读取，而 cookies 是在服务器上读取。
- 本地存储仅供客户端使用，如果需要服务器端根据存储数值作出反应，就应该使用 cookies。
- 读取本地存储不会影响到网络带宽，但是使用 cookies 将会发送到服务器，这样会影响到网络带宽，无形中增加了成本。
- 从存储容量上看，本地存储可存储多达 5MB 的数据，而 cookies 最多只能存储 4KB 的数据信息。

20.1.2 Web 存储方法

在 HTML 5 标准中，提供了以下两种在客户端存储数据的新方法。
- sessionStorage：sessionStorage 是基于 session 的数据存储，在关闭或者离开网站后，数据将会被删除，也被称为会话存储。
- localStorage：没有时间限制的数据存储，也被称为本地存储。

与会话存储不用，本地存储将在用户计算机上永久保持数据信息。关闭浏览器窗口后，如果再次打开该站点，将可以检索所有存储在本地上的数据。

在 HTML 5 中，数据不是由每个服务器请求传递的，而是只有在请求时才使用数据，这样存储大量数据时不会影响网站性能。对于不同的网站，数据存储于不同的区域，并且一个网站只能访问其自身的数据。

HTML 5 使用 JavaScript 来存储和访问数据，为此，建议用户可以多了解一下 JavaScript 的基本知识。

20.2 使用 HTML 5 Web Storage API 技术

使用 HTML 5 Web Storage API 技术，可以实现很好的本地存储功能。

20.2.1 案例 1——测试浏览器的支持情况

Web Storage 在各大主流浏览器中都被支持，但是为了兼容老的浏览器，还是要检查一下是否可以使用这项技术，主要有两种方法。

1. 通过检查 Storage 对象是否存在

第一种方式：通过检查 Storage 对象是否存在，来检查浏览器是否支持 Web Storage，代码如下。

```
if(typeof(Storage)!=="undefined"){
// Yes! localStorage and sessionStorage support!
// Some code.....
} else {
// Sorry! No web storage support..
}
```

2. 分别检查各自的对象

第二种方式就是分别检查各自的对象，例如，检查 localStorage 是否支持，代码如下。

```
if (typeof(localStorage) == 'undefined' ) {
alert('Your browser does not support HTML 5 localStorage. Try upgrading.');
} else {
// Yes! localStorage and sessionStorage support!
// Some code.....
}
或者：
if('localStorage' in window && window['localStorage'] !== null){
// Yes! localStorage and sessionStorage support!
// Some code.....
} else {
alert('Your browser does not support HTML 5 localStorage. Try upgrading.');
}
或者
if (!!localStorage) {
// Yes! localStorage and sessionStorage support!
// Some code.....
} else {
alert('Your browser does not support HTML 5 localStorage. Try upgrading.');
}
```

20.2.2 案例 2——使用 sessionStorage 方法创建对象

sessionStorage 方法针对一个 session 进行数据存储。如果用户关闭浏览器窗口后，数据会被自动删除。创建一个 sessionStorage 方法的基本语法格式如下。

```
<script type="text/javascript">
sessionStorage.abc=" ";
</script>
```

1. 创建对象

【例 20.1】使用 sessionStorage 方法创建对象(实例文件：ch20\20.1.html)

```
<!DOCTYPE HTML>
<html>
<body>
<script type="text/javascript">
sessionStorage.name="努力过好每一天！";
document.write(sessionStorage.name);
</script>
</body>
</html>
```

在 IE 中浏览效果如图 20-1 所示，可以看到 sessionStorage 方法创建的对象内容显示在网页中。

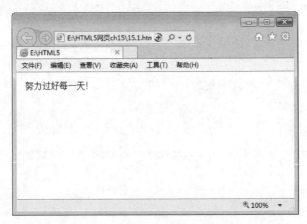

图 20-1　sessionStorage 方法创建对象的效果

2. 制作网站访问记录计数器

下面继续使用 sessionStorage 方法，制作记录用户访问网站次数的计数器。

【例 20.2】制作网站访问记录计数器(实例文件：ch20\20.2.html)

```
<!DOCTYPE HTML>
<html>
<body>
<script type="text/javascript">
if (sessionStorage. count)
{
sessionStorage.count=Number(sessionStorage.count) +1;
}
else
{
sessionStorage. count=1;
}
document.write("您访问该网站的次数为：" + sessionStorage.count);
</script>
</body>
</html>
```

在 IE 中浏览效果如图 20-2 所示。如果用户刷新一次页面，计数器的数值将加 1。

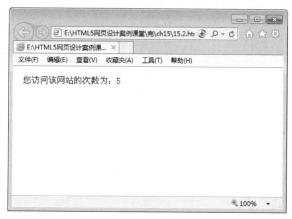

图 20-2　sessionStorage 方法创建计数器效果

 提示　如果用户关闭浏览器窗口，再次打开该网页时，计数器将重置为 1。

20.2.3　案例 3——使用 localStorage 方法创建对象

与 seessionStorage 方法不同，localStorage 方法存储的数据没有时间限制。也就是说网页浏览者关闭网页很长一段时间后，再次打开此网页时，数据依然可用。

创建一个 localStorage 方法的基本语法格式如下。

```
<script type="text/javascript">
localStorage.abc="  ";
</script>
```

1. 创建对象

【例 20.3】使用 localStorage 方法创建对象(实例文件：ch20\20.3.html)

```
<!DOCTYPE HTML>
<html>
<body>
<script type="text/javascript">
localStorage.name="学习 HTML 5 最新的技术：Web 存储";
document.write(localStorage.name);
</script>
</body>
</html>
```

在 IE 中浏览效果如图 20-3 所示，可以看到 localStorage 方法创建的对象内容显示在网页中。

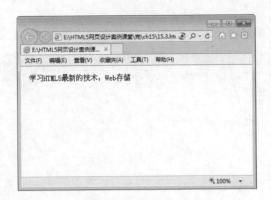

图 20-3 localStorage 方法创建对象的效果

2. 制作网站访问记录计数器

下面仍然使用 localStorage 方法来制作记录用户访问网站次数的计数器。用户可以清楚地看到 localStorage 方法和 sessionStorage 方法的区别。

【例 20.4】制作网站访问记录计数器(实例文件：ch20\20.4.html)

```
<!DOCTYPE HTML>
<html>
<body>
<script type="text/javascript">
if (localStorage.count)
{
localStorage.count=Number(localStorage.count) +1;
}
else
{
localStorage.count=1;
 }
document.write("您访问该网站的次数为：" + localStorage.count");
</script>
</body>
</html>
```

在 IE 中浏览效果如图 20-4 所示。如果用户刷新一次页面，计数器的数值将加 1；如果用户关闭浏览器窗口，再次打开该网页时，计数器会继续上一次计数而不会重置为 1。

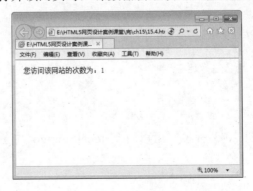

图 20-4 localStorage 方法创建计数器效果

20.2.4 案例 4——Web Storage API 的其他操作

Web Storage API 的 localStorage 和 sessionStorage 对象除了以上基本应用外，还有以下两个方面。

1. 清空 localStorage 数据

localStorage 的 clear()函数用于清空同源的本地存储数据，如 localStorage.clear()，它将删除所有本地存储的 localStorage 数据。

而 Web Storage 的另外一部分 Session Storage 中的 clear()函数，只清空当前会话存储的数据。

2. 遍历 localStorage 数据

遍历 localStorage 数据可以查看 localStrage 对象保存的全部数据信息。在遍历过程中，需要访问 localStorage 对象的另外两个属性 length 与 key。length 表示 localStorage 对象中保存数据的总量，key 表示保存数据时的键名项，该属性常与索引号(index)配合使用，表示第几条键名对应的数据记录，其中，索引号(index)以 0 值开始，如果取第 3 条键名对应的数据，index 值应该为 2。

取出数据并显示数据内容的代码如下。

```
functino showInfo(){
    var array=new Array();
    for(var i=0;i
    //调用 key 方法获取 localStorage 中数据对应的键名
    //如这里键名是从 test1 开始递增到 testN 的，那么 localStorage.key(0)对应 test1
    var getKey=localStorage.key(i);
    //通过键名获取值，这里的值包括内容和日期
    var getVal=localStorage.getItem(getKey);
    //array[0]就是内容，array[1]是日期
    array=getVal.split(",");
    }
}
```

获取并保存数据的代码如下。

```
var storage = window.localStorage; f
or (var i=0, len = storage.length; i <  len; i++){
var key = storage.key(i);
var value = storage.getItem(key);
console.log(key + "=" + value); }
```

由于 localStorage 不仅存储了这里所添加的信息，可能还存在其他信息，但是那些信息的键名也是以递增数字形式表示的，如果这里也用纯数字就可能覆盖那些信息，所以建议键名都用独特的字符区分开，这里在每个 ID 前加了 test 以示区别。

20.2.5 案例 5——使用 JSON 对象存取数据

在 HTML 5 中可以使用 JSON 对象来存取一组相关的对象。使用 JSON 对象可以收集一

组用户输入信息，然后创建一个 Object 来囊括这些信息，之后用一个 JSON 字符串来表示该 Object，然后把 JSON 字符串存放在 localStorage 中。当用户检索指定名称时，会自动用该名称在 localStorage 中取得对应的 JSON 字符串，将字符串解析到 Object 对象，然后依次提取对应的信息，并构造 HTML 文本输入显示。

【例 20.5】使用 JSON 对象存取数据(实例文件：ch20\20.5.html)

下面就来列举一个简单的案例，介绍如何使用 JSON 对象存取数据，具体操作方法如下。

step 01 新建一个记事本文件，具体代码如下。

```html
<!DOCTYPE html>
<html>
<head>
<meta charset="UTF-8">
<title>使用 JSON 对象存取数据</title>
<script type="text/javascript" src="objectStorage.js"></script>
</head>
<body>
<h3>使用 JSON 对象存取数据</h3>
<h4>填写待存取信息到表格中</h4>
<table>
<tr><td>用户名:</td><td><input type="text" id="name"></td></tr>
<tr><td>E-mail:</td><td><input type="text" id="email"></td></tr>
<tr><td>联系电话:</td><td><input type="text" id="phone"></td></tr>
<tr><td></td><td><input type="button" value="保存" onclick="saveStorage();">
</td></tr>
</table>
<hr>
<h4> 检索已经存入 localStorage 的 JSON 对象，并且展示原始信息</h4>
<p>
<input type="text" id="find">
<input type="button" value="检索" onclick="findStorage('msg');">
</p>
<!-- 下面这块用于显示被检索到的信息文本 -->
<p id ="msg"></p>
</body>
</html>
```

step 02 使用 IE 浏览保存的 HTML 文件，页面显示效果如图 20-5 所示。

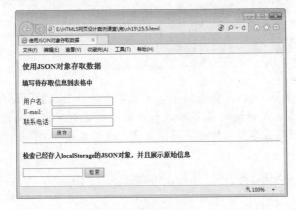

图 20-5　创建存取对象表格

step 03 案例中用到了 JavaScript 脚本，其中包含两个函数，一个是存数据，另一个是取数据，具体的 JavaScript 脚本代码如下。

```
function saveStorage(){  //创建一个 JavaScript 对象，用于存放当前从表单获得的数据
var data = new Object;  //将对象的属性值名依次和用户输入的属性值关联起来
data.user=document.getElementById("user").value;
data.mail=document.getElementById("mail").value;
data.tel=document.getElementById("tel").value;
//创建一个 JSON 对象，让其对应 HTML 文件中创建的对象的字符串数据形式
var str = JSON.stringify(data);
//将 JSON 对象存放到 localStorage 上，key 为用户输入的 NAME，value 为这个 JSON 字符串
localStorage.setItem(data.user,str);
console.log("数据已经保存！被保存的用户名为："+data.user);
}
//从 localStorage 中检索用户输入的名称对应的 JSON 字符串，然后把 JSON 字符串解析为一
组信息，并且打印到指定位置
function findStorage(id){              //获得用户的输入，是用户希望检索的名字
var requiredPersonName = document.getElementById("find").value;
//以这个检索的名字来查找 localStorage,得到了 JSON 字符串
var str=localStorage.getItem(requiredPersonName);
//解析这个 JSON 字符串得到 Object 对象
var data= JSON.parse(str);
//从 Object 对象中分离出相关属性值，然后构造要输出的 HTML 内容
var result="用户名:"+data.user+'<br>';
result+="E-mail:"+data.mail+'<br>';
result+="联系电话:"+data.tel+'<br>';              //取得页面上要输出的容器
var target = document.getElementById(id);        //用刚才创建的 HTML 内容来填充这
个容器
target.innerHTML = result;
}
```

step 04 将 JavaScript 文件和 HTML 文件放在同一目录下，再次打开网页，在表单中依次输入相关内容，单击【保存】按钮，如图 20-6 所示。

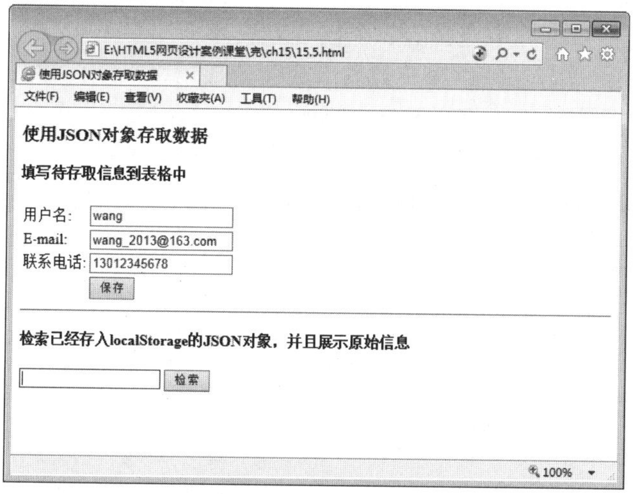

图 20-6 输入表格内容

step 05 在【检索】文本框中输入已保存信息的用户名，单击【检索】按钮，则在页面
下方自动显示保存的用户信息，如图 20-7 所示。

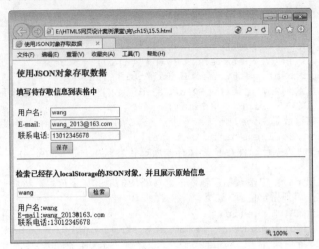

图 20-7 检索数据信息

20.3 在本地建立数据库

前面简单介绍了如何利用 localStorage 方法实现本地存储，实际上，除了 sessionStorage 和
localStorage 方法外，HTML 5 还支持通过本地数据库 Web SQL Database 进行本地数据存储。

20.3.1 Web SQL Database 概述

Web SQL Database 是关系型数据库系统，使用 SQLLite 语法访问数据库，支持大部分浏
览器，该数据库多集中在嵌入式设备上。

Web SQL Database 数据库中定义的 3 个核心方法如下。

- openDatabase：该方法使用现有数据库或新建数据库来创建数据库对象。
- executeSql：该方法用于执行 SQL 查询。
- transaction：该方法允许用户根据情况控制事务提交或回滚。

在 Web SQL Database 中，用户可以打开数据库并进行数据的新增、读取、更新与删除等
操作。操作数据的基本流程如下。

(1) 创建数据库。
(2) 创建交易(transaction)。
(3) 执行 SQL 语法。
(4) 获取 SQL 语句执行的结果。

20.3.2 数据库的基本操作

数据库的基本操作如下。

1. 创建数据库

使用 openDatabase()方法打开一个已经存在的数据库，如果数据库不存在，使用该方法将会创建一个新数据库。打开或创建一个数据库的代码命令如下。

```
var db = openDatabase('mydb', '1.1', ' 第一个数据库', 200000);
```

上述代码的括号中设置了 4 个参数，其意义分别为数据库名称、版本号、文字说明、数据库的大小和创建回滚。

 如果数据库已经创建了，有 4 个参数将会调用该回滚操作。如果省略此参数，则仍将创建正确的数据库。

以上代码的意义：创建了一个数据库对象 db，名称是 mydb，版本编号为 1.1。db 还带有描述信息和大概的大小值。用户代理(user agent)可使用这个描述与用户进行交流，说明数据库是用来做什么的。利用代码中提供的大小值，用户代理可以为内容留出足够的存储空间。如果需要，这个空间大小是可以改变的，所以没有必要预先假设允许用户使用多少空间。

为了检测之前创建的连接是否成功，可以检查数据库对象是否为 null，代码如下。

```
if(!db)
    alert("数据库连接失败");
```

绝不可以假设该连接已经成功建立，即使过去对于某个用户而言它是成功连接的。而为什么一个连接会失败，则存在多个原因。也许用户代理出于安全原因拒绝访问，也许设备存储有限。面对活跃而快速进化的潜在用户代理，对用户的机器、软件及其能力作出假设是非常不明智的行为。

2. 创建交易

创建交易时使用 database.transaction()函数，语法格式如下。

```
db.transaction(function(tx)){
//执行访问数据库的语句
});
```

该函数使用 function(tx)作为参数，执行访问数据库的具体操作。

3. 执行 SQL 语句

通过 executeSql()方法执行 SQL 语句，从而对数据库进行操作，代码如下。

```
tx.executeSql(sqlQuery,[value1,value2..],dataHandler,errorHandler)
```

executeSql()方法有 4 个参数，作用分别如下。

- sqlQuery：需要具体执行的 SQL 语句，可以是 create、select、update 和 delete。
- [value1,value2..]：SQL 语句中所有使用到的参数的数组，在 executeSql()方法中，将 SQL 语句中所要使用的参数先用 "?" 代替，然后依次将这些参数组成数组放在第 2 个参数中。
- dataHandler：执行成功时调用的回调函数，通过该函数可以获得查询结果集。
- errorHandler：执行失败时调用的回调函数。

4. 获取 SQL 语句执行的结果

当 SQL 语句成功执行后，就可以使用循环语句来获取执行的结果，代码如下。

```
for (var a=0; a<result.rows.length; a++){
    item = result.rows.item(a);
    $("div").html(item["name"] +"<br>");
}
```

result.rows 表示结果数据，result.rows.length 表示数据共有几条，然后通过 result.rows.item(a) 获取每条数据。

20.3.3　数据表的基本操作

创建数据表的语句为 CREATE　TABLE，语法格式如下。

```
CREATE   TABLE <表名>
(
    字段名1 数据类型 [约束条件],
    字段名2 数据类型 [约束条件],
    …
);
```

使用 CREATE TABLE 创建表时，必须指定以下信息。

- 要创建的表的名称，不区分大小写，不能使用 SQL 语言中的关键字，如 DROP、ALTER、INSERT 等。
- 对于数据表中每一个列(字段)的名称和数据类型，如果需创建多个列，要用逗号隔开。

例如，创建员工表 tb_emp1，结构如表 20-1 所示。

表 20-1　tb_emp1 表结构

字段名称	数据类型	备　注
id	int	员工编号
name	char(10)	员工名称
introduction	varchar(300)	员工简介

创建 tb_emp1 表，SQL 语句如下。

```
CREATE TABLE tb_emp1
(
    id      int PRIMARY KEY,
    name   char(10),
    introduction  varchar(300)
);
```

其中 **PRIMARY KEY** 约束条件定义 id 字段为主键。如果数据表已经存在，则上述创建命令将会报错，此时可以加入 if not exists 命令先进行条件判断。下面通过一个综合案例来学习。

【例 20.6】(实例文件:ch20\20.6.html)

```html
<!DOCTYPE html>
<html>
  <head>
<meta http-equiv="Content-Type" content="text/html; charset=utf-8"/>
<title></title>
<script src="http://code.jquery.com/jquery-1.11.3.min.js"></script>
<script type="text/javascript">
$(function () {
    //打开数据库
    var dbSize=2*1024*1024;
    db = openDatabase('mytestDB', '', '', dbSize);
    //创建数据表
    db.transaction(function(tx){
        tx.executeSql("CREATE TABLE IF NOT EXISTS student (id integer PRIMARY
KEY, name char(10),introduction  varchar(300) )",[],onSuccess,onError);
    });
    function onSuccess(tx, results)
    {
      $("div").html("数据库打开成功!")
    }
    function onError(e)
    {
      $("div").html("数据库打开错误:"+e)
    }

})
</script>
</head>
<body>
    <div id="message"></div>
</body>
</html>
```

执行结果如图 20-8 所示。

图 20-8　程序运行结果

20.3.4　数据的基本操作

数据表创建完成后,即可对数据进行添加、更新、查询和删除等操作。

1. 添加数据

添加数据的语法规则如下。

使用基本的 INSERT 语句插入数据，要求指定表的名称和插入到新记录中的值，基本语法格式如下。

```
INSERT INTO table_name (column_list) VALUES (value_list);
```

table_name 指定要插入数据的表名，column_list 指定要插入数据的那些列，value_list 指定每个列对应插入的数据。注意，使用该语句时字段列和数据值的数量必须相同。

例如，向数据表 student 添加一条数据，代码如下。

```
INSERT INTO student (id ,name, introduction) VALUES (1,'lili', 'she is a
good student');
```

在添加字符串时，必须使用单引号。

2. 更新数据

表中有数据之后，接下来可以对数据进行更新操作，MySQL 中使用 UPDATE 语句更新表中的记录，可以更新特定的行或者同时更新所有的行，基本语法结构如下。

```
UPDATE table_name
SET column_name1 = value1,column_name2=value2,…,column_namen=valuen
WHERE (condition);
```

column_name1,column_name2,…,column_namen 为指定更新的字段名称；value1,value2,…,valuen 为相对应的指定字段的更新值；condition 指定更新的记录需要满足的条件。更新多个列时，每个"列-值"对之间用逗号隔开，最后一列之后不需要逗号。

例如，在表 student 中，更新 id 值为 1 的记录，将 name 字段值改为 LiMing，代码如下。

```
UPDATE student SET name= 'LiMing' WHERE id = 1;
```

3. 查询数据

查询数据使用 SELECT 的命令，语法格式如下。

```
SELECT value1, value2 FROM table_name WHERE (condition);
```

例如，在表 student 中，查询 name 字段值为 LiMing 的记录，代码如下。

```
SELECT id ,name, introduction FROM student WHERE name= 'LiMing';
```

4. 删除数据

从数据表中删除数据使用 DELETE 语句，DELETE 语句允许 WHERE 子句指定删除条件。DELETE 语句的基本语法格式如下。

```
DELETE FROM table_name [WHERE <condition>];
```

table_name 指定要执行删除操作的表；[WHERE <condition>]为可选参数，指定删除条件，如果没有 WHERE 子句，DELETE 语句将删除表中的所有记录。

例如，表 student 中，删除 name 字段值为 LiMing 的记录，代码如下。

```
DELETE FROM student WHERE name= 'LiMing';
```

20.4 制作简单的 Web 留言本

使用 Web Storage 的功能可以用来制作 Web 留言本，具体制作方法如下。

【例 20.7】(实例文件：ch20\20.7.html)

step 01 构建页面框架，代码如下。

```
<!DOCTYPE html>
<html>
<head>
<title>本地存储技术之 Web 留言本</title>
</head>
<body onload="init()">
</body>
</html>
```

step 02 添加页面文件，主要由表单构成，包括单行文字表单和多行文本表单，代码如下。

```
<h1>Web 留言本</h1>
<table>
  <tr>
      <td>用户名</td>
      <td><input type="text" name="name" id="name" /></td>
  </tr>
  <tr>
      <td>留言</td>
      <td><textarea name="memo" id="memo" cols ="50" rows = "5">
</textarea></td>
  </tr>
  <tr>
      <td></td>
      <td>
          <input type="submit" value="提交" onclick="saveData()" />
      </td>
  </tr>
</table>
<ht>
<table id="datatable" border="1"></table>
<p id="msg"></p>
```

step 03 为了执行本地数据库的保存及调用功能，需要插入数据库的脚本代码，具体代码如下。

```
<script>
var datatable = null;
var db = openDatabase("MyData","1.0","My Database",2*1024*1024);
function init()
{
    datatable = document.getElementById("datatable");
    showAllData();
}
function removeAllData(){
```

```
        for(var i = datatable.childNodes.length-1;i>=0;i--){
            datatable.removeChild(datatable.childNodes[i]);
        }
        var tr = document.createElement('tr');
        var th1 = document.createElement('th');
        var th2 = document.createElement('th');
        var th3 = document.createElement('th');
        th1.innerHTML = "用户名";
        th2.innerHTML = "留言";
        th3.innerHTML = "时间";
        tr.appendChild(th1);
        tr.appendChild(th2);
        tr.appendChild(th3);
        datatable.appendChild(tr);
}
function showAllData()
{
        db.transaction(function(tx){
            tx.executeSql('create table if not exists MsgData(name TEXT,
message TEXT,time INTEGER)',[]);
            tx.executeSql('select * from MsgData',[],function(tx,rs){
                removeAllData();
                for(var i=0;i<rs.rows.length;i++){
                    showData(rs.rows.item(i));
                }
            });
        });
}
function showData(row){
        var tr=document.createElement('tr');
        var td1 = document.createElement('td');
        td1.innerHTML = row.name;
        var td2 = document.createElement('td');
        td2.innerHTML = row.message;
        var td3 = document.createElement('td');
        var t = new Date();
        t.setTime(row.time);
        ttd3.innerHTML = t.toLocaleDateString() + " " + t.toLocaleTimeString();
        tr.appendChild(td1);
        tr.appendChild(td2);
        tr.appendChild(td3);
        datatable.appendChild(tr);
}
function addData(name,message,time) {
        db.transaction(function(tx){
            tx.executeSql('insert into MsgData values(?,?,?)',[name,message,time],
functionx,rs){
                alert("提交成功。");
            },function(tx,error){
                alert(error.source+"::"+error.message);
            });
        });
} // End of addData
function saveData() {
    var name = document.getElementById('name').value;
```

```
        var memo = document.getElementById('memo').value;
        var time = new Date().getTime();
        addData(name,memo,time);
        showAllData();
} // End of saveData
</script>
</head>
<body onload="init()">
    <h1>Web 留言本</h1>
    <table>
        <tr>
            <td>用户名</td>
            <td><input type="text" name="name" id="name" /></td>
        </tr>
        <tr>
            <td>留言</td>
            <td><textarea name="memo" id="memo" cols ="50" rows = "5">
</textarea></td>
        </tr>
        <tr>
            <td></td>
            <td>
                <input type="submit" value="提交" onclick="saveData()" />
            </td>
        </tr>
    </table>
    <ht>
    <table id="datatable" border="1"></table>
    <p id="msg"></p>
</body>
</html>
```

step 04 文件保存后，使用 IE 浏览页面，效果如图 20-9 所示。

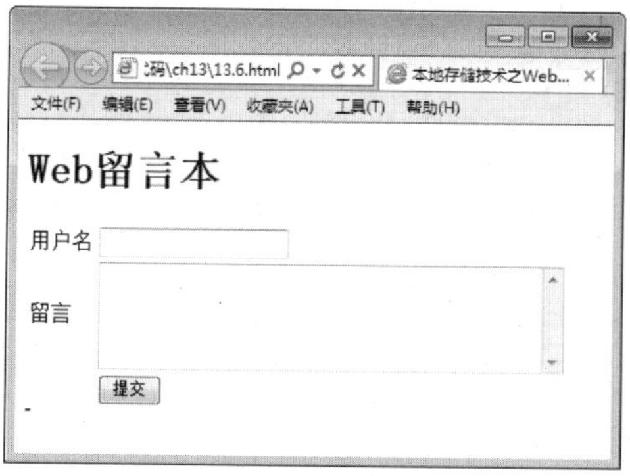

图 20-9   Web 留言本

20.5   Web SQL Database 的综合应用技术

下面使用 Web SQL Database 数据库，实现数据库创建、数据新增、查看和删除等操作。

网站开发案例课堂

【例 20.8】(实例文件：ch20\20.8.html)

```html
<!DOCTYPE html>
<html>
  <head>
<meta http-equiv="Content-Type" content="text/html; charset=utf-8"/>
<title></title>
<style>
table{border-collapse:collapse;}
td{border:1px solid #0000cc;padding:5px}
#message{color:#ff0000}
</style>
<script src="http://code.jquery.com/jquery-1.11.3.min.js"></script>
<script type="text/javascript">
$(function () {
    //打开数据库
    var dbSize=2*1024*1024;
    db = openDatabase('myDB', '', '', dbSize);

    db.transaction(function(tx){
        //创建数据表
        tx.executeSql("CREATE TABLE IF NOT EXISTS person (id integer
PRIMARY KEY,name char(10),introduction varchar(200))");
        showAll();
    });

    $( "button" ).click(function () {
        var name=$("#name").val();
        var introduction=$("#introduction").val();
        if(name=="" || introduction==""){
            $("#message").html("**请输入姓名和简介**");
            return false;
        }

        db.transaction(function(tx){
            //新增数据
            tx.executeSql("INSERT INTO person(name,introduction)
values(?,?)",[name,introduction],function(tx, result){
                $("#message").html("新增数据完成!")
                showAll();
            },function(e){
                $("#message").html("新增数据错误:"+e.message)
            });
        });
    })

    $("#showData").on('click', ".delItem", function() {
        var delid=$(this).prop("id");
        db.transaction(function(tx){
            //删除数据
            var delstr="DELETE FROM person WHERE id=?";
            tx.executeSql(delstr,[delid],function(tx, result){
                $("#message").html("删除数据完成!")
                showAll();
```

```
                    },function(e){
                        $("#message").html("删除数据错误:"+e.errorCode);
                    });
                });
            })
        function showAll(){
            $("#showData").html("");
            db.transaction(function(tx){
                //显示 person 数据表全部数据
                tx.executeSql("SELECT id,name,introduction FROM person",[],
function(tx, result){
                    if(result.rows.length>0){
                        var str="现有数据: <br><table><tr><td>id</td><td>姓名
</id><td>简介</id><td> </id></tr>";
                        for(var i = 0; i < result.rows.length; i++){
                            item = result.rows.item(i);
                            str+="<tr><td>"+item["id"] + "</td><td>" +
item["name"] + "</td><td>" + item["introduction"] + "</td><td><input
type='button' id='"+item["id"]+"' class='delItem' value='删除'></td></tr>";
                        }
                        str+="</table>";
                        $("#showData").html(str);
                    }
                },function(e){
                    $("#message").html("SELECT 语法出错了!"+e.message)
                });
            });
        }


})
</script>
</head>
<body>
<h3>数据新增与删除</h3>
请输入姓名和简介:
<table>
<tr>
    <td>姓名: </td>
    <td><input type="text" id="name"></td>
</tr>
<tr>
    <td>简介: </td>
    <td><input type="text" id="introduction"></td>
</tr>
</table>
<button id='new'>发送</button>
<p>
<div id="message"></div>

<div id="showData"></div>
</body>
</html>
```

程序运行结果如图 20-10 所示，输入姓名和简介后，单击【提交】按钮，即可看到新提交的数据，单击【删除】按钮，即可删除选中的数据。

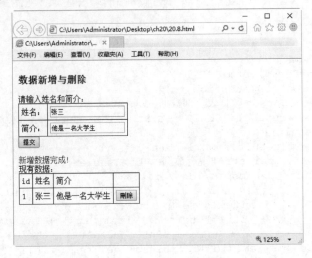

图 20-10　程序运行结果

20.6　高手甜点

甜点 1：不同的浏览器可以读取同一个 Web 中存储的数据吗？

在 Web 存储时，不同的浏览器将存储在不同的 Web 存储库中。例如，如果用户使用的是 IE 浏览器，那么 Web 存储工作时，所有数据将存储在 IE 的 Web 存储库中，如果用户再次使用 Firefox 浏览器访问该站点，将不能读取 IE 浏览器中存储的数据，可见每个浏览器的存储是分开并独立工作的。

甜点 2：离线存储站点时是否需要浏览者同意？

和地理定位类似，在网站使用 manifest 文件时，浏览器会提供一个权限提示，提示用户是否将离线设为可用，但不是每一个浏览器都支持这样的操作。

20.7　跟我练练手

练习 1：使用 sessionStorage 方法创建对象。

练习 2：使用 localStorage 方法创建对象。

练习 3：使用 JSON 对象存取数据。

练习 4：制作简单的 Web 留言本。

练习 5：制作一个使用 Web SQL Database 的网页，实现添加、读取和删除数据的功能。

第 4 篇

移动网站和 APP 开发实战

- 第 21 章　插件的使用与开发
- 第 22 章　将移动网站封装成 APP
- 第 23 章　家庭记账本 APP 实战
- 第 24 章　连锁酒店订购系统实战

第 21 章

插件的使用与开发

jQuery 具有强大的扩展功能，开发人员可直接使用或自己创建 jQuery 插件来
扩充 jQuery 的功能。使用插件可以提高项目的开发效率，解决人力成本，特别是一
些功能比较强大的插件受到了开发者的追捧。本章将重点学习 jQuery 插件的开发与
使用。

学习目标(已掌握的在方框中打钩)

☐ 熟悉插件的概念

☐ 掌握插件的使用方法

☐ 掌握流行插件的使用方法

☐ 掌握自定义插件的方法

☐ 掌握创建拖曳购物车效果的方法

21.1 初 始 插 件

学习插件之前，首先需要了解插件的基本概念。

21.1.1 什么是插件

编写插件的目的是给已经有的一系列方法或函数做一个封装，以便在其他地方重复使用，方便后期维护。随着 jQuery 的广泛使用，已经出现了大量 jQuery 插件，如 thickbox、iFX 和 jQuery-googleMap 等，简单地引用这些源文件就可以方便地使用这些插件。

jQuery 除了提供一个简单、有效的方式进行管理元素以及脚本外，还提供了添加方法和额外功能到核心模块的机制。通过这种机制，jQuery 允许用户创建属于自己的插件，提高开发过程中的效率。

21.1.2 案例 1——如何使用插件

由于 jQuery 插件其实就是 JavaScript 包，所以使用方法比较简单，基本步骤如下。

step 01 将下载的插件或者自定义的插件放在主 jQuery 源文件下，然后在<head>标记中引用插件 JavaScript 文件和 jQuery 库文件。

step 02 包含一个自定义的 JavaScript 文件，并在其中使用插件创建的方法。

下面通过一个实例来讲解具体的使用方法。

step 01 用户可以到官方网站下载 jquery.form.js 文件，然后放在网站目录下。

step 02 创建服务器端处理文件 21.1.aspx 文件，然后放在网站目录下，具体代码如下。

```
<%@ Page Language="C#" ContentType="text/html" ResponseEncoding="gb2312" %>
<%@ Import Namespace="System.Data" %>
<%
    Response.CacheControl = "no-cache";
    Response.AddHeader("Pragma","no-cache");
        string back = "";
    back += "用户: "+Request["name"];
    back += "<br>";
    back += "评论: "+Request["comment"];
    Response.Write(back);
%>
```

step 03 新建网页文件 21.1.html，在<head>部分引入 jQuery 库和 Form 插件库文件，具体代码如下：

```
<!DOCTYPE html>
<html>
<head>
<script src="jquery.min.js"></script>
<script src="jquery.form.js"></script>
<script>
    // 等待加载
    $(document).ready(function() {
        // 给 myForm 绑定一个回调函数
```

```
            $('#myForm').ajaxForm(function() {
                alert("恭喜，评论发表成功！");
            });
        });
</script>
</head>
<body>
<form id="myForm" action="19.1.aspx" method="post">
    用户名: <input type="text" name="name" />
     </br>
    评论内容: <textarea name="comment"></textarea>
    <input type="submit" value="发表评论" />
</form>
</body>
```

在 IE 9.0 中浏览页面，输入用户名和评论内容后，单击【发表评论】按钮，效果如图 21-1 所示。

图 21-1　程序运行结果

21.2　流行的插件

在 jQuery 官方网站中有很多现成的插件，在官方主页中单击 Plugins 超链接，即可在打开的页面中查看和下载 jQuery 提供的插件，如图 21-2 所示。本章将介绍目前比较流行的插件。

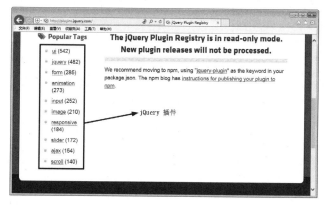

图 21-2　插件下载页面

21.2.1　案例2——jQueryUI 插件

jQueryUI 是一个基于 jQuery 的用户界面开发库，主要由 UI 小部件和 CSS 样式表集合而成，它们被打包到一起以完成常用的任务。

在下载 jQueryUI 包时，还需要注意其他一些文件。development-bundle 目录下包含了 demonstrations 和 documentation，它们虽然有用但不是产品环境部署所必需的。但是，在 css 和 js 目录下的文件，必须部署到 Web 应用程序中。js 目录包含 jQuery 和 jQueryUI 库；而 css 目录包括 CSS 文件和所有生成小部件和样式表所需的图片。

UI 插件主要可以实现鼠标互动、包括拖曳、排序、选择和缩放等效果，另外还有折叠菜单、日历、对话框、滑动条、表格排序、页签、放大镜效果和阴影效果等。

下面通过拖曳实例来讲解具体的使用方法。

jQuery UI 提供的 API 极大简化了拖曳功能的开发。只需要分别在拖曳源(source)和目标(target)上调用 draggable()函数即可。

【例 21.1】(实例文件：ch21\21.1.html)

```html
<!DOCTYPE html>
<html>
<head>
<title>draggable()</title>
<style type="text/css">
<!--
.block{
    border:2px solid #760022;
    background-color:#ffb5bb;
    width:80px; height:25px;
    margin:5px; float:left;
    padding:21px; text-align:center;
    font-size:14px;

}
-->
</style>
<script language="javascript" src="jquery.ui/jquery-1.10.2.js"></script>
<script type="text/javascript" src="jquery.min.js"></script>
<script language="javascript" src="jquery.ui/ui.mouse.js"></script>
<script language="javascript" src="jquery.ui/ui.draggable.js"></script>
<script language="javascript">
$(function(){
    for(var i=0;i<2;i++){   //添加两个<div>块
            $(document.body).append($("<div class='block'>拖块
"+i.toString()+"</div>").css ("opacity",0.6));
    }
    $(".block").draggable();
});
</script>
</head>
<body>
</body>
</html>
```

在 IE 9.0 中浏览页面，按住拖块拖动，即可将其拖曳到指定的位置，效果如图 21-3 所示。

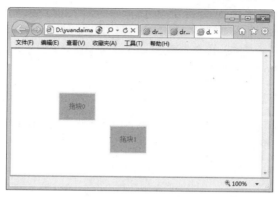

图 21-3　程序运行结果

21.2.2　案例 3——Form 插件

jQuery Form 插件是一个优秀的 AJAX 表单插件，可以非常容易地使 HTML 表单支持 AJAX。jQuery Form 有两个核心方法：ajaxForm()和 ajaxSubmit()，它们集合了从控制表单元素到决定如何管理提交进程的功能。另外，插件还包括其他的一些方法，如 formToArray()、formSerialize0、fieldSerialize()、fieldValue()、clearForm()、clearFields()和 resetForm()方法等。

1. ajaxForm()方法

ajaxForm()方法适用于以提交表单方式处理数据，需要在表单中标明表单的 action、id、method 属性，最好在表单中提供 submit 按钮。此方式大大简化了使用 AJAX 提交表单时的数据传递问题，不需要逐个以 JavaScript 的方式获取每个表单属性的值，并且也不需要通过 URL 重写的方式传递数据。ajaxForm()方法会自动收集当前表单中每个属性的值，然后以表单提交的方式提交到目标 URL。以这种方式提交数据较安全，并且使用简单，不需要冗余的 JavaScript 代码。

使用 ajaxForm()方法时，需要在 document 的 ready()函数中，使用 ajaxForm()方法为 AJAX 提交表单进行准备。ajaxForm()方法接受 0 个或 1 个参数。单个的参数既可以是一个回调函数，也可以是一个 Options 对象。代码如下。

```
<script>
    $(document).ready(function() {
        // 给 myFormId 绑定一个回调函数
        $('#myFormId').ajaxForm(function() {
            alert("成功提交!");
        });
    });
</script>
```

2. ajaxSubmit()方法

ajaxSubmit()方法适用于以事件机制提交表单，如通过超链接、图片的 click 事件等提交表单。该方法作用与 ajaxForm()方法类似，但更为灵活，因为其依赖于事件机制，只要有事件存在就能使用该方法。使用 ajaxSubmit()方法时只需要指定表单的 action 属性即可，不需提供 submit 按钮。

在使用 jQuery 的 Form 插件时，多数情况下调用 ajaxSubmit()方法对用户提交表单进行响应。ajaxSubmit()方法接受 0 个或 1 个参数，这个单个的参数既可以是一个回调函数，也可以是一个 Options 对象。一个简单的例子如下。

```
$(document).ready(function(){
    $('#btn').click(function(){
        $('#registerForm').ajaxSubmit(function(data){
            alert(data);
        });
        return false;
    });
});
```

上述代码通过表单中 id 为 btn 按钮的 click 事件触发，并通过 ajaxSubmit()方法以异步 AJAX 方式提交表单到表单的 action 所指路径内。

简单来说，通过 Form 插件的这两个核心方法，都可以在不修改表单的 HTML 代码结构的情况下，轻易地将表单的提交方式升级为 AJAX 提交方式。当然，Form 插件还有很多方法，这些方法可以帮助用户很容易地管理表单数据和表单提交。

21.2.3 案例 4——提示信息插件

在网站开发过程中，有时想要实现对一篇文章中关键词部分的提示，也就是当鼠标移动到这个关键词时，会弹出相关的一段文字或图片的介绍，就需要使用 jQuery 的 clueTip 插件来实现。

clueTip 是一个 jQuery 工具提示插件，可以方便为链接或其他元素添加 Tooltip 功能。当链接包括 title 属性时，内容将变成 clueTip 的标题。clueTip 中显示的内容可以通过 AJAX 获取，也可以从当前页面中的元素中获取，具体操作步骤如下：

step 01 引入 jQuery 库与 clueTip 插件的 JavaScript 文件。插件的下载地址为 http://plugins.learningjquery.com/cluetip/demo/。引用插件的 JavaScript 文件如下。

```
<link rel="stylesheet" href="jquery.cluetip.css" type="text/css" />
<script src="jquery.min.js" type="text/javascript"></script>
<script src="jquery.cluetip.js" type="text/javascript"></script>
```

step 02 建立 HTML 结构，代码如下。

```
<!-- use ajax/ahah to pull content from fragment.html: -->
<p>
    <a class="tips" href="fragment.html" rel="fragment.html">show me
the cluetip!</a>
</p>
<!-- use title attribute for clueTip contents, but don't include
anything in the clueTip's heading -->
 <p>
        <a id="houdini" href="houdini.html" title="|Houdini was an
escape artist.|He was also adept at prestidigitation.">Houdini</a>
</p>
```

step 03 初始化插件，代码如下。

```
$(document).ready(function() {
    $('a.tips').cluetip();
     $('#houdini').cluetip({
                            splitTitle: '|',        // 使用调用元素的 title 属性来
填充 clueTip,在有"|"的地方将内容分裂成独立的 div
            showTitle: false              // 隐藏 clueTip 的标题
});
});
```

21.2.4　案例5——jcarousel 插件

jcarousel 是一款 jQuery 插件，用来控制水平或垂直排列的列表项，如图 21-4 所示的滚动切换效果。单击左右两侧的箭头可以向左或者向右查看图片。当到达第一张图片时，左边的箭头变为不可用状态，当到达最后一张图片时，右边的箭头变为不可用状态。

图 21-4　图片滚动切换效果

使用的相关代码如下。

```
<script type="text/javascript" src="../lib/jquery-1.2.3.pack.js"></script>
<script type="text/javascript"
src="../lib/jquery.jcarousel.pack.js"></script>
<link rel="stylesheet" type="text/css" href="../lib/jquery.jcarousel.css" />
<link rel="stylesheet" type="text/css" href="../skins/tango/skin.css" />
<script type="text/javascript">
jQuery(document).ready(function() {
    jQuery('#mycarousel').jcarousel();
});
```

21.3　自定义的插件

除了可以使用现成的插件以外，用户还可以自定义插件。下面开始讲述自定义插件的方法和技巧。

21.3.1 插件的工作原理

jQuery 插件的机制很简单，就是利用 jQuery 提供的 jQuery.fn.extend() 和 jQuery.extend() 方法，扩展 jQuery 的功能。知道了插件的机制之后，编写插件就容易了，只要按照插件的机制和功能要求编写代码，就可以实现自定义功能的插件。

而要按照机制编写插件，还需要了解插件的种类，插件一般分为 3 类：封装对象方法插件、封装全局函数插件和选择器插件。

1. 封装对象方法插件

该类插件是将对象方法封装起来，用于对通过选择器获取的 jQuery 对象进行操作，是最常见的一种插件。该类插件可以发挥出 jQuery 选择器的强大优势，有相当一部分的 jQuery 的方法，都是在 jQuery 脚本库内部通过这种形式"插"在内核上的，如 parent()方法和 appendTo()方法等。

2. 封装全局函数插件

可以将独立的函数加到jQuery 命名空间下。添加一个全局函数，只需如下定义即可。

```
jQuery.foo = function() {
alert('这是函数的具体内容.');
};
```

当然，用户也可以添加多个全局函数，代码如下。

```
jQuery.foo = function() {
alert('这是函数的具体内容.');
};
jQuery.bar = function(param) {
alert('这是另外一个函数的具体内容".');
};
```

调用时和调用一个函数的方法是一样的，使用 jQuery.foo();jQuery.bar(); 或者 $.foo();$.bar('bar');语句调用。

例如，常用的 jQuery.ajax()方法、去首尾空格的 jQuery.trim()方法，都是 jQuery 内部作为全局函数的插件附加到内核上的。

3. 选择器插件

虽然 jQuery 的选择器十分强大，但在少数情况下，还会需要用到选择器插件来扩充一些自己喜欢的选择器。

jQuery.fn.extend()多用于扩展上面提到的 3 种类型中的第一种，jQuery.extend()用于扩展后两种插件。这两个方法都接受一个参数，类型为 Object。Object 对象的"名/值对"分别代表"函数或方法名/函数主体"。

21.3.2 案例6——自定义一个简单的插件

下面通过一个例子来讲解如何自定义一个插件。定义的插件功能是：在列表元素中，当鼠标指针在列表项上移动时，其背景颜色会根据设定的颜色而改变。

【例21.2】一个简单的插件示例(实例文件：ch21\21.2.html、21.2.js)

21.3.js 对应的插件代码如下。

```
/// <reference path="jquery.min.js"/>
/*--------------------------------------------------------------/
功能：设置列表中表项获取鼠标指针焦点时的背景色
参数：li_col【可选】鼠标指针所在表项行的背景色
返回：原调用对象
示例：$("ul").focusColor("red");
/--------------------------------------------------------------*/
; (function($) {
    $.fn.extend({
        "focusColor": function(li_col) {
            var def_col = "#ccc"; //默认获取焦点的色值
            var lst_col = "#fff"; //默认丢失焦点的色值
            //如果设置的颜色不为空，使用设置的颜色，否则为默认色
            li_col = (li_col == undefined) ? def_col : li_col;
            $(this).find("li").each(function() { //遍历表项<li>中的全部元素
                $(this).mouseover(function() { //获取鼠标指针焦点事件
                    $(this).css("background-color", li_col); //使用设置的颜色
                }).mouseout(function() { //鼠标焦点移出事件
                    $(this).css("background-color", "#fff"); //恢复原来的颜色
                })
            })
            return $(this);          //返回jQuery对象，保持链式操作
        }
    });
})(jQuery);
```

不考虑实际的处理逻辑时，该插件的框架如下。

```
; (function($) {
    $.fn.extend({
        "focusColor": function(li_col) {
            //各种默认属性和参数的设置

            $(this).find("li").each(function() { //遍历表项<li>中的全部元素
            //插件的具体实现逻辑

            })
            return $(this); //返回jQuery对象，保持链式操作
        }
    });
})(jQuery);
```

各种默认属性和参数设置的处理中，创建颜色参数以允许用户设定自己的颜色值，并根据参数是否为空来设定不同的颜色值，代码如下。

```
            var def_col = "#ccc"; //默认获取焦点的色值
            var lst_col = "#fff"; //默认丢失焦点的色值
            //如果设置的颜色不为空，使用设置的颜色，否则为默认色
            li_col = (li_col == undefined) ? def_col : li_col;
```

在遍历列表项时，针对鼠标指针移入事件 mouseover()设定对象的背景色，并且在鼠标指针移出事件 mouseout()中还原原来的背景色，代码如下。

```
$(this).mouseover(function() { //获取鼠标指针焦点事件
    $(this).css("background-color", li_col); //使用设置的颜色
}).mouseout(function() {        //鼠标指针焦点移出事件
    $(this).css("background-color", "#fff"); //恢复原来的颜色
})
```

当调用此插件时，需要先引入插件的.js 文件，然后调用该插件中的方法。

示例的 HTML 代码如下。

```
<!DOCTYPE html>
<html>
<head>
    <title>简单的插件示例</title>
    <script type="text/javascript"  src="jquery.min.js">
    </script>
    <script type="text/javascript" src="21.3.js">
    </script>
    <style type="text/css">
        body{font-size:12px}
        .divFrame{width:260px;border:solid 1px #666}
        .divFrame .divTitle{padding:5px;background-color:#eee;font-
weight:bold}
        .divFrame .divContent{padding:8px;line-height:1.6em}
        .divFrame .divContent ul{padding:0px;margin:0px;list-style-
type:none}
        .divFrame .divContent ul li span{margin-right:21px}
    </style>
    <script type="text/javascript">
        $(function() {
            $("#u1").focusColor("red");//调用自定义的插件
        })
    </script>
</head>
<body>
    <div class="divFrame">
        <div class="divTitle">
            对象级别的插件
        </div>
        <div class="divContent">
            <ul id="u1">
                <li><span>张三</span><span>男</span></li>
                <li><span>李四</span><span>女</span></li>
                <li><span>王五</span><span>男</span></li>
            </ul>
        </div>
    </div>

</body>
</html>
```

在 IE 9.0 中浏览页面效果如图 21-5 所示。

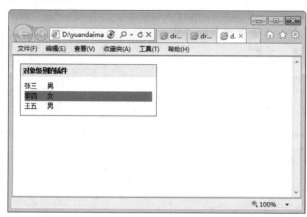

图 21-5　程序运行结果

21.4　综合案例——创建拖曳购物车效果

jQueryUI 插件除了提供了 draggable()方法来实现鼠标的拖曳功能，还提供了一个 droppable()方法实现接收容器，通过该方法，可以实现购物的拖曳效果。

【例 21.3】(实例文件：ch21\21.3.html)

```
<!DOCTYPE html>
<html>
<head>
<title>droppable()</title>
<style type="text/css">
<!--
.draggable{
    width:70px; height:40px;
    border:2px solid;
    padding:10px; margin:5px;
    text-align:center;
}
.green{
    background-color:#73d216;
    border-color:#4e9a06;
}
.red{
    background-color:#ef2929;
    border-color:#cc0000;
}
.droppable {
    position:absolute;
    right:21px; top:21px;
    width:400px; height:300px;
    background-color:#b3a233;
    border:3px double #c17d11;
    padding:5px;
```

```
        text-align:center;
}
-->
</style>
<script language="javascript" src="jquery.ui/jquery-1.2.4a.js"></script>
<script language="javascript" src="jquery.ui/ui.base.min.js"></script>
<script language="javascript" src="jquery.ui/ui.draggable.min.js"></script>
<script language="javascript" src="jquery.ui/ui.droppable.min.js"></script>
<script language="javascript">
$(function(){
    $(".draggable").draggable({helper:"clone"});
    $("#droppable-accept").droppable({
        accept: function(draggable){
            return $(draggable).hasClass("green");
        },
        drop: function(){
            $(this).append($("<div></div>").html("成功添加到购物车！"));
        }
    });
});
</script>
</head>
<body>
<div class="draggable red">冰箱</div>
<div class="draggable green">空调</div>
<div id="droppable-accept" class="droppable">购物车<br></div>
</body>
</html>
```

在 IE 9.0 中浏览页面，按住拖块拖动，即可将其拖曳到指定的购物车中，效果如图 21-6 所示。

图 21-6　程序运行结果

21.5 高 手 甜 点

甜点 1: 编写 jQuery 插件需要注意什么?

- 插件的推荐命名方法为: jquery.[插件名].js。
- 所有的对象方法都应当附加到 jQuery.fn 对象上,而所有的全局函数都应当附加到 jQuery 对象本身。
- 在插件内部,this 指向的是当前通过选择器获取的 jQuery 对象,而不像一般方法那样,内部的 this 指向的是 DOM 元素。
- 可以通过 this.each 来遍历所有的元素。
- 所有方法或函数插件,都应当以分号结尾,否则压缩的时候可能会出现问题。为了更加保险,可以在插件头部添加一个分号(;),以免它们的不规范代码给插件带来影响。
- 插件应该返回一个 jQuery 对象,以便保证插件的可链式操作。
- 避免在插件内部使用$作为 jQuery 对象的别名,而应当使用完整的 jQuery 来表示,这样可以避免程序冲突。

甜点 2: 如何避免插件函数或变量名冲突?

虽然在 jQuery 命名空间中,禁止使用了大量的 JavaScript 函数名和变量名,但是仍然不可避免某些函数或变量名将与其他 jQuery 插件冲突,因此需要将一些方法封装到另一个自定义的命名空间内。例如下面的用空间的例子:

```
jQuery.myPlugin = {
foo:function() {
alert('This is a test. This is only a test.');
},
bar:function(param) {
alert('This function takes a parameter, which is "' + param + '".');
}
};
```

采用命名空间的函数仍然是全局函数,调用时采用的代码如下:

```
$.myPlugin.foo();
$.myPlugin.bar('baz');
```

21.6 跟我练练手

练习 1:制作一个使用插件的网页。
练习 2:制作一个使用 jQueryUI 插件的网页。
练习 3:制作一个使用 Form 插件的网页。

练习 4：制作一个使用提示信息插件的网页。

练习 5：制作一个包含自定义插件的网页。

练习 6：制作一个实现拖曳购物车效果的网页。

第 22 章

将移动网站封装成 APP

    Apache Cordova 是免费而且开源代码的移动开发框架，提供了一组与移动设备相关的 API，通过这组 API，可以将 HTML 5+CSS 3+JavaScript 开发的移动网站封装成跨平台的 APP。本章重点讲述 Apache Cordova 将移动网页程序封装成 Android APP 的方法和技巧。

学习目标(已掌握的在方框中打钩)

☐ 掌握配置 Android 开发环境的方法

☐ 掌握安装 Apache Cordova 的方法

☐ 掌握设置模拟器的方法

☐ 掌握将网页转化为 Android APP 的方法

22.1 下载与安装 Apache Cordova

Apache Cordova 包含了很多移动设备的 API 接口，通过调用这些 API，制作出的 APP 与原生 APP 没有区别，甚至更加美观，客户普遍接受度比较高。本节主要讲述下载与安装 Apache Cordova 的方法。

22.1.1 案例 1——配置 Android 开发环境

在 Apache Cordova 之前，需要配置 Android 开发环境，主要需要安装以下 3 个工具。

1. 安装 Java 的 JDK

进入 Java 的 JDK 下载地址 http://www.oracle.com/technetwork/java/javase/downloads/index.html，如图 22-1 所示，单击页面中的 DOWNLOAD 图标。

图 22-1　Java 的 JDK 下载页面

进入下载页面，选中 Accept License Agreement 单选按钮，然后根据操作系统选择不同的安装平台，如选择 Windows x86 平台，表示安装在 32 位的 Windows 操作系统上，单击 jdk-8u91-windows-i586.exe 链接即可下载文件，如图 22-2 所示。

下载完成后按照提示步骤安装即可。安装的过程中需要注意安装路径，默认的路径为 C:\Program Files\Java\jdk1.8.0_91\。

2. 安装 Android SDK

Android SDK 的下载地址为 http://android-sdk.en.softonic.com/download，进入下载页面单击 Free Download 图标即可下载 Android SDK，如图 22-3 所示。

installer_r24.0.2-windows.exe 下载完成后即可进行安装操作，安装时设置安装路径为 C:\Program Files\Android\android-sdk。

安装完成后，默认会打开 SDK Manager，选中 Android SDK Tools、Android SDK platform-tools、Android SDK Build-tools 和 Android 7.0 (API 24)复选框，然后单击 Install 5 packages 按钮，如图 22-4 所示。

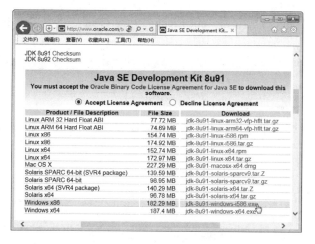

图 22-2　选择不同的版本

图 22-3　Android SDK 的下载页面

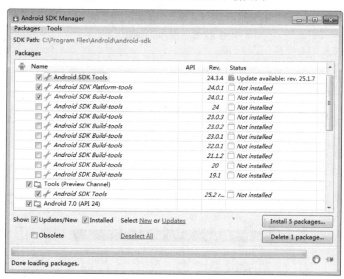

图 22-4　Android SDK Manager 窗口

打开选择安装包的窗口，选中 Accept License 单选按钮，然后单击 Install 按钮开始安装，如图 22-5 所示。

图 22-5　选择安装包的窗口

安装完成后，打开如图 22-6 所示的提示对话框，表示已经安装完成，单击 Close 按钮关闭该对话框即可。

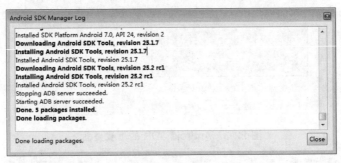

图 22-6　提示对话框

3. 安装 Apache Ant

Apache Ant 的下载地址为 http://ant.apache.org/bindownload.cgi，进入下载页面后单击 apache-ant-1.9.7-bin.zip 链接即可下载文件，如图 22-7 所示。

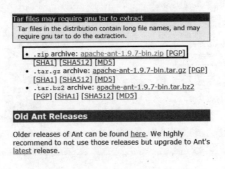

图 22-7　Apache Ant 下载页面

将下载的文件 apache-ant-1.9.7-bin.zip 解压到与 Android SDK 同一目录下，也就是 C:\Program Files\Android\apache-ant-1.9.7\目录下，如图 22-8 所示。

图 22-8　解压 Apache Ant 到指定目录下

上述 3 个工具安装完成后，即可在系统环境变量中设置工具的路径，具体操作步骤如下。

step 01 右击桌面上的【计算机】图标，在弹出的快捷菜单中选择【属性】命令，打开 【系统】窗口，如图 22-9 所示。

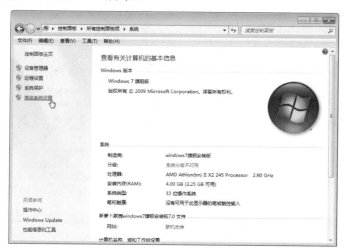

图 22-9　【系统】窗口

step 02 单击【高级系统设置】链接，打开【系统属性】对话框，如图 22-10 所示。

step 03 单击【环境变量】按钮，打开【环境变量】对话框。在【Administrator 的用户 变量】列表框中单击【新建】按钮，如图 22-11 所示。

step 04 打开【新建用户变量】对话框，在【变量名】文本框中输入 JAVA_HOME，在 【变量值】文本框中输入 C:\Program Files\Java\jdk1.8.0_91，单击【确定】按钮即 可，如图 22-12 所示。

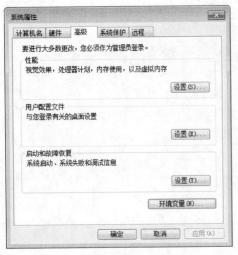

图 22-10　【系统属性】对话框　　　　　图 22-11　【环境变量】对话框

step 05 返回到【环境变量】对话框，采用同样的方法，在【Administrator 的用户变量】列表框中单击【新建】按钮，打开【新建用户变量】对话框，在【变量名】文本框中输入 ANDROID_HOME，在【变量值】文本框中输入 C:\Program Files\Android\android-sdk，单击【确定】按钮即可，如图 22-13 所示。

图 22-12　【新建用户变量】对话框　　　图 22-13　添加变量 ANDROID_HOME

step 06 重复上一步操作，添加变量 ANT_HOME，【变量值】为 C:\Program Files\Android\apache-ant-1.9.7，如图 22-14 所示。

step 07 重复上一步操作，添加变量 Path，变量值如下。

```
%JAVA_HOME%\bin\;%ANT_HOME%\bin\;%ANDROID_HOME%\tools\;%ANDROID_HOME%
\platform-tools\
```

注意每个路径变量之间是以分号分隔的，如图 22-15 所示。

图 22-14　添加变量 ANT_HOME　　　　　图 22-15　添加变量 Path

step 08 单击【确定】按钮，返回到【环境变量】对话框，即可查看添加的 4 个变量，如图 22-16 所示。

环境变量配置完成后，可以检验是否配置成功，命令如下。

```
java -version
ant -version
adb version
```

在命令提示符窗口中输入以上命令，检验结果如图 22-17 所示。

图 22-16　【环境变量】对话框 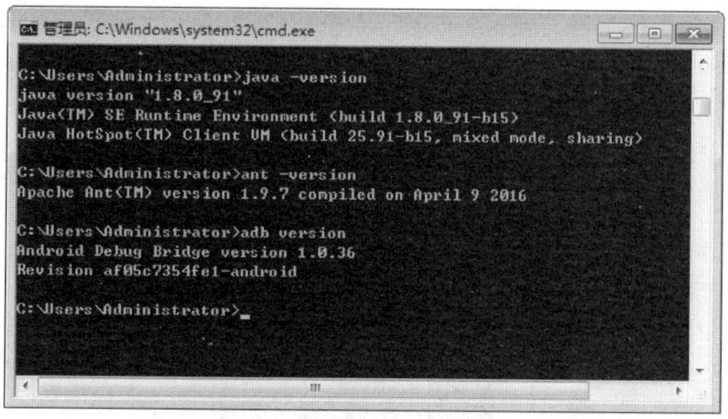　　　　　图 22-17　命令提示符窗口

22.1.2　案例 2——通过 npm 安装 Apache Cordova

在安装 Apache Cordova 之前，首先需要安装
NodeJS，下载地址为 https://nodejs.org/，进入下载
页面后，单击 v6.3.0 Current 图标即可进行下载并
安装 NodeJS，如图 22-18 所示。

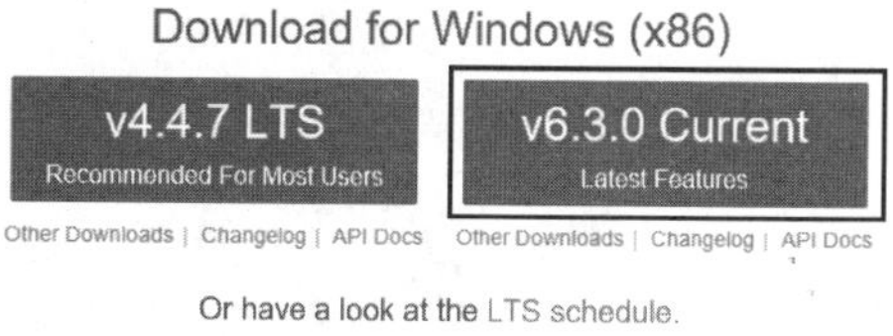

NodeJS 安装完成后，就可以使用 npm 命令安
装 Apache Cordova 了，具体操作步骤如下。

选择【开始】|【所有程序】|【附件】选项，
然后右击【命令提示符】选项，在弹出的快捷菜
单中选择【以管理员身份运行】命令，如图 22-19 所示。

图 22-18　下载 NodeJS

在打开的命令提示符窗口，输入安装 Apache Cordova 的命令如下。

```
npm install -g cordova
```

安装完成后结果如图 22-20 所示。

NodeJS 安装完成后，会自动增加环境变量，如果上述命令运行错误，需检查用户变量或
系统变量的 Path 变量是否已经正确设置，默认为 C:\Program Files\nodejs\。

Apache Cordova 安装完成后，仍然需要将其安装目录添加到环境变量中，本例的安装目录
为 C:\Users\Administrator\AppData\Roaming\npm，为此将其目录添加到 Path 变量中，如图 22-21
所示。

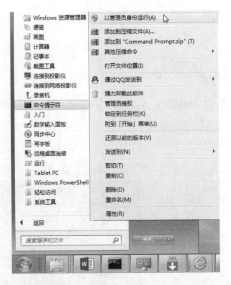

图 22-19　启动【命令提示符】

图 22-20　安装 Apache Cordova

图 22-21　【编辑用户变量】对话框

22.1.3　案例3——设置 Android 模拟器

　　Android 模拟器可以模拟移动设备的大部分功能。在 Android 文件夹中找到 AVD Manager.exe 文件并运行，在打开的窗口中单击 Create 按钮，如图 22-22 所示。

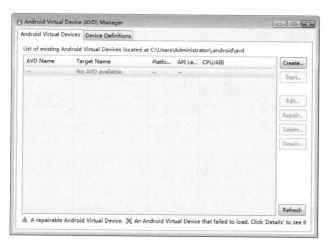

图 22-22 AVD Virtual Device Manager 主窗口

在打开的对话框中设置模拟设备所需要的软、硬件参数，如图 22-23 所示。

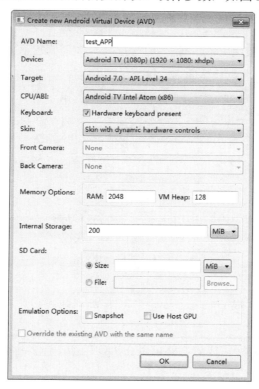

图 22-23 设置模拟设备的软、硬件参数

对话框中各个参数的含义如下。

- AVD Name：自定义模拟器的名称，便于识别。
- Device：选择要模拟的设备。
- Target：默认的 Android 操作系统版本。这里会显示 SDK Manager 已安装的版本。
- CPU/ABI：处理区规格。

- Keyboard：是否显示键盘。
- Skin：设置模拟设备的屏幕分辨率。
- Front Camera：模拟前置摄像头功能。
- Back Camera：模拟后置摄像头功能。
- Memory Options：RAM 用于设置内存大小，VM Heap 是限制 APP 运行时分配的内存最大值。
- SD Card：模拟 SD 存储卡。
- Snapshot：是否需要存储模拟器的快照，如果存储快照，则下次打开模拟器就能缩短打开时间。

设置完成后，单击 OK 按钮，即可产生一个 Android 模拟器，如图 22-24 所示。单击 Start 按钮，即可启动模拟器，单击 Edit 按钮还可以重新设置模拟器的软、硬件参数。

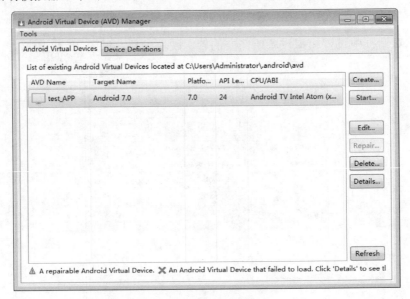

图 22-24　新增的模拟器

22.2　综合案例——将网页转换为 Android APP

当需要的工具安装并设置完成后，就可以在 DOS 窗口中使用命令调用 Cordova 将网页转换为 APP，基本思路如下。

(1) 创建项目。

(2) 添加 Android 平台。

(3) 导入网页程序。

(4) 转化为 APP。

具体操作步骤如下。

step 01 首先切换到放置项目的文件夹中，例如项目放置在 D:\APP 目录下，则输入命令如下。

```
>D:
>cd APP
```

运行结果如图 22-25 所示。

图 22-25 程序运行结果

step 02 创建项目名称为 MyTest，命令如下。

```
cordova create test com.example.test MyTest
```

其中参数 test 表示文件夹的名称；参数 com.example.test 为 APP id；参数 MyTest 为项目的名称，也是 APP 的名称。执行结果如图 22-26 所示。

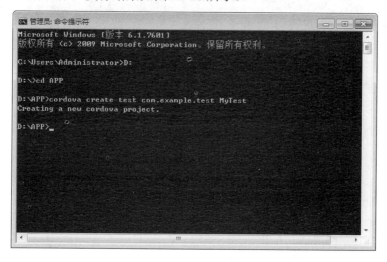

图 22-26 创建项目

创建好的项目的文件和文件夹如图 22-27 所示。其中 config.xml 为项目参数配置文件，www 文件夹是网页放置的文件夹。

step 03 项目创建完成后，必须指定使用的平台，例如 Android 平台或 iOS 平台。首先切换到项目所在的文件夹，命令如下。

```
cd test
```

图 22-27　项目的文件和文件夹

然后创建项目运行平台，命令如下。

```
cordova platform add android
```

执行结果如图 22-28 所示。

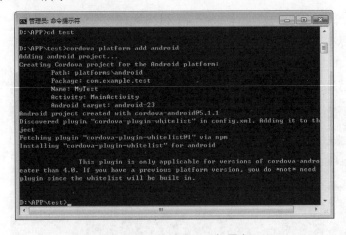

图 22-28　添加项目运行平台

step 04　接着需要把制作好的移动网站复制到 www 文件夹下，首页文件名称默认为
indexl.html。用户也可以打开项目文件夹中的 config.xml 文件，将 index.html 修改为
首页文件名，修改语句如下。

```
<content src="index.html" />
```

step 05　执行以下命令创建 APP。

```
cordova build
```

如果既想创建 APP，并在模拟器中运行 APP，可以执行以下命令。

```
cordova run android
```

运行完成后，在项目文件夹下的 platforms/android/ant-build 文件夹下可以找到 MyTest-
debug.apk 文件，该文件就是 APP 的安装文件包，将其发送到移动设备进行安装即可。

22.3 高手甜点

甜点1: 配置环境时如果 Path 变量已经存在怎么办?

如果 Path 变量已经存在,则在【环境变量】对话框中选择 Path 变量,然后单击【编辑】按钮,保留原来的变量值,直接添加新增的变量值,并用分号分隔即可。

甜点2: Android SDK 安装老是出错怎么办?

在安装 Android SDK 时,经常会提示以下错误信息,而无法完成安装。

```
Fetchin https://dl-ssl.google.com/android/repository/addons_list-2.xml
Failed to fetch URL https://dl-
ssl.google.com/android/repository/addons_list-
2.xml, reason: peer not authenticated
Fetched Add-ons List successfully
Fetching URL: https://dl-ssl.google.com/android/repository/repository-7.xml
Failed to fetch URL https://dl-
ssl.google.com/android/repository/repository-
7.xml, reason: SSLPeerUnverified peer not authenticated
Done loading packages.
```

这是服务器无法连接造成的,可以做以下修改。在 Andriod SDK Manager 窗口中选择 Tools 菜单,在弹出的下拉菜单中选择 Settings 命令,打开 Andriod SDK Manager-Settings 对话框,在 HTTP Porxy Server 文本框中输入 mirrors.neusoft.edu.cn,在 HTTP Porxy Port 文本框中输入"80",然后单击 Close 按钮,即可解决上述问题,如图 22-29 所示。

图 22-29 Andriod SDK Manager - Settings 对话框

甜点3: 对于已经创建好的 APP,如何修改项目名称?

当 APP 已经创建完成,如果此时还想修改项目名称和 APK 文件夹,可以打开项目文件夹下 paltforms/android 文件夹下的 build.xml 文件和 www 文件夹下的 config.xml 文件进行修改。

22.4　跟我练练手

练习 1：配置 Android 开发环境，安装 Java JDK、Android JDK 和 Apache Ant。

练习 2：配置环境变量并测试环境是否配置成功。

练习 3：通过 npm 安装 Apache Cordova。

练习 4：设置 Android 模拟器。

练习 5：将制作好的网页程序转化为 APP 安装文件。

第 23 章

家庭记账本 APP 实战

很多智能手机上都安装有类似家庭记账本的软件，此类软件功能简单，主要包括新增、修改、查询和删除等功能，非常适合初学者巩固前面所学的知识。本章通过一个简易的家庭记账本软件，讲述如何实现新增记账、删除记账、快速查询记账和查看记账等功能，该软件的数据库将采用 Web SQL。

学习目标(已掌握的在方框中打钩)

☐ 了解记账本的需求

☐ 掌握数据库的分析方法

☐ 掌握记账本的代码实现过程

23.1 记账本的需求分析

需求分析是开发软件的必要环节。下面来分析家庭记账本的需求。

(1) 用户可以新增一个账目，添加账目的标题和具体信息，系统将自动记录添加的时间。

(2) 在首页中自动按时间顺序排列账目信息，单击某个账目标题，可以查看账目的具体信息。

(3) 用户可以删除不需要的账目，并且在删除步骤中可以查看账目的具体信息。

(4) 用户可以快速搜索账目，搜索内容可以是账目标题或者账目的具体信息。

制作完成后的主页效果如图 23-1 所示。

图 23-1　首页效果

23.2 数据库分析

分析完网站的功能后，开始分析数据表的逻辑结构，然后创建数据表。下面开始讲述分析和创建数据库的方法和技巧。

23.2.1 分析数据库

家庭记账本的数据库名称为 jiatingbook，其包括一个数据表 cashbook。数据表 cashbook 的逻辑结构如表 23-1 所示。

表 23-1　数据表 cashbook

字 段 名	数据类型	主 键	字段含义
id	integer	是	自动编号
title	char(50)	否	记账标题
smoney	char(50)	否	记账金额
content	text	否	记账详情
date	datetime	否	记账时间

23.2.2 创建数据库

分析数据表的结构后，即可创建数据库和数据表，代码如下。

```
//打开数据库
var dbSize=2*1024*1024;
```

```
db = openDatabase('jiatingbook','''1.0''',''bookdb'', dbSize);
db.transaction(function(tx){
    //创建数据表
    tx.executeSql("CREATE TABLE IF NOT EXISTS cashbook(id integer PRIMARY
KEY,title char(50),smoney char(50), content text,date datetime)");
});
```

23.3　记账本的代码实现

下面来分析记账本的代码是如何实现的。

23.3.1　设计首页

首页中主要包括新增记账、删除按钮、搜索框和记账列表，代码如下。

```
<!--首页记账列表-->
<div data-role="page" id="home">
  <div data-role="header" id="header">
    <a href="#" data-icon="plus" class="ui-btn-right" id="new">新增记账
</a></div>
    <h1>家庭记账本</h1>
  <div data-role="content">
  <a href="#" data-icon="delete" id="del">删除记账</a>
    <ul id="list" data-role="listview" data-inset="true" data-filter="true"
data-filter-placeholder="快速搜索记账"></ul>
  </div>
</div>
```

记账本列表使用 listview 组件，通过设置 data-filter="true"，就会在列表上方显示搜索框，其中 data-filter-placeholder 属性用于设置搜索框内显示的内容，当输入搜索内容后，将查询出相关的记账信息，如图 23-2 所示。

图 23-2　查询记账

23.3.2　新增记账页面

首页中的【新增记账】按钮上绑定了 click 事件去触发新增记账函数 addBook()。

```
$("#new").on("click",addnew);
```

单击【新增记账】按钮后，通过 addnew 函数将转换到页面 id 为 addBook()的页面，然后将标题和内容先清空，最后通过 focus()函数将插入点置入到标题栏中，代码如下。

```
$("#new").on("click",addnew);
function addnew(){
    $.mobile.changePage("#addBook",{});
}
$("#addBook").on("pageshow",function(){
    $("#content").val("");
    $("#smoney").val("");
    $("#title").val("");
    $("#title").focus();
});
```

为了实现以对话框的形式打开页面，将 addBook 页面的 data-role 属性设置为 dialog，将 id 设置为 addBook，代码如下。

```
<div data-role="dialog" id="addBook">
 <div data-role="header">
   <h1>新增记账</h1>
 </div>
 <div data-role="content">
   <p>账目标题:<input type="text" id="title"></p>
   <p>金额:<input type="text" id="smoney"></p>
   <p>详情:<textarea cols="40" rows="6" id="content"></textarea></p>
   <hr>
   <a href="#" data-role="button" id="save">保存</a> </div>
</div>
```

上面的代码中添加了两个文本框、一个 textarea 文本框和一个保存按钮，效果如图 23-3 所示。

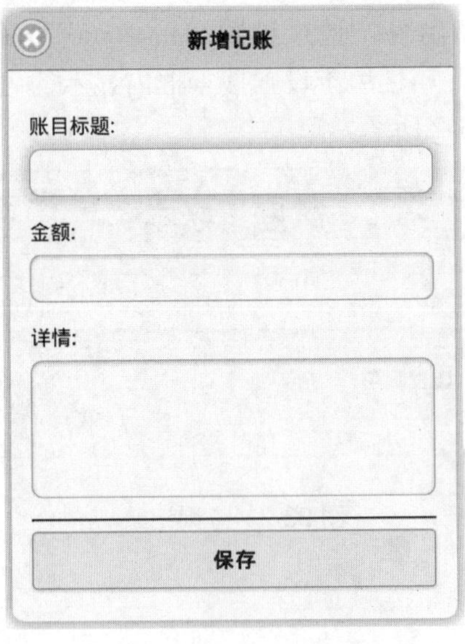

图 23-3　新增记账页面

内容输入完后，单击【保存】按钮，将输入的数据保存到数据表 cashbook 中，然后将对话框关闭，并调用 bookList()函数将内容显示到首页中，代码如下。

```
$("#save").on("click",save);
function save(){
        var title = $("#title").val();
        var smoney = $("#smoney").val();
        var content = $("#content").val();
        db.transaction(function(tx){
            //新增数据
            tx.executeSql("INSERT INTO cashbook(title,smoney,content,date)
values(?,?,?,datetime('now',
'localtime'))",[title,smoney,content],function(tx, result){
                  $('.ui-dialog').dialog('close');
                  noteList();
            },function(e){
                  alert("新增数据错误:"+e.message)
            });
        });
}
```

其中 datetime('now', 'localtime')函数将获取当前的日期时间。

23.3.3 记账列表页面

记账列表页面的功能是将数据库中的数据显示在首页上，代码如下。

```
function noteList(){
    $("ul").empty();
    var note="";
    db.transaction(function(tx){
        //显示 cashbook 数据表的全部数据
        tx.executeSql("SELECT id,title,smoney,content,date FROM
cashbook",[], function(tx, result){
            if(result.rows.length>0){
                for(var i = 0; i < result.rows.length; i++){
                    item = result.rows.item(i);
                    note+="<li id="+item["id"]+"><a
href='#'><h3>"+item["title"]+"</h3><p>"+item["smoney"]+"</p></a></li>";
                }
            }
            $("#list").append(note);
            $("#list").listview('refresh');
        },function(e){
            alert("SELECT 语法出错了!"+e.message)
        });
    });
}
});
```

其中 select 命令的作用是将数据库中的数据查询出来，然后用<li>组件显示数据。通过使用 jQueryMoble 的 listview 组件实现动态更新列表的目的，如图 23-4 所示。

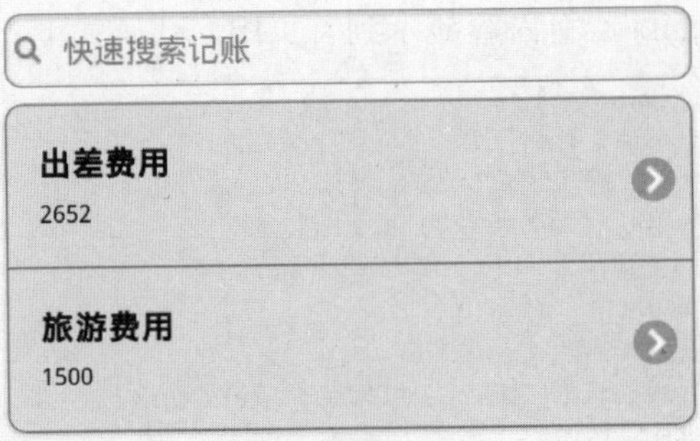

图 23-4　记账列表页面

23.3.4　记账详情页面

首页中的记账列表上绑定了 click 事件去触发查看记账函数 show()。

```
$('#list').on('click', 'li',show);
```

show()函数的代码如下。

```
function show(){
    $("#viewTitle").html("");
    $("#viewSmoney").html("");
    $("#viewContent").html("");
    var value=parseInt($(this).attr('id'));
    db.transaction(function(tx){
        //显示 cashbook 数据表的全部数据
        tx.executeSql("SELECT id,title,smoney,content,date FROM cashbook
where id=?",[value], function(tx, result){
            if(result.rows.length>0){
                for(var i = 0; i < result.rows.length; i++){
                    item = result.rows.item(i);
                    $("#viewTitle").html(item["title"]);
                    $("#viewSmoney").html(item["smoney"]);
                    $("#viewContent").html(item["content"]);
                    $("#date").html("创建日期: "+item["date"]);
                }
            }
            $.mobile.changePage("#viewBook",{});
        },function(e){
            alert("SELECT 语法出错了!"+e.message)
        });
    });

}
```

为了实现以对话框的形式打开页面，将 viewBook 页面的 data-role 属性设置为 dialog，将 id 设置为 viewBook，代码如下。

```
<div data-role="dialog" id="viewBook">
  <div data-role="header">
    <h1 id="viewTitle">记账</h1>
  </div>
```

```
<div data-role="content">
   <p id="viewsmoney">金额</p>
  <p id="viewContent">内容</p>
</div>
<div data-role="footer">
  <p id="date">日期</p>
</div>
</div>
```

选择一个账目标题后，显示的详细内容页面如图 23-5 所示。

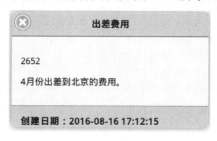

图 23-5　记账详情页面

23.3.5　删除记账

首页中的【删除记账】按钮上绑定了 click 事件去触发删除记账函数 bookdel()。

```
$("#del").on("click",bookdel);
```

函数 bookdel()的具体内容如下。

```
function bookdel(){
    if($("button").length<=0){
          var DeleteBtn = $("<button
class='css btn class'>Delete</button>");
          $("li:visible").before(DeleteBtn);
    }
}
```

单击【删除记账】按钮，将在每条列表的左边显示一个 Delete 按钮，如图 23-6 所示。

图 23-6　删除记账页面

单击 Delect 按钮后，将会弹出确认对话框，如图 23-7 所示。

图 23-7　删除确认对话框

实现删除数据功能的代码如下。

```
$("#home").on('click','.css_btn_class', function(){
    if(confirm("确定要执行删除?")){
        var value=$(this).next("li").attr("id");
        db.transaction(function(tx){
            //显示 cashbook 数据表的全部数据
            tx.executeSql("DELETE FROM cashbook WHERE id=?",[value],
function(tx, result){
                noteList();
            },function(e){
                alert("DELETE 语法出错了!"+e.message)
                $("button").remove();
            });
        });
    }
});
```

　　程序编写完成后，可以将其封装成 APK 文件，然后在移动设备上进行安装。家庭记账本的完整程序包如下。

```
<!DOCTYPE html>
<html>
<head>
<title>家庭理财记账本</title>
<!--最佳化屏幕宽度-->
<meta name="viewport" content="width=device-width, initial-scale=1">

<meta http-equiv="Content-Type" content="text/html; charset=utf-8" />
<meta http-equiv="X-UA-Compatible" content="IE=Edge,chrome=1">
<!--引用 jQuery Mobile 函数库　应用 ThemeRoller 制作的样式-->
<link rel="stylesheet" href="themes/sweet.min.css" />
<link rel="stylesheet" href="themes/jquery.mobile.icons.min.css" />
<link rel="stylesheet" href="jquery/jquery.mobile.structure-1.4.5.min.css"
/>
<script src="jquery/jquery-1.9.1.min.js"></script>
<script src="jquery/jquery.mobile-1.4.5.min.js"></script>

<style>
#header{height:50px;font-size:25px;font-family:"微软雅黑"}
.css_btn_class {
    float: left;
    padding: 0.6em;
    position:relative;
    display:block;
```

```
        z-index:10;
        font-size:16px;
        font-family:Arial;
        font-weight:normal;
        -moz-border-radius:8px;
        -webkit-border-radius:8px;
        border-radius:8px;
        border:1px solid #e65f44;
        padding:8px 18px;
        text-decoration:none;
    background:-moz-linear-gradient( center top, #f0c911 5%, #f2ab1e 100% );
        background:-ms-linear-gradient( top, #f0c911 5%, #f2ab1e 100% );
        filter:progid:DXImageTransform.Microsoft.gradient(startColorstr='#f0c91
1', endColorstr='#f2ab1e');
        background:-webkit-gradient( linear, left top, left bottom, color-
stop(5%, #f0c911), color-stop(100%, #f2ab1e) );
        background-color:#f0c911;
        color:#c92200;
        text-shadow:1px 1px 0px #ded17c;
        -webkit-box-shadow:inset 1px 1px 0px 0px #f9eca0;
        -moz-box-shadow:inset 1px 1px 0px 0px #f9eca0;
        box-shadow:inset 1px 1px 0px 0px #f9eca0;
}.css_btn_class:hover {
    background:-moz-linear-gradient( center top, #f2ab1e 5%, #f0c911 100% );
        background:-ms-linear-gradient( top, #f2ab1e 5%, #f0c911 100% );
        filter:progid:DXImageTransform.Microsoft.gradient(startColorstr='#f2ab1
e', endColorstr='#f0c911');
        background:-webkit-gradient( linear, left top, left bottom, color-
stop(5%, #f2ab1e), color-stop(100%, #f0c911) );
        background-color:#f2ab1e;
}.css_btn_class:active {
    position:relative;
    top:1px;
}
</style>
<script type="text/javascript">
var db;
$(function(){

            //打开数据库
             var dbSize=2*1024*1024;
            db = openDatabase(' jiatingbook ', ''1.0'',''bookdb'', dbSize);

            db.transaction(function(tx){
                //创建数据表
                tx.executeSql("CREATE TABLE IF NOT EXISTS cashbook (id integer
PRIMARY KEY,title char(50),smoney char(50),content text,date datetime)");

            });

        //显示列表
        noteList();

        //显示新增页面
```

```
$("#new").on("click",addnew);
function addnew(){
    $.mobile.changePage("#addBook",{});
}
$("#addBook").on("pageshow",function(){
    $("#content").val("");
    $("#smoney").val("");
    $("#title").val("");
    $("#title").focus();
});

//新增
$("#save").on("click",save);
function save(){
        var title = $("#title").val();
        var smoney = $("#smoney").val();
        var content = $("#content").val();

        db.transaction(function(tx){
            //新增数据
            tx.executeSql("INSERT INTO
cashbook(title,smoney,content,date) values(?,?,?,datetime('now',
'localtime'))",[title,smoney,content],function(tx, result){
                $('.ui-dialog').dialog('close');
                noteList();
            },function(e){
                alert("新增数据错误:"+e.message)
            });
        });
}


//显示详细信息
$('#list').on('click', 'li',show);
function show(){
    $("#viewTitle").html("");
    $("#viewsmoney").html("");
    $("#viewContent").html("");

    var value=parseInt($(this).attr('id'));

    db.transaction(function(tx){
        //显示 cashbook 数据表的全部数据
        tx.executeSql("SELECT id,title,smoney,content,date FROM
cashbook where id=?",[value], function(tx, result){
            if(result.rows.length>0){
                for(var i = 0; i < result.rows.length; i++){
                    item = result.rows.item(i);
                    $("#viewTitle").html(item["title"]);
                    $("#viewsmoney").html(item["smoney"]);
                    $("#viewContent").html(item["content"]);
                    $("#date").html("创建日期: "+item["date"]);
                }
            }
```

```
                $.mobile.changePage("#viewBook",{});
            },function(e){
                alert("SELECT 语法出错了!"+e.message)
            });
        });

    }

    //显示 list 删除按钮
    $("#del").on("click",bookdel);
    function bookdel(){
        if($("button").length<=0){
                var DeleteBtn = $("<button
class='css_btn_class'>Delete</button>");
            $("li:visible").before(DeleteBtn);
        }
    }
    //单击 list 删除按钮
    $("#home").on('click','.css_btn_class', function(){
        if(confirm("确定要执行删除?")){
            var value=$(this).next("li").attr("id");
            db.transaction(function(tx){
                //显示 cashbook 数据表的全部数据
                tx.executeSql("DELETE FROM cashbook WHERE id=?",[value],
function(tx, result){
                    noteList();
                },function(e){
                    alert("DELETE 语法出错了!"+e.message)
                    $("button").remove();
                });
            });
        }
    });


    //列表
    function noteList(){
        $("ul").empty();
        var note="";

        db.transaction(function(tx){
            //显示 cashbook 数据表的全部数据
            tx.executeSql("SELECT id,title,smoney,content,date FROM
cashbook",[], function(tx, result){
                if(result.rows.length>0){
                    for(var i = 0; i < result.rows.length; i++){
                        item = result.rows.item(i);
                        note+="<li id="+item["id"]+"><a
href='#'><h3>"+item["title"]+"</h3><p>"+item["smoney"]+"</p></a></li>";
                    }
                }
                $("#list").append(note);
                $("#list").listview('refresh');
            },function(e){
```

```
                    alert("SELECT 语法出错了!"+e.message)
            });
        });
      }
});

</script>
</head>
<body>
<!--首页记账列表-->
<div data-role="page" id="home">
  <div data-role="header" id="header">
  <a href="#" data-icon="plus" class="ui-btn-left" id="new">新增记账</a>
    <h1>家庭记账本</h1>
      <a href="#" data-icon="delete" id="del">删除记账</a>
   </div>
  <div data-role="content">
    <ul id="list" data-role="listview" data-inset="true" data-filter="true"
data-filter-placeholder="快速搜索记账"></ul>
  </div>
</div>


<!--新增记账-->
<div data-role="dialog" id="addBook">
  <div data-role="header">
    <h1>新增记账</h1>
  </div>
  <div data-role="content">
    <p>账目标题:<input type="text" id="title"></p>
    <p>金额:<input type="text" id="smoney"></p>
    <p>详情:<textarea cols="40" rows="8" id="content"></textarea></p>
    <hr>
    <a href="#" data-role="button" id="save">保存</a> </div>
</div>


<!--记账详细信息-->
<div data-role="dialog" id="viewBook">
  <div data-role="header">
    <h1 id="viewTitle">记账</h1>
  </div>
  <div data-role="content">
     <p id="viewsmoney">金额</p>
    <p id="viewContent">内容</p>
  </div>
  <div data-role="footer">
    <p id="date">日期</p>
  </div>
</div>
</body>
</html>
```

第 24 章

连锁酒店订购
系统实战

本章节将学习一个酒店订购系统的开发，这里将使用前面学习的 localStorage 来处理订单的存储和查询。该系统主要功能为订购房间、查询连锁分店、查询订单、查看酒店介绍等功能。通过本章节的学习，用户可以了解在线订购系统的制作方法、使用 localStorage 模拟在线订购和查询订单的方法和技巧。

学习目标(已掌握的在方框中打钩)

☐ 了解连锁酒店订购的系统需求

☐ 掌握连锁酒店系统的网站结构

☐ 掌握连锁酒店系统的代码实现过程

24.1　连锁酒店订购的需求分析

需求分析是连锁酒店订购系统开发的必要环节，该系统的需求如下。

(1)　用户可以预定不同的房间级别，定制个性化的房间，而且还可以快速搜索自己需要的房间类型。

(2)　用户可以查看全国连锁酒店的分店情况，并且可以自主联系酒店的分店。

(3)　用户可以查看预定过的订单详情，还可以删除不需要的订单。

(4)　用户可以查看连锁酒店的介绍。

制作完成后的主页效果如图 24-1 所示。

图 24-1　首页效果

24.2　网站的结构

分析完网站的功能后，开始分析整个网站的结构，主要分为以下 5 个页面，如图 24-2 所示。

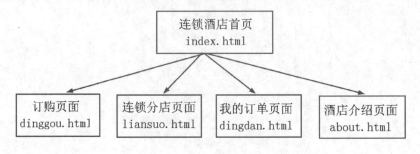

图 24-2　网站的结构

各个页面的主要功能如下。

(1) index.html：该页面是系统的主页面，主要是网站的入口，通过主页可以链接到订购页面、连锁分店页面、我的订单页面和酒店介绍页面。

(2) dinggou.html：该页面是酒店订购页面，主要包括 3 个页面，第一个页面用于选择房间类型，第二个页面主要功能是选择房间的具体参数，第三个页面用于显示订单完成信息。

(3) liansuo.html：该页面主要显示连锁分店的具体信息。

(4) dingdan.html：该页面主要显示用户已经订购的订单信息。

(5) about.html：该页面主要显示关于连锁酒店的介绍。

24.3　连锁酒店系统的代码实现

下面来分析连锁酒店系统的代码是如何实现的。

24.3.1　设计首页

首页中主要包括一个图片和 4 个按钮，分别连接到订购页面、连锁分店页面、我的订单页面和酒店介绍页面。主要代码如下：

```
<div data-role="page" data-title="Happy" id="first" data-theme="a">
<div data-role="header">
<h1>千谷连锁酒店系统</h1>
</div>
<div data-role="content" id="content" class="firstcontent">
    <img src="images/zhu.png" id="logo"><br/>
    <a href="dinggou.html" data-ajax="false" data-role="button" data-
icon="home" data-iconpos="top" data-mini="true" data-inline="true"><img
src="images/cai.png"><br>立即预订</a>
    <a href="liansuo.html" data-ajax="false" data-role="button" data-
icon="search" data-iconpos="top" data-mini="true" data-inline="true"><img
src="images/lian.png"><br>连锁分店</a>
    <a href="dingdan.html" data-ajax="false" data-role="button" data-
icon="gear" data-iconpos="top" data-mini="true" data-inline="true"><img
src="images/ding.png"><br>我的订单</a>
    <a href="about.html" data-ajax="false" data-role="button" data-
icon="gear" data-iconpos="top" data-mini="true" data-inline="true"><img
src="images/ding.png"><br>关于千谷</a>
</div>
<div data-role="footer" data-position="fixed" style="text-align:center">
  订购专线：12345678
</div>
</div>
```

其中 data-ajax="false"表示停用 Ajax 加载网页；data-role="button"表示该链接的外观以按钮的形式显示；data-icon="home"表示按钮的图标效果；data-iconpos="top"表示小图标在按钮上方显示；data-inline="true"表示以最小宽度显示。效果如图 24-3 所示。

图 24-3　链接的样式效果

其中页脚部分通过设置属性 data-position="fixed"，可以让页脚内容一直显示在页面的最下方。通过设置 style="text-align:center"，可以让页脚内容居中显示，如图 24-4 所示。

图 24-4　页脚的样式效果

23.3.2　订购页面

订购页面主要包含 3 个页面，主要包括选择房间类型页面(id=first)、选择房间的具体参数页面(id=second)和显示订单完成信息页面(id=third)。

1. 选择房间类型页面

其中选择房间类型页面中包括房间列表、返回到上一页按钮、快速搜索房间等功能。代码如下：

```
<div data-role="page" data-title="房间列表" id="first" data-theme="a">
<div data-role="header">
<a href="index.html" data-icon="arrow-l" data-iconpos="left" data-
ajax="false">Back</a> <h1>房间列表</h1>
</div>
<div data-role="content" id="content">
    <ul data-role="listview" data-inset="true" data-filter="true" data-
filter-placeholder="快速搜索房间">
        <li>
            <a href="#second">
            <img src="images/putong.png" />
            <h3>普通间</h3>
            <p>24 小时有热水</p>
            </a>
            <a href="#second" data-icon="plus"></a>
        </li>
        <li>
            <a href="#second">
             <img src="images/wangluo.png" />
             <h3>网络间</h3>
             <p>有网络和电脑、24 小时热水</p>
            </a>
            <a href="#second" data-icon="plus"></a>
```

```
        </li>
        <li>
            <a href="#second">
              <img src="images/haohua.png" />
              <h3>豪华间</h3>
              <p>免费提供三餐、有网络和电脑、24 小时热水</p>
            </a>
            <a href="#second" data-icon="plus"></a>
        </li>
        <li>
            <a href="#second">
              <img src="images/zongtong.png" />
              <h3>总统间</h3>
              <p>24 小时客服、有网络和电脑、24 小时热水、免费提供三餐</p>
            </a>
            <a href="#second" data-icon="plus"></a>
        </li>
    </ul>
        </div>
<div data-role="footer" data-position="fixed" style="text-align:center">
    订购专线：12345678
</div>
</div>
```

效果如图 24-5 所示。

图 24-5　房间列表页面效果

页面中有一个 Back 按钮，主要作用是返回到主页，通过以下代码来控制：

```
<a href="index.html" data-icon="arrow-l" data-iconpos="left" data-ajax="false">Back</a>
```

房间列表使用 listview 组件，通过设置 data-filter="true"，就会在列表上方显示搜索框；通过设置 data-inset="true"，可以让 listview 组件添加圆角效果，而且不与屏幕同宽；其中 data-filter-placeholder 属性用于设置搜索框内显示的内容，当输入搜索内容时，将查询出相关的房间信息，如图 24-6 所示。

2. 选择房间的具体参数页面

选择房间的具体参数页面的 id 为 second，主要让用户选择楼层、是否带窗口、是否需要接送、订购数量和设置客户联系方式，如图 24-7 所示。

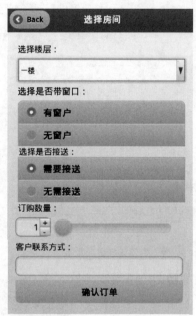

图 24-6　快速搜索房间　　　　　　图 24-7　选择房间页面

这个页面的 Back 按钮的设置方法和上一个 page 不同，通过设置属性 data-add-back-btn="true"实现返回上一页的功能，代码如下：

```
<div data-role="page" data-title="选择房间" id="second" data-theme="a" data-add-back-btn="true">
```

该页面包含 1 个选择菜单(Select menu)、2 个单选按钮组件(Radio button)、1 个范围滑块(Slider)、文本框(text)和 1 个按钮组件(button)。

其中选择菜单(Select menu)的代码如下：

```
<div data-role="content" id="content">
    选择楼层：
    <select name="selectitem" id="selectitem">
      <option value="一楼">一楼</option>
      <option value="二楼">二楼</option>
      <option value="三楼">三楼</option>
    </select>
```

预览效果如图 24-8 所示。

2 个单选按钮组的代码如下：

```
<fieldset data-role="controlgroup">
      <legend>选择是否带窗口：</legend>
          <input type="radio" name="flavoritem" id="radio-choice-1"
value="有窗户" checked />
```

```
                <label for="radio-choice-1">有窗户</label>
                <input type="radio" name="flavoritem" id="radio-choice-2"
value="无窗户" />
                <label for="radio-choice-2">无窗户</label>
<fieldset data-role="controlgroup1">
        <legend>选择是否接送：</legend>
                <input type="radio" name="flavoritem1" id="radio-choice-3"
value="需要接送" checked />
                <label for="radio-choice-3">需要接送</label>
                <input type="radio" name="flavoritem1" id="radio-choice-4"
value="无需接送"  />
                <label for="radio-choice-4">无需接送</label>
```

预览效果如图 24-9 所示。

此处使用<fieldset>标记创建单选按钮组，通过设置属性 data-role="controlgroup"，可以让各个单选按钮外观像一个组合，整体效果比较好。

图 24-8　选择菜单效果

图 24-9　单选按钮组效果

范围滑块的代码如下：

```
<input type="range" name="num" id="num" value="1" min="0" max="100" data-
highlight="true" />
```

预览效果如图 24-10 所示。

文本框的代码如下：

```
<input type="text" name="text1" id="text1" size="10" maxlength="10" />
```

其中 size 属性用于设置文本框的长度，maxlength 属性用于设置输入文字个数的最大值。预览效果如图 24-11 所示。

图 24-10　范围滑块效果

图 24-11　文本框效果

确认按钮的代码如下：

```
<input type="button" id="addToStorage" value="确认订单" />
```

预览效果如图 24-12 所示。

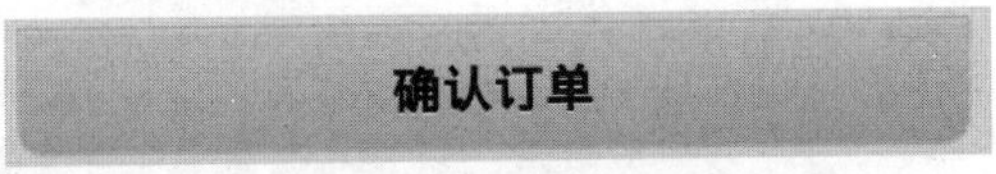

确认订单

图 24-12　确认按钮效果

3. 显示订单完成信息页面

显示订单完成信息页面的代码如下：

```html
<div data-role="page" id="third">
<div data-role="header">
<a href="index.html" data-icon="arrow-l" data-iconpos="left" data-ajax="false">回首页</a> <h1>订购完成</h1>
</div>
<div data-role="content" id="content">
<img src="images/ding.png" /><br>
<font style="font-size:20px;">感谢您选择我们酒店<br>
以下为您的订购房间信息：</font>
<p><div id="message" style="font-size:25px;color:#ff0000"></div>
</div>
<div data-role="footer" data-position="fixed" style="text-align:center">
  订购专线：12345678
</div>
</div>
```

预览效果如图 24-13 所示。

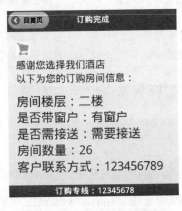

图 24-13　确认按钮效果

接收订单的功能是通过 JavaScript 来完成的，代码如下：

```html
<script type="text/javascript">
 var orderitem = "orderitem";
 var flavor = "itemflavor";
var flavor1 = "itemflavor1";
 var num = "num";
 var text1 = "text1";
        $("#second").live('pagecreate', function() {
            $('#addToStorage').click(function() {
                localStorage.orderitem=$("select#selectitem").val();
```

```
localStorage.flavor=$('input[name="flavoritem"]:checked').val();

localStorage.flavor1=$('input[name="flavoritem1"]:checked').val();
            localStorage.num=$('#num').val();
                    localStorage.text1=$('#text1').val();
                $.mobile.changePage($('#third'),{transition: 'slide'});
        });
    });
    $('#third').live('pageinit', function() {
            var itemflavor = "房间楼层: "+ localStorage.orderitem+"<br>
是否带窗户: "+localStorage.flavor+"<br>是否需接送: "+localStorage.flavor1+"<br>
房间数量: "+localStorage.num+"<br>客户联系方式:
"+localStorage.text1;
            $('#message').html(itemflavor);
            //document.getElementById("message").innerHTML= itemflavor
        });
</script>
```

其中$符号代表组件，例如$("#second")表示 id 为 second 的组件。live()函数为文件页面附加事件处理程序，规定事件发生时执行的函数，例如下面的代码表示当 id 为 second 的页面发生 pagecreate 事件时，就执行相应的函数：

```
$("#second").live('pagecreate', function() {…});
```

当 id 为 second 的页面确认订单时，将会把订单的信息保存到 localStorage。当 id 为 third 的页面加载时，将 localStorage 存放的内容取出来并显示在 id 为 message 的<div>组件中。代码如下：

```
$('#third').live('pageinit', function() {
            var itemflavor = "房间楼层: "+ localStorage.orderitem+"<br>
是否带窗户: "+localStorage.flavor+"<br>是否需接送: "+localStorage.flavor1+"<br>
房间数量: "+localStorage.num+"<br>客户联系方式:
"+localStorage.text1;
            $('#message').html(itemflavor);
        });
```

其中$('#message').html(itemflavor)的语法作用和下面的代码一样，都是用 itemflavor 字符串替代<div>组件中的内容：

```
document.getElementById("message").innerHTML= itemflavor;
```

23.3.3 连锁分店页面

连锁分店页面为 liansuo.html，主要代码如下：

```
<div data-role="page" data-title="全国连锁酒店" id="first" data-theme="a">
<div data-role="header">
<a href="index.html" data-icon="arrow-l" data-iconpos="left" data-
ajax="false">回首页</a>
<h1>全国连锁酒店</h1>
</div>
<div data-role="content" id="content">
```

```
<ul data-role="listview" data-inset="true">
        <li>
            <a href="#" onclick="getmap('上海连锁酒店')" id=btn>
            <img src="images/shanghai.png" />
            <h3>上海连锁酒店</h3>
            <p>咨询热线：19912345678</p>
            </a>

        </li>
        <li>
            <a href="#" onclick="getmap('北京连锁酒店')" id=btn>
            <img src="images/beijing.png" />
            <h3>北京连锁酒店</h3>
            <p>咨询热线：18812345678</p>
            </a>

        </li>
        <li>
            <a href="#" onclick="getmap('厦门连锁酒店')" id=btn>
            <img src="images/xiamen.png" />
            <h3>厦门连锁酒店</h3>
            <p>咨询热线：16612345678</p>
            </a>

        </li>
    </ul>

</div>
<div data-role="footer" data-position="fixed" style="text-align:center">
    连锁酒店总部热线：12345678
</div>
</div>
```

预览效果如图 24-14 所示。

图 24-14　连锁分店页面效果

　　其中使用 listview 组件来完成列表的功能。通过链接的方式返回到首页，"回首页"按钮代码如下：

```
<a href="index.html" data-icon="arrow-l" data-iconpos="left" data-
ajax="false">回首页</a>
```

23.3.4 查看订单页面

查询订单页面为 dingdan.html，显示内容的代码如下：

```
<div data-role="page" data-title="订单列表" id="first" data-theme="a">
<div data-role="header">
<a href="index.html" data-icon="arrow-l" data-iconpos="left" data-
ajax="false">回首页</a><h1>订单列表</h1>
</div>
<div data-role="content" id="content">
<a href="#" data-role="button" data-inline="true" onclick="deleteOrder();">
删除订单</a>
以下为您的订购列表：
<div class="ui-grid-b">
  <div class="ui-block-a ui-bar-a">房间楼层</div>
  <div class="ui-block-b ui-bar-a">是否带窗户</div>
 <div class="ui-block-b ui-bar-a">是否需接送</div>

 <div class="ui-block-a ui-bar-b" id="orderitem"></div>
 <div class="ui-block-b ui-bar-b" id="flavor"></div>
 <div class="ui-block-b ui-bar-b" id="flavor1"></div>
 <div class="ui-block-c ui-bar-a">订购数量</div>
  <div class="ui-block-c ui-bar-a">客户联系方式</div>
 <div class="ui-block-c ui-bar-a"></div>
 <div class="ui-block-c ui-bar-b" id="num"></div>
  <div class="ui-block-c ui-bar-b" id="text1"></div>
</div>
</div>
<div data-role="footer" data-position="fixed" style="text-align:center">
 订购专线：12345678
</div>
```

预览效果如图 24-15 所示。

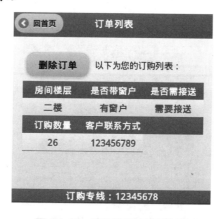

图 24-15 查看订单页面效果

该页面的主要功能是将 localStorage 的数据取出并显示在页面上，主要由以下代码实现：

```
<script type="text/javascript">
$('#first').live('pageinit', function() {
    $('#orderitem').html(localStorage.orderitem);
    $('#flavor').html(localStorage.flavor);
        $('#flavor1').html(localStorage.flavor1);
    $('#num').html(localStorage.num);
        $('#text1').html(localStorage.text1);
});
</script>
```

通过单击页面中的"删除订单"按钮，可以删除订单，删除功能通过以下函数实现：

```
function deleteOrder(){
    localStorage.clear();
    $(".ui-grid-b").html("已取消订单!");
}
```

23.3.5 酒店介绍页面

酒店介绍页面为 about.html，该页面的主要代码如下：

```
<div data-role="page" data-title="全国连锁酒店" id="first" data-theme="a">
<div data-role="header">
<a href="index.html" data-icon="arrow-l" data-iconpos="left" data-
ajax="false">回首页</a><h1>千谷连锁酒店</h1>
</div>
<div data-role="content" id="content">

<img src="images/about.png" /><br>
<font style="font-size:20px;">千谷连锁酒店集团定位于全国连锁高级酒店的发展,完善的酒
店预订系统,让您预订酒店客房更加轻松快捷,是您出差、旅游的好选择。</font>

</div>
<div data-role="footer" data-position="fixed" style="text-align:center">
  连锁酒店总部热线：12345678
</div>
</div>
```

预览效果如图 24-16 所示。

图 24-16 酒店介绍页面效果